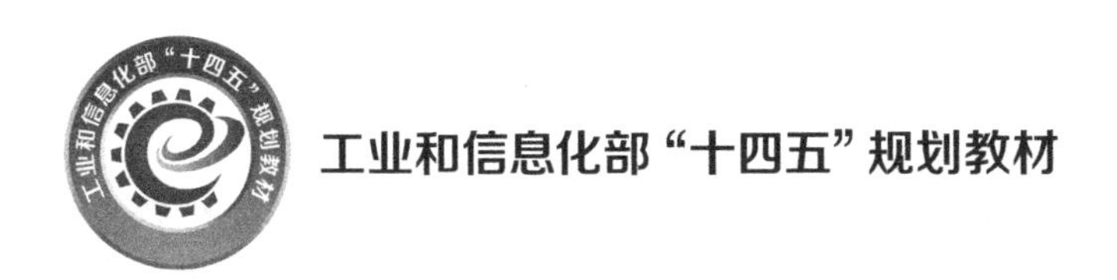


# 工业废水处理理论与技术

主　编　沈锦优
副主编　陈　丹　敖燕辉　张丽彬　李　燕
主　审　刘晓东

北京航空航天大学出版社

## 内容简介

本书是工业和信息化部“十四五”规划教材，分为8章，主要介绍了工业废水的危害及其对环境的影响，重点介绍了针对火炸药、农药、制药和电镀等重污染工业废水中污染物的处理技术。本书注重理论对废水污染治理实践的指导，广泛吸收了国内外工业废水处理方面的相关资料，收集了火炸药、农药、制药、电镀等重污染工业废水方面的工程案例，集中展现了重污染工业废水污染治理领域的创新成果和工程经验。

本书可作为环境工程、环境科学、给排水、化学工程与工艺等专业师生的参考书，亦可供从事环保技术与工艺开发、环保工程设计与建设、环保工程运行与维护等工作的研究人员、设计人员、管理人员参考使用。

**图书在版编目(CIP)数据**

工业废水处理理论与技术 / 沈锦优主编. -- 北京 ：
北京航空航天大学出版社，2024.3

ISBN 978-7-5124-4242-9

Ⅰ. ①工… Ⅱ. ①沈… Ⅲ. ①工业废水处理－高等学校－教材 Ⅳ. ①X703

中国国家版本馆 CIP 数据核字(2023)第 240437 号



**工业废水处理理论与技术**

主　编　沈锦优

副主编　陈　丹　敖燕辉　张丽彬　李　燕

主　审　刘晓东

策划编辑　董　瑞　　责任编辑　刘晓明

*

北京航空航天大学出版社出版发行

北京市海淀区学院路37号(邮编100191)　http://www.buaapress.com.cn

发行部电话：(010)82317024　传真：(010)82328026

读者信箱：goodtextbook@126.com　　邮购电话：(010)82316936

北京凌奇印刷有限责任公司印装　各地书店经销

*

开本：787×1 092　1/16　印张：14.5　字数：371千字

2024年3月第1版　2024年3月第1次印刷　印数：1 000册

ISBN 978-7-5124-4242-9　定价：59.00元

若本书有倒页、脱页、缺页等印装质量问题，请与本社发行部联系调换。联系电话：(010)82317024

# 前　言

近年来，我国工业生产持续保持增长势头，工业门类齐全，已成为名副其实的世界工厂。工业领域的快速发展带来了一系列的环境污染问题，其中最为严重也最为常见的是工业废水污染。工业废水来源广、排放量大，是水污染治理领域的重点和难点，是近年来污染事故的主要源头，已成为当前经济发展和环境保护的矛盾焦点。尤其是火炸药、农药、制药、电镀等重污染工业废水具有水质波动、基质失衡、组分复杂等突出特点，是工业废水治理的重点和难点。重污染工业废水治理技术的开发对促进环保技术发展和进步、促进工业的可持续发展具有十分重要的意义。目前，我国加大了对重污染工业废水的治理力度，对于废水的排放标准也逐渐提高，很多企业需要采取并升级相应的处理措施，使工业废水经处理后能够满足可持续发展环境保护的标准要求。尤其是火炸药、农药、制药、电镀等重污染工业与一般化工企业差别较大，相关环保技术研究相对较少，缺乏针对性的工业废水治理技术。

本书编写人员长期从事重污染工业废水污染治理技术的理论研究和工程应用，基于多年来的科研成果及资料积累，结合工程应用的实际情况，编写了这本《工业废水处理理论与技术》。全书共分为 8 章，主要由沈锦优、陈丹、敖燕辉、张丽彬、李燕等共同编写，其中沈锦优承担了第 1 章概论、第 2 章工业废水的物理化学处理方法、第 5 章火炸药废水的处理的编写工作；陈丹承担了第 3 章工业废水的生物化学处理方法、第 8 章电镀废水的处理的编写工作；敖燕辉承担了第 4 章工业废水的深度处理方法的编写工作；李燕承担了第 6 章农药废水的处理的编写工作；张丽彬承担了第 7 章制药废水的处理的编写工作。敖燕辉和陈勇承担了各章节工程案例的收集和整理工作，刘晓东承担了书稿的整体审定。本书特别适用于环境工程、环境科学、给排水、化学工程与工艺等专业的师生，亦可供从事环保技术与工艺开发、环保工程设计与建设、环保工程运行与维护等工作的研究人员、设计人员、管理人员参考使用。

废水处理方法多种多样，在选用废水处理方法时，要充分考虑废水的水质特点及处理程度的要求，力求使选用的处理方法操作简便、经济、有效。编者系统地总结了十余年的教学和实践经验，借助网络查阅了大量资料和图片，力图反映国内外有关重污染工业废水治理的最新研究和应用情况，力争使本书的内容新颖全面、图文并茂、生动形象，以供读者参考。由于编者水平有限，错误之处在所难免。读者如果发现其中的不足和失误之处，望不吝赐教，请将问题和建议发送邮件至shenjinyou@mail. njust. edu. cn（沈锦优）或 danchen@njust. edu. cn（陈丹），我们不胜感激并将不断完善。

编　者

2023 年 8 月

# 目　　录

# 第1章 概 论

## 1.1 工业废水的特点及其危害

### 1.1.1 工业废水的来源及处理模式

近年来，我国工业的发展持续保持增长势头，目前已拥有联合国产业分类当中的全部工业门类，已形成能够自我维持、自我复制、自我升级的完整工业体系。目前我国工业产值总额已达到全世界的30%左右，等于美、日、德等三个发达工业国的总和，已成为名副其实的世界工厂。中国工业产品的质量和技术水平也在不断攀升，在全面占领中低端产业的同时，正在向高端产业发起冲击。世界知识产权组织发布的统计数据显示，中国高端和中高端生产技术占比在世界排名第12位，已经超过很多发达国家。随着工业领域的快速发展，环境保护和资源消耗的形势日趋严峻，重污染和高消耗已成为制约我国经济发展的关键瓶颈问题。我国政府近年来十分重视环境保护和节能降耗工作。调整产业结构，逐步淘汰高消耗、高污染的产业已成为保障我国工业健康发展的基本举措。

工业生产所产生的废水往往含有大量的污染物，如果因处理不当而排放到河流、湖泊当中，自然生态系统就会遭受到严重的危害，严重威胁人民群众的身心健康。同时，随着生活水平的不断提高，人民群众的环保意识逐步增强，对生活环境的质量更加注重，工业污染的排放已成为人民群众关注的焦点。据不完全统计，从2016年至2019年，90%以上的涉水处罚与工业废水的事故性排放有关。2015年4月，国务院印发了《水污染防治行动计划》的通知(国发〔2015〕17号)，简称“水十条”，水环境综合治理的需求开始快速释放。“水十条”指出，水环境保护事关人民群众的切身利益，事关全面建成小康社会，事关实现中华民族伟大复兴中国梦；要求强化源头控制，水陆统筹、河海兼顾，对江河湖海实施分流域、分区域、分阶段的科学治理，系统推进水污染防治、水生态保护和水资源管理。2022年6月，江苏省政府办公厅发布《加快推进城市污水处理能力建设 全面提升污水集中收集处理率的实施意见》，明确提出：强化工业废水与生活污水分类收集、分质处理，加快推进工业污水集中处理设施建设，新建冶金、电镀、化工、印染等工业企业排放含重金属、难降解废水、高盐废水的，不得排入城市污水集中收集处理设施，已接管的工业企业经排查评估认定不能接入的限期退出；强化生态安全缓冲区建设，因地制宜地建设工业污水集中处理设施的尾水湿地净化工程，对处理达标后的尾水进行再净化，鼓励将净化后符合相关要求的尾水，用于企业和园区内部工业循环用水、区域内生态补水、景观绿化用水和市政杂用水。实施意见明确提出了工业园区水污染源精细化管控的要求，引起了广泛的社会关注，工业废水的分类收集和分质处理，是实现工业废水污染物减排的有效举措。

从20世纪90年代初开始，我国新建工业项目按照“三同时”制度要求，都要配套工业废水处理设施，在这一时期建设了许多分散的小型工业废水处理设施。然而众多的小型废水处理设施的运行和管理一直是基层环保管理的一大难题，工业废水的分散处理效果难以保障，企业偷排、漏排甚至恶意直排层出不穷。随着工业经济的迅猛发展和工业废水排放量的速度递增，南方经济发达的部分地区因水污染严重造成了水质性缺水，三河（淮河、海河、辽河）、三湖（太湖、巢湖、滇池）流域水污染防治成为我国水污染防治工作的重中之重。此后，部分区域通过开发区的建设、城市规划和产业整合，形成了工业废水集中处理，取得了较为理想的环境保护成效。例如，江苏省常州市通过城市规划和产业整合，将分散在市区的印染企业迁至东南经济开发区，将化工企业整合至滨江化工园区，形成了印染废水和化工废水的集中处理模式。在废水处理总量相同的前提下，建造较大规模的污水处理厂的费用比建造多个小规模废水处理厂的费用低。工业废水集中处理可以降低单位水量的基建投资，处理设施便于管理，可以有效降低废水处理成本；对于废水排放企业，既可以减少环保设施的投资、缩短项目建设周期，又可以减少环保方面的管理人员，集中精力抓生产业务，促进企业重视清洁生产。

然而，由于建造工业废水集中处理厂及相应的管道需要投入大量资金，因此必须改革计划经济沿袭下来的“政府投资、政府建设、政府运行管理、政府负担运营费用”的模式，按照市场经济的规律来运作，走产业化道路。2002 年 9 月，国家计委、建设部、国家环保总局三部门联合发文《关于推进城市污水、垃圾处理产业化发展的意见》，围绕推进城市污水、垃圾处理产业化发展提出系列意见，但与法律相比其约束力不强，不能从根本上杜绝点源处理模式，应对有关水污染防治的法律法规进行修订，增加工业废水集中处理强制式的条款，以形成工业废水全部进行集中处理的工作机制。德国对莱茵河流域的治理经验为我们提供了很好的借鉴，对于工业企业的废水，禁止直接排入河流，必须经集中处理，否则予以停产或停建，严重时可以刑法处理。

政府部门通过区域规划将污染企业进行有效的集中，是实现工业废水集中处理的一个重要条件。由区域规划实现工业废水集中处理，是一条切实可行的措施，不仅可以根治点源污染，而且创造了良好的投资环境，实现环境与经济“双赢”。通过合理规划和集中处理，不仅可以大大减少工业废水集中处理厂的废水管道的投资，而且有利于区域或流域水污染控制的协调管理及水体自净容量的充分利用。以化工园区为例，目前我国的化工园区已成为化学工业发展的重要聚集地，也是地方经济社会发展的重要增长极。化工园区在规划建设过程中，通过产业的空间集聚、生产要素的合理配置，实现工业经济集约化和可持续发展，有利于资源的优化配置、三废的统一治理和资金及先进技术的引进。2006 年后，我国化工园区建设的速度明显加快；2012 年，我国省级重点化工园区或以化工为主导产业的工业园区达到了 1 185 个，6 年增长了近 20 倍。化学工业也是江苏省等经济发达省份的重要支柱产业，2019 年之前，江苏省有化工园区 53 个，主要分布在沿江、沿海、环太湖三个区域。2018 年以来，各省份陆续发布了化工园区确认名单；2021 年 12 月 28 日，工业和信息化部、自然资源部、生态环境部、住房和城乡建设部、交通运输部、应急管理部发布关于印发《化工园区建设标准和认定管理办法（试行）》的通知，目的是进一步规范化工园区建设和认定管理，提升化工园区安全发展和绿色发展水平。

政府是促进环境污染治理的主导因素，应建立相关的经济政策，通过经济政策机制引导废水集中处理及其产业化，使集中处理有投入有产出。应制定废水集中处理的收费指导政策和税收优惠政策以调动各方的积极性，理顺价格和管理体系；打破行业垄断和地方垄断，引入市场竞争机制，建立规范合理的市场准入制度。市场准入制度包括废水处理产品标准、质量标准、污水处理设施建设运营、污水设计及服务咨询准入制度等制度体系,形成统一开放、竞争有序的废水集中处理产业。为了拓宽投资渠道,改革投资体制,可采用多种融资方式,提高资本投入,争取有实力的环保企业、国际金融组织及国外政府的优惠贷款和援助。BOT(Build - Operate - Transfer)是20世纪80年代以来在国际上出现的一种新的项目融资模式,政府通过出让建设项目一定期限的经营权、收益权,来吸引民间资本投资建设,而项目的投资者在规定的经营期限结束后,将该项目的产权和经营权无偿地移交给当地政府。PPP(Public - Private - Partnership)模式,是采用公私合作的模式,政府和企业资本一起组成一个新的公司负责建设和运营某个项目,政府职能部门和其他社会资本共同组建PPP项目公司,公司承接政府的项目,获得经营权后交由社会资本负责建设。基于PPP模式的项目从开始到建设、运营,政府和企业都会共同参与。BOT、PPP已成为工业废水处理的重要模式,在我国工业废水处理领域进行了广泛的尝试。例如,浙江嘉兴于2000年以BOT模式建设了一座一期规模为10 000 $m^3/d$的印染园区废水处理厂。在政府和工业园区管委会的协助下,依据企业的水量、水质条件,建立了科学的污水处理收费机制,BOT公司与工业园区内的每家企业分别签订收费协议。自2000年投入运行以来,该废水处理工程运行效果良好,有效解决了工业园区的污水排放问题,加大了工业园区的招商引资力度,完善了工业园区的基础设施建设,取得了显著的经济、社会和环境效益。

## 1.1.2 工业废水的分类及特点

现阶段我们对工业废水的定义为:工业生产过程中排出的废水和废液,其中含有随水流失的工业生产用料、中间产物、目标产品、副产品以及生产过程中产生的其他污染物。它是造成环境污染,特别是水污染的重要原因。工业生产过程的各个环节都可产生废水,如冷却水、洗涤废水、水力选矿废水、水力除渣废水、生产浸出液等。相较于生活污水、农业废水,工业废水成分复杂、性质多变,需要有针对性地进行处理,目前仍有很多技术问题没有完全解决。

工业废水具有以下几个特征:

① 工业废水来源于石油和化学工业、煤炭开采和洗选业、纺织业、造纸和纸制品业、钢铁工业、电镀工业等诸多行业,来源广;

② 据不完全统计,“十三五”期间我国工业废水的年排放总量维持在200亿吨左右,排放量大;

③ 工业废水的水质因生产品种和原料的不同、生产工艺和生产规模的差别、企业管理和清洁生产水平的差异而变化,导致工业废水的种类较为复杂,类型较多;

④ 工业废水中往往含有复杂的化学物质,这类物质为污水处理带来了较大的难度;

⑤ 工业废水中污染物含量往往非常高,一旦直接排放到自然水中,会对水域生态造成不可挽回的危害;

⑥ 工业废水的处理往往需要物理、化学、生物等多学科手段的综合处理,对工艺技术要求高。

影响工业废水污染物类型和浓度的主要因素包括:生产原材料、生产工艺、生产设备及操作条件、企业生产管理和清洁生产水平。工业种类繁多,工业的工艺组成复杂,企业的生产管理水平差异大,产生的废水成分非常复杂,因此工业废水难以用简单的分类进行划分。目前,工业废水的分类通常有以下三种方法,如图1-1所示,一是按工业企业的产品和加工对象分类;二是按工业废水中所含主要污染物的化学性质分类;三是按工业废水中所含污染物的主要成分分类。由于工业废水成分复杂,每一种工业废水都是由多种杂质和若干项指标表征的综合体系,因此,本书中涉及的工业废水以工业企业的产品加工对象进行分类,对火炸药废水、农药废水、医药废水及电镀废水等重污染工业废水进行重点阐述。

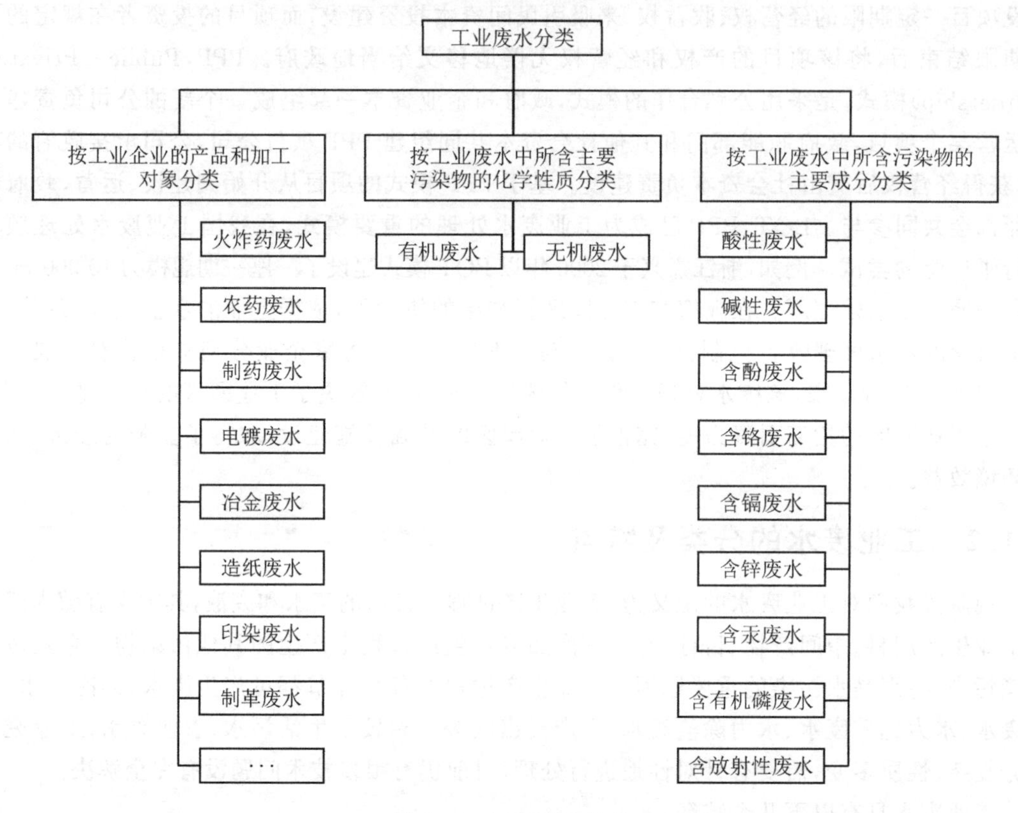


**图 1-1　工业废水分类**

## 1.1.3　工业废水的主要污染物及其危害

废水在排放之前必须去除主要的有害成分。了解废水中的有害成分,对于废水收集、处理、处置设施的设计和操作,以及环境质量的技术管理,都具有重要的意义,对废水的环境危害评价也是至关重要的。重点行业工业废水中的主要有害物质如表 1-1 所列。

**表 1-1　工业废水中主要有害物**

| 行　业 | 废水中主要有害物质 |
| --- | --- |
| 火炸药厂 | 多环芳烃、杂环化合物、酸酯类化合物、酚、硝基苯、酸、铅等 |
| 农药厂 | 各种农药、苯、氯醛、氯仿、氯苯、砷、氟、铅、酸、磷等 |
| 制药厂 | 汞、砷、铬、苯、硝基苯、酸、碱、水温等 |
| 电镀厂 | 氰化物、铬、锌、铜、铝、镍等 |
| 化工厂 | 汞、砷、铅、氰化物、萘、苯、硫化物、硝基化合物、酸、碱等 |
| 化肥厂 | 酰、氰化物、苯、铜、汞、氟、碱、氨等 |

续表 1-1

| 行 业 | 废水中主要有害物质 |
| --- | --- |
| 焦化厂 | 酚、氰化物、硫化物、砷、游离氯、苯类、焦油、吡啶等 |
| 钢铁厂 | 酚、氰化物、锗、吡啶等 |
| 石油化工厂 | 石油、氰化物、砷、酸、碱、吡啶、酮类、芳烃类等 |
| 化纤厂 | 二氧化硫、磷、丙烯、乙二醇、氨类、酮类等 |
| 合成橡胶厂 | 氯丁二烯、二氯丁烯、丁间二烯、二甲苯、铜、苯、乙醛等 |
| 造纸厂 | 碱、木质素、氰化物、硫化物、砷等 |
| 发电厂 | 酚、硫、锗、铜、砷、水温、石油类、氟化物等 |
| 电池厂 | 汞、锌、酚、焦油、甲苯、氰化物、锰等 |
| 有色冶金厂 | 氰化物、氟化物、硼、锰、铜、锌、铅、镉、锗等 |
| 纺织厂 | 硫化物、硝基苯、纤维素、洗涤剂、砷等 |
| 皮革厂 | 硫化物、碱、砷、铬、洗涤剂、甲酸、醛、油脂等 |
| 油漆厂 | 酚、苯、甲醛、铅、锰、镉、铬等 |
| 树脂厂 | 甲酚、甲醛、汞、苯乙烯、氯乙烯、苯脂类等 |
| 玻璃厂 | 油、酚、苯、烷烃、锰、镉、铜、硒等 |
| 铅锌厂 | 硫化物、铅、镉、铜、锌、锗等 |
| 染料厂及印染厂 | 各种染料和纤维素等 |

根据对环境污染所造成的危害的不同，这些污染物大致可划分为需氧污染物、悬浮污染物、胶体污染物、优先控制污染物、感官污染物、营养性污染物、难降解污染物、油类污染物、生物污染物、酸碱污染物和热污染等类型。

**1. 需氧污染物**

废水中凡能通过生物化学或化学作用而消耗水中溶解氧的物质，统称为需氧污染物。绝大多数的需氧污染物是有机物质，无机物质主要有 $Fe^{2+}$、$S^{2-}$、$CN^{-}$ 等，但在一般情况下，需氧污染物专指有机物。大多数受纳水体需要保持一定浓度的溶解氧，需氧有机物的存在会消耗水体的溶解氧，进而限制受纳水体的代谢能力，因此工业废水的排放对需氧污染物需要严格限制。由于有机物种类繁多，现有的分析技术难以将各种工业废水中的有机物加以全面定性与定量，在水质表征中常采用综合水质污染指标来描述，主要包括生化需氧量(BOD)、化学需氧量(COD)、总需氧量(TOD)。

**2. 悬浮污染物**

水中呈悬浮状态的物质称为悬浮物，是指粒径大于 100 nm 的杂质。这种悬浮物的存在，造成水质显著混浊。其中密度较大的颗粒多数是泥沙类的无机物，经静置会自行沉降；密度较小的颗粒多数为动植物腐败而产生的有机物质，浮在水面上。悬浮物还包括浮游生物(如蓝藻类、硅藻类)及微生物与菌泥。密度与水相近且细度较小的颗粒，常在水中漂动，静置也难以沉降，造成水质混浊。水中悬浮固体的沉降会危害水底栖生物的繁殖，影响渔业生产；悬浮物淤积严重时，会堵塞水道，使河道的寿命缩短；含有机固体的淤泥层的分解可消耗水中溶解氧，释放出有害气体。

**3. 胶体污染物**

水中固体污染物粒径介于1～10 nm之间的杂质，称为胶体状杂质。胶体状杂质多数是黏土性无机胶体和高分子有机物胶体。高分子有机物胶体的相对分子质量很大，一般是水中的植物残骸经过腐烂降解的产物，如腐殖酸、腐殖质、多聚糖等。黏土性无机胶体是造成水质混浊的主要原因。胶体状杂质具有两种特性：一是单位容积胶粒的总表面积很大，往往吸附大量离子而带有电性，使胶体团粒之间产生电性排斥力而不能互相集聚在一起，颗粒无法自行增大下沉，所以始终稳定在胶体状态；二是当光线照射到胶体时被散射，而导致水体呈浑浊态。

**4. 优先控制污染物**

由于工业生产过程涉及的化学污染物种类繁多，世界各国都筛选出了一些毒性强、难降解、残留时间长、在环境中分布广的污染物优先进行控制。这类污染物称为优先控制污染物。美国环境保护局(EPA)于1976年率先公布了129种优先控制污染物，同时给出了它们的最大允许量。彼得(Peter. M. C)根据EPA公布的129种优先控制污染物的水质判断和有关污染物在水环境中的归宿及理化性质等方面的文献资料，研究并设计了优先监测的最佳方案，要点是：① 根据优先控制污染物的理化性质及生物效应，如溶解性、降解性、挥发性、在辛醇/水二元溶剂中的分配系数 、归宿等，将129种优先控制污染物分为10大类；② 根据优先控制污染物所具有的长效性及生物积累性，将优先控制污染物分为5级；③ 根据分类分级数据，选定并推荐优先监测采样的环境要素。我国在进行研究和参考国外经验的基础上也提出了水中优先控制污染物黑名单68种。

**5. 感官污染物**

废水中能引起混浊、泡沫、恶臭、色变等现象的物质，虽无严重危害，但能引起人们感官上的不适，统称为感官污染物。不少有机废水具有独特的颜色，特别是印染工业及染料工业废水，其色度高，给废水带来了不良的感观，同时这些有色污染物也往往是一种环境毒物。

印染废水中的色度主要是由残留染料所引起的，印染废水中染料残留率平均为10%，这些有色污染物质，往往是一些具有共轭体系(发色团)的化合物，常见的多为偶氮染料及杂环共轭系统。印染废水的颜色取决于其染料分子的结构。染料分子发色体中不饱和共轭链(如—C═C—、—N═N—、—N═O)的一端与含有供电子基(如—OH、$—NH_2$)或吸收电子基(如$—NO_2$、>C═O)的基团相连，另一端与电性相反的基团相连。化合物分子吸收了一定波长的光量子能量后，发生极化并产生偶极矩，使价电子在不同能级间跃迁而形成不同的颜色。一般来说，染料分子结构中共轭链越长，颜色越深；苯环增加，颜色会加深；相对分子质量增大，特别是共轭双键数增加，颜色亦会加深。对一些易被活性污泥中微生物降解的污染物可用生化方法进行处理，对多数不易被生化系统所脱色的污染物就要用物理或化学的方法进行脱色。一般厚织物印染加工的染料用量多，废水中残留的染料绝对量多，废水色泽深，色度高。而薄织物的印染废水色度相对较低。另外，织物的深色染色或印花残留的染料亦会使废水的色泽变深。一般棉、化纤及其混纺织物印染废水色度为300～500倍，针织印染废水色度为200～400倍。毛纺织染整和丝绸印染废水的色度较低，为100～300倍。

另外，化学制浆造纸废水的污染源主要来自制浆、洗浆、筛选、漂白和抄纸等工序。制浆过程中产生的蒸煮废液(黑液)污染最为严重。制浆方法和所用纤维原料不同，蒸煮废液的组分也存在很大的差异。蒸煮液是在蒸煮结束时进行提取，在碱法制浆中，此液呈黑色，故称“黑液”；而在酸法制浆中，此液呈红色，故称“红液”。黑液中含有碱木素、半纤维素和纤维素的降解产物(如挥发酚、醇等),以及各种钠盐(如氢氧化钠、硫酸钠等)。亚硫酸盐法蒸煮废液(红液)中除含有木素和纤维素外,还含有糖类(如总糖、己糖、糖衍生物等)。若对黑液碱进行回收,则制浆厂总排污负荷可减少 80%~85%,还可以回收黑液中有机物燃烧产生的热能及黑液中所含的化学品,是解决制浆厂废水污染的重要途径之一。

**6. 营养性污染物**

氮和磷是水中营养性污染物,是引起水体富营养化的主要原因,氮磷超标会导致某些藻类的疯长。如果这些营养性物质大量进入湖泊、江、海等水体,氮、磷浓度分别超过 0.2 mg/L 和 0.02 mg/L,就会引起水体富营养化,藻类和浮游生物迅速繁殖,水体溶解氧下降,导致鱼类和其他生物大量突然死亡。因此,对于湖、库及景观水体等受纳水体,应限制氮、磷的排入。

**7. 难降解污染物**

难降解污染物难以被微生物降解,通常工业废水中含有的化学物质能够引起生物体的毒性反应,因此难降解物质大部分是有毒污染物。特别是存在于火炸药、医药、农药等工业废水中的难降解含氮化合物。难降解污染物不易被微生物所降解,易在环境中积累,对生物和人类有毒害作用,如致癌、致畸、致突变作用,因此对人类健康构成巨大的潜在威胁。据报道,美国 19 个州的约 6 500 n mile 长的河流已遭受有毒有机物的严重影响。由于难降解有毒化合物种类的急剧增多以及对生物和人体存在的潜在威胁,美国早在 1977 年颁布的“清洁水法”修正案中就明确规定了 65 类 129 种优先控制的污染物,多为有生物毒性,不易被生物降解。之后,美国国家环保局 EPA 又陆续提出了几个应加控制的有毒有机物的名单。1984 年,美国国家环保局 EPA 还正式提出“有毒化学物与公众健康问题”为美国几大环境问题之首。我国也已对有毒有机物的污染给予了高度重视。我国研究人员开展了很多有关有毒污染物的研究,提出了反映我国特征的优先污染物建议名单。在 1996 年新修订的“污水综合排放标准”中,明确规定了 30 种优先控制的有机污染物,如苯并(a)芘、有机磷农药、三氯甲烷等。

火炸药、制药、农药、电镀等工业生产过程会产生大量含难降解有机物的废水,这些废水不仅水质、水量变化较大,污水中的难降解污染物更是对“污水零排放”提出了巨大的挑战。当难降解污染物的化学需氧量($COD_{cr}$)超过 2 000 mg/L,5 日生化需氧量($BOD_5$)与化学需氧量的比值小于 0.3 时,该废水称为高浓度难降解有机废水。这类废水中的有机物通常难以被微生物降解,或者被分解的速度慢、不彻底,导致废水处理效果差,难以达标排放。目前,高级氧化技术、电化学氧化技术、强化生物处理技术、超声技术、膜处理技术、微电解技术等已被广泛应用于处理难降解污染物的小试、中试和实际应用研究中。

**8. 油类污染物**

油类污染物主要是指石油类或动植物油类有机化合物。水体含油达 0.01 mg/L 即可使鱼肉带有特殊气味而不能食用。若水中含油 0.01~0.1 mg/L,对鱼类和水生生物生长就会产生影响。若水中含油类物质达 0.3~0.5 mg/L,就会产生气味,从而不适合饮用。油类污染物在水面上形成油膜,隔绝大气与水面,破坏了水体的富氧条件,破坏正常的充氧环境,导致水体缺氧;油膜附于鱼鳃上,使鱼类呼吸困难,甚至窒息死亡;在鱼类产卵期,在含油废水的水域中,孵化的鱼苗多数幼鱼畸形,生命力脆弱,易于死亡。油类污染物还会附着于土壤颗粒表面和动植物体表,影响养分吸收与废物排出,妨碍通风和光合作用,使水稻、蔬菜减产,甚至绝收。

**9. 生物污染物**

生物污染物是指废水中的致病性微生物。它包括致病细菌、病虫卵、病毒和有毒藻类。废水中所含有的微生物多数是无害的，细菌含量也很低，但也可能含有对人体和牲畜有害的病原菌。例如，制革厂废水常含有炭疽菌，若排放时混有生活污水、垃圾淋溶水、医院污水，可能含有能引起肝炎、伤寒、痢疾、脑炎等的病毒、细菌和寄生虫卵等。这些病毒、细菌和寄生虫卵分布广，数量大，存活时间长，繁殖速度快，治理中应予以高度重视。此外，制药废水处理厂多采用以生物处理为主体的工艺，微生物长时间暴露在高浓度残留抗生素环境中，往往诱导产生大量抗性基因(ARG)。经生物处理后的废水和废渣排入环境，最终危害生态环境和人类健康。长时间低剂量的抗生素环境暴露会加速和诱导抗生素 ARG 的产生。而 ARG 是抗性菌(ARB)产生耐药性的根本原因，即使 ARB 死亡，在脱氧核苷酸酶的保护下，携带 ARG 的裸露 DNA 仍会长期存在，进而威胁生态环境和人类健康安全。在抗生素制药废水生物处理过程中，高浓度的残留抗生素会对微生物产生抑制，降低生物处理效率，同时对微生物的种群结构和功能造成负面影响。微生物在抗生素选择压力下也会筛选出自身携带 ARG、通过基因突变产生 ARG 或通过垂直/水平转移获得 ARG 的 ARB。抗生素制药废水是重要的抗生素、ARB 和 ARG 排放源，在制药废水处理系统中将其有效去除是减少制药废水排放导致抗生素污染的关键。水质标准通常以细菌总数和总大肠菌群数作为卫生学指标，其中后者反映水体受到动物粪便污染的状况。

**10. 热污染**

凡是因水温高对受纳水体造成的危害，称为热污染。如果废水水温较高，直接排入水体，则会造成水体的热污染。水体水温升高会导致溶解氧降低，大气向水体传递氧的速率减慢，而随着水温升高又导致生物耗氧速度加快，水中溶解氧消耗更快，水质将迅速恶化；同时，水温升高会加快微生物生长及化学反应速率，加速管道与容器的腐蚀，使得细菌繁殖速度加快，增加后续水处理的难度和处理成本。

**11. 酸碱污染物**

酸碱污染物主要指废水中含有酸性污染物和碱性污染物，有些地区酸雨也会使水体含有这类污染物。水质标准中通常以 pH 值来表示酸碱污染的存在。酸碱物质具有较强的腐蚀性，会对管道和构筑物造成腐蚀，排入水体后使水体 pH 值变化，破坏水体自净作用，抑制微生物生长，使水质恶化，使土壤酸化或盐碱化。酸碱物质对渔业水体影响更大，当水体 pH 值低于 5.5 时，一些鱼类就不能生存或生殖率下降。

工业废水中含酸性废水和碱性废水。酸性废水主要来自钢铁厂、化工厂、染料厂、电镀厂和矿山等，其中含有各种有害物质或重金属盐类。酸性废水中酸的质量分数差别很大，低的小于 1%，高的大于 10%。碱性废水主要来源于印染厂、皮革厂、造纸厂、炼油厂等，其主要成分为有机碱或无机碱，不同碱性废水的含碱量差距较大。碱的质量分数有的高于 5%，有的低于 1%。酸碱废水中，除含有酸碱外，常含有酸式盐、碱式盐以及其他无机物和有机物。酸碱废水具有较强的腐蚀性，需经适当治理方可外排。

## 1.2 工业废水的污染及治理现状

工业废水是世界范围内水体污染的主要源头。工业废水的种类包括：钢铁厂、焦化厂排出含酚和氰化物等污染物的废水；化工、化纤、化肥、农药厂等排出含砷、汞、铬、农药等有害物质的废水；造纸厂可排出含大量有机物的废水等。其中，对水体污染影响较大的工业废水主要来自火炸药、农药、制药、电镀等化工企业[2]。据环境统计年报提供的数据，我国工业废水排放的主要行业中化工行业排放量非常大，化工行业 COD 排放量占比高达 13.5%，仅次于农副产品加工业(COD 排放量占比 15.7%左右)；造纸行业和印染行业 COD 排放量占比分别为 13.1%左右和 8.1%左右；化学工业废水排放量占全国工业废水排放总量的 20%以上(见图 1-2)。金属排放量有一半来源于有色冶金行业；钢铁行业、机械制造行业、化工行业及采掘行业占石油类排放量前四位；硫化物排放量较高的行业是化工行业及造纸行业；化工行业、钢铁行业、挖掘行业占据氰化物排放量排名前三位；挥发酚排放量主要来源为石油加工行业，其次为化工行业、有色金属行业、造纸业。

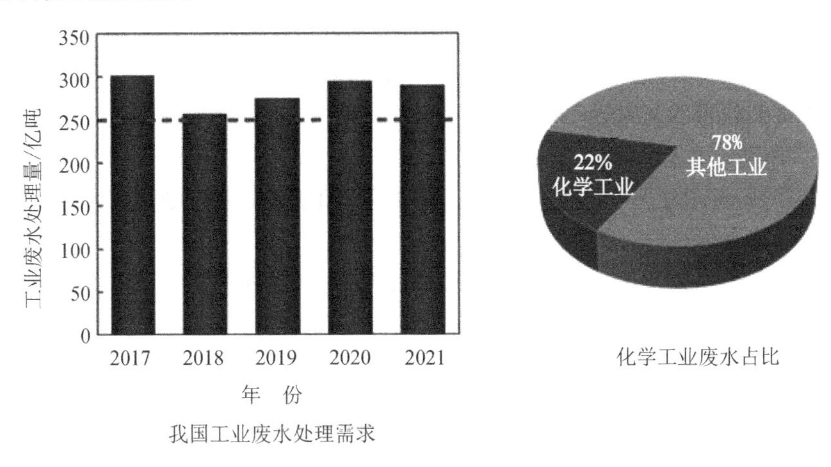


**图 1-2 工业废水处理需求及化学工业废水占比**

除了排放量大的特点外，排放物浓度高也是一些行业排放物普遍存在的问题。制革行业、食品加工行业、饮料行业、化工行业、造纸行业、石油加工行业的 COD 排放浓度均较高，高于各行业平均水平；排放浓度其次的是食品制造行业、卫生行业、纺织行业、钢铁行业；低于二级排放浓度的行业有采掘行业及机械行业。有色金属行业氰化物及硫化物排放量居于首位，是允许排放浓度的 17 倍；重金属的排放浓度也很高。制革业的硫化物和挥发酚的排放浓度高于二级排放标准。饮料行业、皮革行业、造纸行业、非金属行业、钢铁行业、化工行业的固体悬浮物(SS)排放量高于平均排放量。金属制品行业的六价铬排放浓度最高，氰化物浓度也比较高。化工行业除了有机物、重金属等污染物排放浓度较高以外，其废水的生物毒性和盐分对环境的影响也值得关注。

近年来，随着国家环保管理的加强和环保投入力度的加大，工业废水排放量呈现出逐年下降的趋势。根据中国生态环境状况公报，2018—2020 年全国工业废水治理设施分别为 72 952 套、69 200 套、68 150 套；2018 年和 2019 年全国废水处理设施处理能力分别为 22 370 万吨/日、17 195 万吨/日，呈现逐年下降的态势。据不完全统计，2017 年以来全国工业废水排放量总量均高于 250 亿吨，工业废水中化工废水的占比约为 22%。水体污染具有三级进程的特点，即黑、臭、缺氧，含重金属、含有毒化学品及过营养化。据不完全资料统计，中国城市废水未经处理或处理不当排放到江流的比例高达 65%，三级进程污染现象严重。相比世界平均水平，中国污染程度较高，工业企业的废水超标排放是污染环境的主要原因。

改革开放 40 年来，我国工业以密集、高速态势发展，已取得了巨大的工业化成就。目前我国已拥有完整的工业体系，是全世界唯一拥有联合国产业分类当中全部工业门类的国家。然而,工业发展常常被视为环境恶化的主要原因,尤其是我国在改革开放初期,粗放型的工业增长方式造成了严重的环境污染。当前我国工业正处在爬坡过坎的关键时期,工业发展的内外部环境正面临深刻变化,外部输入性风险上升,周期性、结构性问题叠加,工业经济运行的不稳定、不确定性因素依然较多,一些地区和行业还面临较大的结构调整和转型升级压力。虽然近年来由于产业结构的调整使得工业废水排放得到了有效的控制,但工业产生的三废问题仍挤压着本就脆弱的生态环境。由于工业废水中污染物的特性,近年来发生的比较严重的污染事故几乎都和重污染工业废水有关。相关污染事件中,有发生事故、偷排、治理不当等各种原因。目前我国工业废水处理存在的主要问题有以下几方面:

① 工业废水处理具有复杂性和特殊性。中国已成为世界制造业大国和全球第二大经济体,工业门类齐全,但仍处于产业质量提升的关键过渡期。工业废水来源之广、组分之复杂,造成了中国工业废水处理的复杂性和特殊性。以制药行业为例,由于我国的制药生产技术不够发达,国内很多制药厂的产业定位为初级制药,附加值不高,主要生产原料和中间体废水产生量很大且组成复杂,造成了严重的环境污染。西方发达国家在废水处理领域的经验和基础难以直接借鉴,开发适应中国国情、匹配中国发展阶段的工业废水处理技术一直是环保领域的努力方向。中国环境工程领域所面临的工业废水处理问题已逐渐成为世界环境工程领域的共同挑战、研究热点和学术前沿。

② 工业废水处理技术水平和管理水平有待提高。由于工业废水组成的复杂性,对治理工艺的选择要求高,需要考虑诸多方面,包括污染企业的生产工艺、企业的生产管理水平、企业的经济承受能力。有些企业投资不够,无法处理好废水;有些企业投资到位,却由于后期管理不善导致出水不达标,未能达到预期效果。从目前掌握的技术水平看,国内很多工业废水的处理在理论上是达不到标准的,虽然在前期运行可以勉强达标,但并不能真正地长期稳定运行。如医药生产废水、农药生产废水、光伏生产废水等,处理难度很大,现有的技术和管理水准有待进一步提高。

③ 工业园区废水集中处理效率低、成本高。工业园区内的入驻企业将废水预处理到一定标准后排入工业园区的集中废水处理厂进行深度处理,是一个很好的模式,但由于环保管理体制不完善,在现实运作中遇到了新的问题。例如,企业在废水预处理中去除的大多是可生化性好的污染物,而对难降解污染物很难起到去除效果,这导致了排放到工业园区集中污水处理厂的废水难生化、高毒性物质占比高,集中处理废水存在种类复杂多变、盐分高、冲击负荷强等不利因素,较难实现有效处理和稳定达标。

④ 工业企业的环保意识有待提高。近年来,由于环保处罚力度的加大、公众监督意识的提高,企业的环保意识已有所加强,但仍有一些工业企业在废水治理方面加大投入的意愿不够强烈,工业废水治理设施的建设和运营质量不高,工业废水超标排放的事故时有发生,工业废水偷排、跨域倾倒等违法行为屡见不鲜,甚至有一些专业从事工业废水处理的工业园区废水处理厂也被查出工业废水偷排等违法行为。

⑤ 工业废水处理的商业模式不够成熟。和市政污水相比,工业废水的水量一般较小,工业废水处理项目的体量不够大;由于工业废水的复杂性和特殊性,工艺可复制性不强,大部分只能采用一水一策、一企一策的处理方案,难以形成规模效应;承接工业废水治理项目的治污企业(环保公司)鱼龙混杂,技术水平参差不齐,行业中易形成恶性竞争,导致一些曾经致力于工业废水处理领域的企业在遇到机会时纷纷转型。从事工业废水处理的环保公司在技术上的

发展差异较大，但是主要的经营模式仍为“设计—采购—施工”，其他普遍适用的商业模式仍在摸索。

## 1.3 解决工业废水污染的基本原则及发展趋势

工业废水处理方案的选择和确定是十分复杂的工作，务必要把污染物的来源、排污和环境条件作为一个整体来考虑，经过全面衡量后再确定治理方案，力求取得环境效益、经济效益和社会效益的统一。经过环保行业和工业企业的多年摸索和尝试，围绕工业企业的废水减排已形成如下基本原则：

① 全面推行清洁生产：改革落后的生产工艺，从选择原材料入手控制污染排放，优先选用无毒或低毒性生产原料，尽可能在生产过程中杜绝或减少有毒有害废水的产生。在使用有毒原料以及产生有毒中间产物和产品的过程中，应严格操作、监督，采用合理的流程和设备，消除滴漏，减少流失。

② 合理开展分质分流：含有剧毒物质、重金属、放射性元素、有回收价值物质、高浓度污染物、高浓度盐分的废水应尽量与其他废水分流，以便处理和回收有害物质，降低废水处理成本。流量较大而污染较轻的废水，可适当处理后循环使用，以减少新鲜水用量。

③ 大力发展绿色工艺：废水处理技术和工艺必须符合绿色环保的原则，可使用先进的废水无害化处理技术，逐步替代技术落后、二次污染重的处理工艺，采用系统工程的理念实现工业废水处理系统的优化，以减少工业废水处理过程中的二次污染，降低废水的处理成本，进而实现工业废水处理过程的减污降碳，是未来的发展方向。

④ 充分利用有用物质：含有高品质碳源等有用物质的工业废水、成分与城市生活污水类似的废水，例如来自食品加工厂、糖业工厂、酿造工厂的废水，有毒物质含量低，污染程度较轻，经过特定方式的适当处理后，可排入城市污水系统再行集中处理，以充分利用其中的碳源等资源，降低处理成本。

⑤ 充分回收有用物质：通过废水中重金属、有机物等有价值污染物的回收，进而实现资源再利用或实现闭路循环，是工业废水处理的发展趋势。例如，很多重金属污染严重的企业引进了基于吸附法的废水资源化装置，可在实现废水有效治理的同时实现对重金属的高纯度分类回收。此外，电路板蚀刻液在线循环、表面处理电镀液在线循环、清洁制浆造纸与综合利用等技术亦为提高原料有效利用率的有效途径。

⑥ 加强污染物末端治理。采用臭氧等高级氧化耦合生化处理等技术实现污染物的深度削减，采用高强度、抗污染的超滤、纳滤膜等膜法深度处理技术实现工业废水的回用，采用污泥消化、浓缩、脱水、干化、焚烧等技术设备实现高效低能耗的污泥处置，通过全链条的污染物末端治理实现工业废水近零排放，将成为工业废水最终消纳的有效途径。

石油化工、轻纺、制药等工业企业所排放的大量工业废水具有种类多、成分复杂、化学需氧物质浓度高、可生化性差、有毒有害等特点，若未能进行有效的治理，必将对环境造成十分严重的污染与破坏，开展这类工业废水的综合治理已成为行业亟待解决的重大问题。在治理这类工业废水的过程中，主要有物理法、化学法、生物法及其组合技术。高级氧化处理技术作为物化处理技术之一，具有处理效率高、对毒害性污染物破坏较彻底等诸多优点而被广泛应用于含难降解有机污染物的废水预处理。生物处理技术则因具有处理成本低、极少产生二次污染、出水水质好、运行与操作管理方便等优点，而在工业废水处理领域占据主导地位。因此，针对高浓度、组分复杂的难降解工业废水的治理，首先采用高级氧化处理等物化技术将难降解有机污染物转化为低毒、易生物降解的小分子有机物，而后采用生物处理技术实现小分子有机物的矿化，已成为难降解工业废水的主流处理模式。基于高级氧化、生物化学等多过程集成的难降解有毒有害工业废水耦合处理技术已获得了广泛的应用，但以减少二次污染、降低处理成本为导向的工艺技术优化仍然是今后工业废水处理的发展趋势。

# 第2章　工业废水的物理化学处理方法

## 2.1　物理处理方法

物理法是通过物理作用分离和去除废水中不溶解的呈悬浮状态的污染物(包括油膜、油珠)的方法。在处理过程中,污染物的化学性质不发生变化。物理处理方法具有回收率高、耗能低、净化效率高等优点,被广泛运用于工业废水治理中。目前应用较多的有格栅法、气浮法、萃取法、混凝法、吸附法、膜分离法、汽提法与吹脱法、蒸发法等。

### 2.1.1　格栅法

格栅法是一种物理处理方法。格栅由一组(或多组)相平行的金属栅条与框架组成,倾斜安装在格栅井内,设在集水井或调节池的进口处,用来去除可能堵塞水泵机组及管道阀门的较粗大的悬浮物及杂物,以保证后续处理设施的正常运行。

工业废水处理一般先经粗格栅后再经细格栅。粗格栅的栅条间距一般采用10～25 mm,细格栅的栅条间距一般采用6～8 mm。小规模废水处理可采用人工清理的格栅,较大规模或粗大悬浮物及杂物含量较多的废水处理可采用机械格栅。有时为了进一步截留或回收废水中较大的悬浮颗粒,可在粗格栅后设置隔网。

人工格栅是用直钢条制成的,一般与水平面成45°～60°倾角安放。倾角小时,清理时较省力,但占地面积较大。机械格栅的倾角一般为60°～70°。格栅栅条的断面形状有圆形、矩形及方形,目前大多采用的断面形式为矩形。为了防止栅条间隙堵塞,废水通过栅条间距的流速一般采用0.6～1.0 m/s。

### 2.1.2　气浮法

气浮法是利用高度分散的小气泡吸附或粘附废水中的疏水基的固体或液体等非溶解性颗粒,形成水-气-颗粒三相混合体系,颗粒粘附气泡后,形成表观密度小于水的絮体而上浮到水面,实现固-液或液-液分离的过程,从而使废水得到净化的一种固-液分离技术。

首先介绍几个基本概念:

- 亲水性:如果颗粒易被水润湿,则称该颗粒为亲水性的;
- 疏水性:如果颗粒不易被水润湿,则是疏水性的;
- 润湿接触角:在静止状态下,当气、液、固三相接触时,气-液界面张力线和固-液界面张力线之间的夹角(包含液相的)称为润湿接触角,用$\theta$表示。

如图2-1所示,水对各种物质润湿性的大小,可以利用它们与水的接触角来衡量。当接触角$\theta<90°$时,该物质为亲水性物质;当$\theta>90°$时,该物质为疏水性物质。一般疏水性物质的气浮效果较好,而亲水性物质的气浮效果较差。下面将对悬浮物与气泡的附着条件进行深入的探讨。

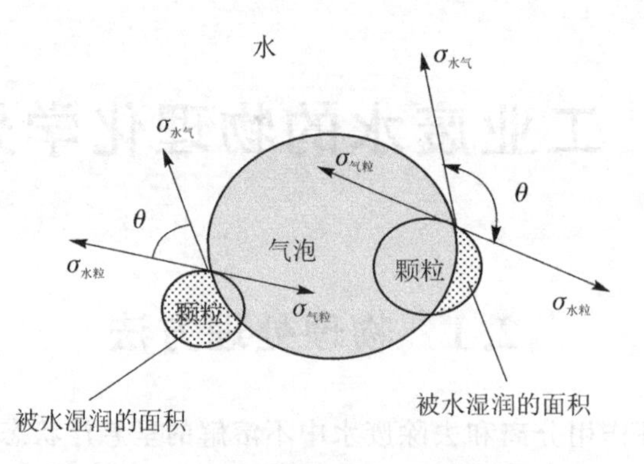


**图 2-1　气泡与颗粒的作用过程图**

按照物理化学的热力学理论，任何体系均存在力图使界面能减少到最小的趋势，下面来具体地分析悬浮物与气泡附着的条件。气泡与颗粒的作用过程如图 2-1 所示。

界面能：$W=\sigma S$，其中，$S$ 为界面面积；$\sigma$ 为界面张力。

附着前：$W_1=\sigma_{水气}+\sigma_{水粒}$（假设 $S$ 为 1）。

附着后：$W_2=\sigma_{气粒}$。

最终界面能的减少量为

$$\Delta W=\sigma_{水气}+\sigma_{水粒}-\sigma_{气粒} \tag{2-1}$$

$\sigma_{水气}$、$\sigma_{水粒}$、$\sigma_{气粒}$三个力之间的关系如图 2-1 所示。从图中可以得出

$$\sigma_{水粒}=\sigma_{气粒}+\sigma_{水气}\cos(180°-\theta) \tag{2-2}$$

由式(2-1)和式(2-2)可以得出

$$\Delta W=\sigma_{水气}(1-\cos\theta) \tag{2-3}$$

由于任何体系均存在力图使界面能减少到最小的趋势，因此，悬浮物与气泡附着的条件必须满足 $\Delta W>0$，即

$$\sigma_{水气}(1-\cos\theta)>0 \tag{2-4}$$

由式(2-4)可知：

当 $\theta\to0°$时，$\cos\theta\to1$，$\Delta W=0$，因此不能气浮；

当 $0<\theta<90°$时，$0<\cos\theta<1$，$\Delta W<\sigma_{水气}$，此时虽然颗粒能够附着在气泡上，但是附着不牢；

当 $90°<\theta<180°$时，$\Delta W>\sigma_{水气}$，此时颗粒与气泡附着比较牢固，容易气浮；

当 $\theta\to180°$时，$\Delta W=2\sigma_{水气}$，此时 $\Delta W$ 达到最大值，颗粒最易被气浮。

同时，$\cos\theta=(\sigma_{气粒}-\sigma_{水粒})/\sigma_{水气}$，水中颗粒 $\theta$ 与表面张力 $\sigma_{水气}$ 有关。$\sigma_{水气}$ 增加，$\theta$ 增大，有利于气浮。为了增强气泡的稳定性，有时会添加一些表面活性剂；但是如果表面活性剂过多，则会导致 $\sigma_{水气}$ 下降，润湿接触角 $\theta$ 减小，从而影响到气浮的效果。因此，必须选择适宜的表面活性剂添加量，才能既保证气泡的稳定性，又保证良好的气浮效果。

气浮法可用于沉淀法不适用的场合，以分离密度接近于水和难以沉淀的悬浮物，例如油脂、纤维、藻类等；也可用于处理金属废水、印染废水、食品工业废水等。在火炸药废水处理方面，可在处理废水的同时回收废水中的有用物质。例如，炸药废水中所含的硝化棉细断后成为细粒状，相对密度虽然大于 1，但由于其比表面积大，颗粒空隙中充满了空气，故可以悬浮在水中。水中极小的油粒，密度虽小却很难自动浮上水面。如果这些污染物能与水中形成的大量

小气泡粘附在一起，由于气泡的浮升作用，可使粘附的污染物质迅速浮上液面。一般情况下，微小油粒的上浮速度仅为 1 μm/s，而气泡的上浮速度达到了 1 mm/s，用气泡携带油粒的浮升速度可提高近 1 000 倍。即使相对密度大于 1 的固体物质，也可通过气泡助浮而迅速上升分离。在制药工业废水处理中，如庆大霉素、土霉素、麦迪霉素等废水的处理，常采用化学气浮法。庆大霉素废水经化学气浮处理后，COD 去除率可达 50%以上，固体悬浮物去除率可达 70%以上。新昌制药厂采用涡凹气浮机 CAF(Cavitation Air Floatation)涡凹气浮设备预处理废水，在适当的药剂配合下，COD 的平均去除率可在 25%左右。

## 2.1.3　萃取法

萃取法可被用于火炸药废水、农药废水等工业废水的处理，其处理废水的原理是利用与水互不相溶的特定溶剂与废水充分混合，使得废水中的目标污染物重新转移而溶入特定溶剂，接着将溶有污染物的溶剂与废水相分离，以此达到废水中污染物的去除和有用物质的回收的目的。萃取过程的原理如图 2－2 所示。

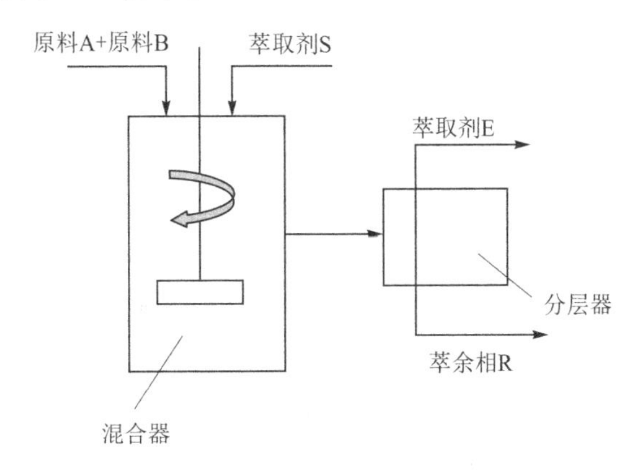


**图 2－2　萃取过程原理**

萃取法是农药生产企业常用的废水预处理方法，分为超临界 $CO_2$ 萃取法、液液萃取法和液膜萃取法。例如，二嗪磷生产企业采用液膜萃取法去除吡啶类物质，丙溴磷生产企业利用液膜萃取法预处理酚。

**1. 超临界 $CO_2$ 萃取法**

超临界 $CO_2$ 萃取法是利用超临界状态下的 $CO_2$ 对某些化合物有良好溶解性的特点，对废水中有机物进行萃取，再转化到常温状态下而达到分离的目的。超临界 $CO_2$ 萃取法的基本流程如图 2－3 所示。

超临界 $CO_2$ 萃取法的特点包括：

① 萃取和分离合二为一，当饱含溶解物的 $CO_2$ 超临界流体流经分离器时，由于压力下降使得 $CO_2$ 与萃取物迅速成为气液两相而立即分开，不存在物料的相变过程，不需回收溶剂，操作方便，不但萃取效率高，而且能耗较低。

② 压力和温度均为调节萃取过程的参数。临界点附近，温度压力的微小变化，就会引起 $CO_2$ 密度的显著变化，从而引起待萃物溶解度发生变化。可通过调节压力或者温度的方法达到萃取的目的。

③ 萃取温度低，$CO_2$ 的临界温度为 31.265 ℃，临界压力为 7.18 MPa，可以有效地防止热

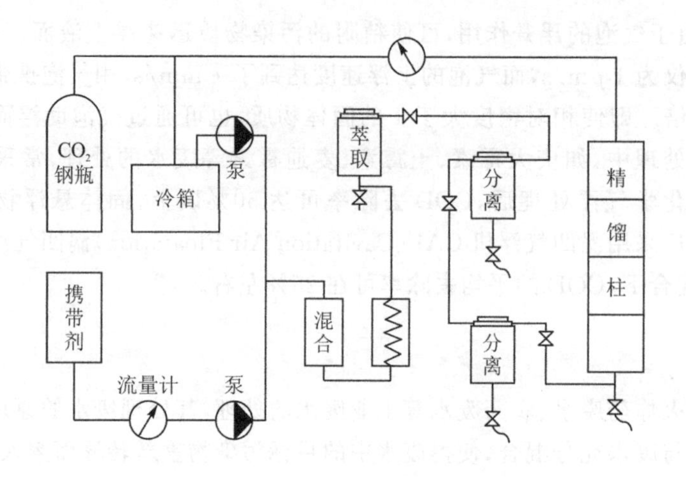


图 2-3 超临界 $CO_2$ 萃取法

敏性成分的氧化和逸散，完整保留生物活性，而且能把高沸点、低挥发性、易热解的物质在其沸点温度以下萃取出来。

④ 临界 $CO_2$ 流体常态下是气体，无毒，与萃取成分分离后，完全无溶剂的残留，有效地避免了传统萃取条件下溶剂毒性的残留。

⑤ 超临界流体的极性可以改变，一定温度条件下，只要改变压力或加入适宜的夹带剂即可提取不同极性的物质，可选择的范围广。

研究者发现，在萃取压力为 25 MPa、温度为 60 ℃、萃取时间为 30 min、$CO_2$ 流量为 10 L/min 的条件下，超临界 $CO_2$ 萃取直接接触法对含敌敌畏的水样去除率可达到 100%。中国台湾大学研究发现，超临界 $CO_2$ 萃取法可有效去除农业废水中的有机磷农药，包括杀螟松、毒死蜱、二嗪农、甲胺磷、乙二磷、甲硫磷、倍硫磷和乙酰甲胺磷（见图 2-4）。在 90 ℃和 325 atm（1 atm =101 kPa）条件下，超临界 $CO_2$ 静态萃取 20 min，然后动态萃取 40 min，可实现水溶液中农药的近乎全部去除。

**2. 液液萃取法**

液液萃取法是在原溶液中加入一种与原有溶剂不溶而对部分溶质有较大溶解度的溶剂，利用溶液中各个组分对于新加入的溶剂的溶解度的不同，而使在新加入的溶剂中溶解度大的溶质被置换至新的溶剂中，从而达到原溶剂中组分分离和净化溶液的目的。

农药废水中含有大量的酚类物质，萃取法是脱除废水中酚类污染物的主要方法。利用酚类物质在有机溶剂中和水中的溶解度有较大差异这一特性，将有机萃取剂与含酚废水混合，酚类物质会转移到溶解度更大的有机相中，从而将废水中的酚类物质去除。目前对苯酚有较好萃取性能的萃取剂主要有醇类、醚类、酮类、酯类等含氧有机溶剂。

由于萃取法只涉及相分离层次，还需后续处理，因此，萃取法适用于回收废水中拥有具有回收价值的有机物的情形。

**3. 液膜萃取法**

液膜萃取，也称为液膜分离，是将第三种液体展成膜状以隔开两个液相，使料液中的某些组分透过液膜进入接收液，从而实现料液组分的分离。与溶剂萃取相比，两者均是由萃取与反萃取两个步骤组成；不同点在于液膜萃取中的萃取和反萃取分别发生在膜的两侧界面，相当于

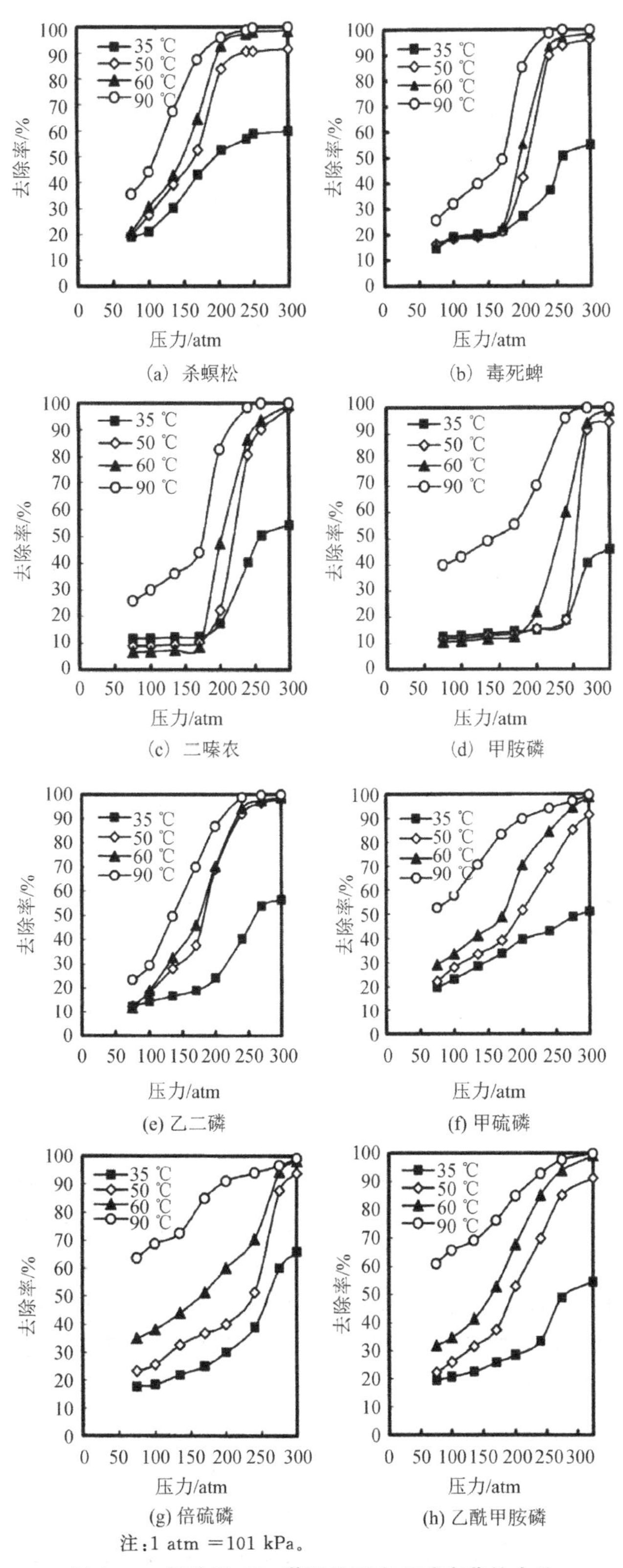


注：1 atm ＝101 kPa。

**图 2－4　超临界 $CO_2$ 萃取法对有机磷农药的去除**

同时进行，萃取与反萃取内耦合。液膜按其构型和操作方式的不同可分为乳状液膜和支撑液膜两类。液膜萃取技术已经成功工业化应用于含酚、含吡啶废水等废水处理中。

农药废水中的草甘膦在酸性环境下以草甘膦酸的形式存在，经膜相中的载体选择与液膜互溶进入内水相，与内水相中一定浓度的钾盐碱液产生化学反应生成草甘膦钾盐，生成物盐不溶于液膜，随着反应的进行在内相中富集。膜两侧的浓度差及化学反应为分离的动力，被分离物草甘膦进入内相即发生化学反应，使废水中草甘膦不断地迁移到液膜内，直到载体无可释放的草甘膦或内相反应试剂消耗完反应才结束。刘艳采用乳状液膜技术处理草甘膦生产废水，以聚胺类 T－161 为表面活性剂（质量分数为 4%），载体为三辛胺（质量分数为 3.5%），磺化煤油为稀释剂，内水相为 12%的氢氧化钾溶液，乳液与废水反应相比为 1∶7，反应时间为 30 min，初始反应废水 pH＝2，可以使草甘膦生产废水中有机磷去除率达 83.6%，COD 去除率达 45.2%，在回收废水中的草甘膦的同时降低废水中的 COD、总磷。

有研究者对中空纤维支撑液膜萃取法去除稀水溶液中部分农药（啶虫脒、乐果、吡虫啉、利奴隆和虫酰肼）的适用性进行了研究。在进料流量为 1.8 $cm^3$/min 时，虫酰肼的最大总传质系数 KF＝0.18 cm/min。通过进料流边界层的扩散是萃取非极性农药（利奴隆和虫酰肼）的速率控制步骤，有机相的影响可以忽略不计。由于水/有机分配系数低，截留在膜孔中的有机相对极性农药的总传质速率有显著影响（$\log p<1.4$）。在 0.5 $cm^3$/min 的进料流量下，虫酰肼的最大单程去除率达到 95%。3 小时后从进料流中去除的绝大多数农药保留在截留在膜孔中的有机相中，用甲醇冲洗膜可在很大程度（50%～90%）上回收。

萃取法具有处理周期短、成本低、易于实现工业化等优点，可处理浓度较高的 TNT 废水，还可用于回收固体推进剂中价格昂贵的卡硼烷等。有研究人员采用超临界 $CO_2$ 作为萃取剂成功地从 B 炸药中通过萃取 TNT 组分回收到 RDX。南京理工大学王连军团队通过膜萃取试验，考察了两相压力差和流速对萃取效率的影响，废水中 TNT 的萃取率可达 90%；采用聚偏氟乙烯中空纤维膜器，以甲苯为萃取剂，对废水中 TNT 的去除率可达 95%。

然而，萃取法也存在一些不足，即用于废水中有机物的萃取技术还不够成熟，萃取剂成本很高，萃取剂通常具有一定水溶性和毒性，易造成二次污染，因此在选择萃取剂时受到了一定的限制。

### 2.1.4 混凝法

在火炸药等工业废水和生活污水处理中，混凝法是一种很重要的物理处理方法。通过向水中投加混凝剂及助凝剂，混凝剂在水中通过电离和水解等化学作用聚合而形成胶体，然后通过胶体的压缩双电层、吸附电性中和、吸附架桥和沉淀物网捕等作用与水体中的杂质和有机物胶体结合形成更大的颗粒絮体，颗粒絮体在水的紊流中彼此易碰撞吸附，形成絮凝体（亦称绒体或矾花）。絮凝体具有强大吸附力，不仅能吸附悬浮物，还能吸附部分细菌和溶解性物质。絮凝体形成过程中，体积不断增大而下沉，从而去除污染物。这一过程实际上并未使废水中的污染物发生化学变化，主要是通过促进其物理形态的改变，实现将部分污染物从废水中分离出来的目的。因此，混凝法作为生化处理出水的进一步处理手段或者用于去除高浓度废水中某些悬浮或胶体状毒性或不可生化物质，是可行和有效的。通过混凝法可去除污水中的细分散固体颗粒、乳状油及胶体物质等。混凝法具有工艺流程简单、占地面积小、设备投资少、操作方便等优点；但缺点也相当明显，混凝法存在着污泥量大且含水率高、需要对污泥进行处理处置，以及药剂需要持续投入、运行费用高等问题。

**1. 混凝法的概念**

物质在水中存在的形式有三种：溶解状态、胶体状态和悬浮状态。一般认为，颗粒粒径小于 1 nm 的为溶解物质，颗粒粒径在 1～100 nm 的为胶体物质，颗粒粒径在 100～1 000 nm 的为悬浮物质。其中的悬浮物质是肉眼可见物，可以通过自然沉淀法进行去除；溶解物质在水中是以离子状态存在的，可以向水中加入一种药剂使之反应生成不溶于水的物质，然后用自然沉淀法去除掉；而胶体物质由于胶粒具有双电层结构而具有稳定性，不能用自然沉淀法去除，需要向水中投加一些药剂，使水中难以沉淀的胶体颗粒脱稳而互相聚合，增加至能自然沉淀的程度而去除。这种通过向水中加入药剂而使胶体脱稳形成沉淀的方法称为混凝，所投加的药剂称为混凝剂。

**2. 混凝的基本原理**

胶体物质具有巨大的比表面积，可以吸附液体介质中的正离子或负离子或极性分子等，使固液两相界面上的电荷呈不平衡分布，在界面两边产生电位差，这就是胶体微粒的双电层结构，如图 2－5 所示。形成双电层结构的微粒的整个胶体结构就称为胶团，整个胶团是电中性的。胶团中心是带有电荷的固体微粒本身，称为胶核。胶核所带电荷的符号就是胶体所带电荷的符号。胶体微粒之所以能在水中保持稳定性，原因在于胶体粒子之间的静电斥力(胶体常常带有同种电荷而具有斥力)、胶体表面的水化作用及胶粒之间相互吸引的范德华力共同作用。胶体微粒带电越多，其电位就越大，带电荷的胶粒和反离子与周围水分子发生水化作用越大，水化壳也越厚，胶体越具有稳定性。向水中投加药剂，使胶体失去稳定性而形成微小颗粒，而后这些均匀分散的微小颗粒再进一步形成较大的颗粒，从液体中沉淀下来，这个过程称为凝聚。

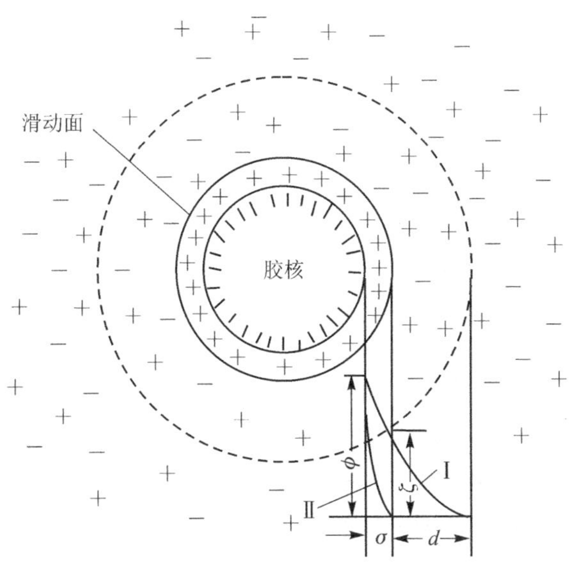


**图 2－5　胶体双电层结构**

凝聚有以下几方面的作用。

(1) 压缩双电层作用

水中粘土胶团含有吸附层和扩散层，合称双电层。双电层中正离子浓度由内向外逐渐降低，最后与水中的正离子浓度大致相等。因此双电层有一定的厚度。如向水中加入大量电解质，则其正离子就会挤入扩散层而使之变薄，进而挤入吸附层，使胶核表面的负电性降低。这种作用称压缩双电层（见图 2-6）。

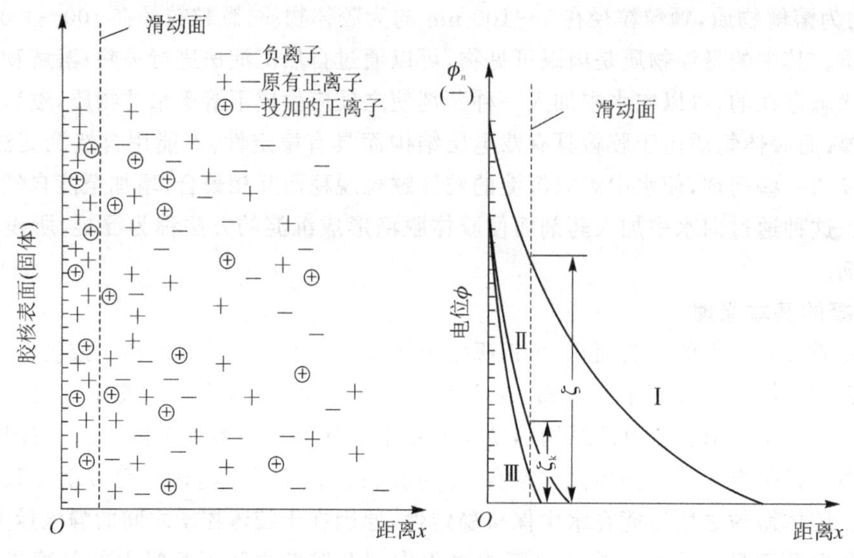


**图 2-6 压缩双电层**

由于离子的扩散作用，水中的反离子进入胶体的扩散层和吸附层，从而为保持胶体电中性所需的扩散层中的正离子的减少，扩散层厚度变薄，压缩了扩散层，于是 $\zeta$ 电位降低，排斥势能 $E_R$ 也随之降低，排斥能峰 $E_{max}$ 也会减小甚至消失。当 $\zeta$ 电位下降至一定程度，使 $E_{max}=0$ 时，胶粒发生聚集，此时的电位称为临界电位。当 $\zeta$ 电位降低至 $\zeta=0$ 时称为等电状态，此时排斥势能 $E_R$ 消失，则排斥能峰 $E_{max}$ 也消失。

简而言之，压缩双电层作用机理为：通过加入电解质压缩扩散层而导致胶粒脱稳凝聚。脱稳是胶粒因 $\zeta$ 电位降低而失去稳定性的过程，而凝聚是脱稳胶体相互凝结形成微小絮凝体的过程。

(2) 吸附-电中和作用

对于混凝剂投量过多而使胶体重新稳定的现象，可以用电中和作用机理解释：若混凝剂投加量过多，会使水中原来带负电荷的胶体变化为带正电荷的胶体，这是因为胶核表面吸附了过多正离子，从而使胶体又重新稳定。若混凝剂投加量适中，带有正电荷的高分子物质或高聚合离子吸附了带负电荷的胶体离子以后，就产生电性中和作用，从而导致胶体 $\zeta$ 电位的降低，并达到临界电位，再通过吸附作用，达到使胶体脱稳凝聚的目的。

压缩双电层作用和吸附-电中和作用的对比如表 2-1 所列。

**表 2-1 压缩双电层作用和吸附-电中和作用的对比**

| 类　别 | 胶体 $\zeta$ 电位降低的原因 | 总电位是否变化 | 作用单元 | 带电胶粒异同 |
| --- | --- | --- | --- | --- |
| 压缩双电层 | 依靠溶液中反离子浓度的增大而使胶体扩散层厚度减小（静电作用） | 否 | 简单离子 | 同种 |
| 吸附-电中和 | 异号反离子直接吸附在胶核表面，从而使彼此的电性中和 | 是 | 高分子或高聚合离子 | 异种 |

(3) 吸附架桥作用

对高分子絮凝剂,有的表面不带电,为非离子型;有的表面带负电荷,仍然能对负电荷的胶体杂质起混凝作用,这个现象可用吸附架桥作用机理来解释(见图 2-7)。高分子絮凝剂为线性分子、网状结构,其中碳碳单键一般情况下是可以旋转的,聚合度较大,即主链较长,在水介质中主链是弯曲的,其表面积较大,吸附能力强。在主链的各个部位吸附了很多固体颗粒,就像是为固体颗粒架了许多桥梁,让这些固体颗粒相对地聚集起来形成大的颗粒。

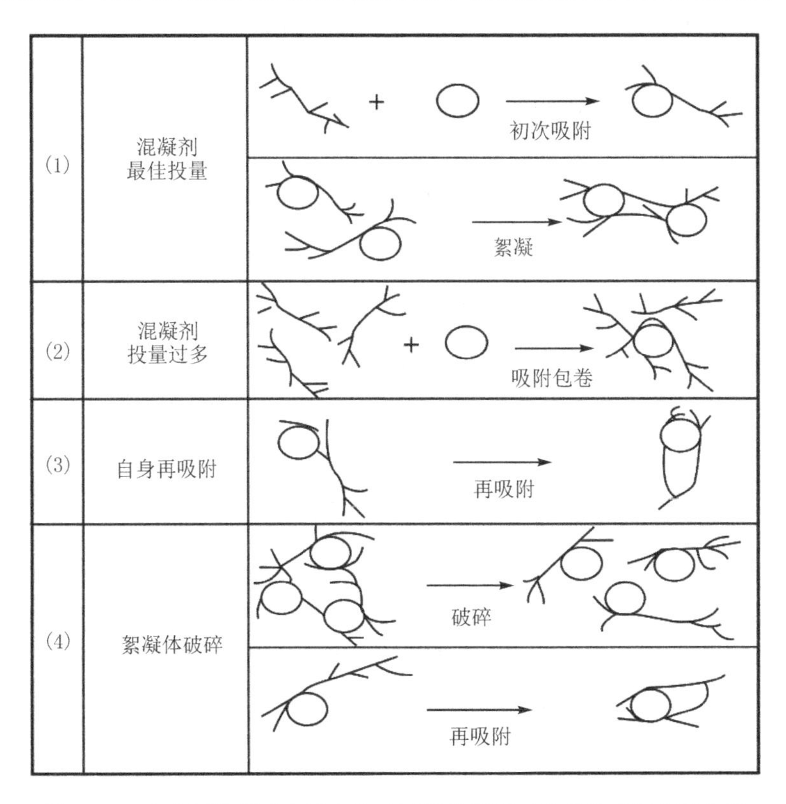


**图 2-7　高分子物质或高聚合物在不同情况下对胶粒的吸附架桥作用**

(4) 絮体的网捕作用

无机混凝剂(如铝盐或铁盐)投量很多时,会在水中形成高聚合度的多羟基化合物的絮体或大量氢氧化物沉淀,形成絮凝网状结构,在沉淀过程中可以吸附、卷带水中胶体颗粒共同沉淀,此过程的作用机理称为絮凝剂的网捕作用机理,这是一种机械作用。对于低浊度水,可以利用这个作用机理,在水中投加大量混凝剂,以达到去除胶体杂质的目的。

**3. 常用的混凝剂**

在混凝处理中,以压缩双电层及中和电荷为机理的药剂,称为凝聚剂。以吸附架桥为机理的药剂称为絮凝剂,如生物絮凝剂,是一类由微生物产生的具有絮凝能力的高分子有机物,主要有蛋白质、粘多糖、纤维素和核酸。兼有上述两种功能的药剂,称为混凝剂。用于废水处理的混凝剂种类较多,主要有无机混凝剂和有机高分子混凝剂两大类。无机混凝剂主要产品有硫酸铝、聚合氯化铝、三氯化铁、硫酸亚铁和聚合硫酸铁、聚合硅酸铝、聚合硅酸铁、聚合氯化铝铁、聚合硅酸铝铁和聚合硫酸氯化铝等。有机高分子混凝剂以聚丙烯酰胺类产品为代表。下面简单介绍几种常用的混凝剂。

(1) 聚合氯化铝(又称碱式氯化铝 PAC)

聚合氯化铝是应用最广泛的一种混凝剂,固体裸露易吸潮,但在常温下化学性能稳定,久储不变质,无毒无害。聚合氯化铝易溶于水,水溶液为无色至黄褐色透明状液体,在水中易于发生水解,水解过程中伴随有电化学、凝聚、吸附、沉淀等物理化学现象。相对于硫酸铝而言,聚合氯化铝混凝效果随温度变化较小,形成絮体的速度较快,絮体颗粒和相对密度都较大,沉淀性能好,所需的投加量小。聚合氯化铝适宜的 pH 值范围在 5~9 之间,最佳处理范围在 6~8 之间。PAC 处理水体适应力强、反应快、耗药少、制水成本低、矾花大、沉降快、滤性好,可提高设备利用率。PAC 过量投加一般不会出现胶体的再稳定现象。聚合氯化铝水溶液呈弱酸性,pH 值在 5.5~6.0 之间,对设备的腐蚀性很小。

(2) 聚合硫酸铁(PFS)

聚合硫酸铁简称聚铁,是淡黄色无定型粉状固体,极易溶于水,水溶液随时间的延长由浅黄色变成红棕色透明溶液。在产品的储存和使用过程中,聚合硫酸铁对设备基本无腐蚀作用。聚合硫酸铁投药量低,而且基本不用控制液体的 pH 值。与铝盐相比,聚合硫酸铁絮凝速度更快,形成的矾花大,沉降速度更快。另外,聚合硫酸铁还具有脱色、去除重金属离子、降低水中 COD 和 BOD 浓度的作用,但其出水容易显黄色。

(3) 聚丙烯酰胺(PAM)

聚丙烯酰胺按离子特殊性分类,可分为阳离子型、阴离子型、非离子型和两性酰胺四种。阳离子酰胺主要用于水处理,阴离子酰胺主要用于造纸、水处理,两性酰胺主要用于污泥脱水处理。聚丙烯酰胺易溶于冷水,相对分子质量对溶解度影响不大,但相对分子质量大的酰胺质量分数超过 10%以后,会形成凝胶状态。溶解温度超过 50 ℃,PAM 发生分子降解而失去助凝作用。因此溶解聚丙烯酰胺时用 45~50 ℃的温水最为适宜。配制聚丙烯酰胺溶液一般配成质量分数为 0.05%~2%的溶液。阳离子酰胺粘度较小,可配制成浓度较大的溶液;阴离子酰胺粘度较大,可适当配制成浓度较小的溶液。配制溶液时不可浓度过大,否则不容易控制加药量,容易造成加药过量。聚丙烯酰胺的加入量很小,一般加药量在(0.1~2)·$10^{-6}$。聚丙烯酰胺溶液用于处理废水时,加药后的絮凝效果与搅拌时间有关。当已经形成大块絮凝时,不可剧烈搅拌,否则会使已经形成的较大矾花被打碎,变成细小的絮凝体,从而影响沉降效果。

**4. 影响混凝效果的因素**

影响混凝效果的因素比较复杂,其中主要由水质本身的复杂变化引起,此外还要受到混凝过程中水力条件等因素的影响。

(1) 水质的影响

工业废水中的污染物成分及含量随行业、工厂的不同而千变万化,而且通常情况下同一废水中往往含有多种污染物。废水中的污染物在化学组成、带电性能、亲水性能、吸附性能等方面都可能不同,因此某一种混凝剂对不同废水的混凝效果可能相差很大。另外,有机物对于水中的憎水胶体具有保护作用,因此对于高浓度有机废水采用混凝沉淀方法处理效果往往不好。有些废水中含有表面活性剂或活性染料一类的污染物质,通常使用的混凝剂对它们的去除效果也大多不理想。

(2) 水体碱度的影响

碱度是指水中能与强酸发生中和作用的物质的总量。铝盐混凝剂的水解反应为 $Al^{3+}$ +

$3H_2O \rightarrow Al(OH)_3 + 3H^+$。由该反应式可以看出，水解过程不断产生 $H^+$，会导致水的 pH 值不断下降，要使水的 pH 值保持在最佳范围，则水中应有足够的碱性物质与 $H^+$ 中和。当原水的碱度不足或混凝剂投量较多，水中产生大量 $H^+$ 时，必须投加石灰等碱性物质来中和水解过程中产生的 $H^+$，从而保证混凝效果。

(3) 水体 pH 值的影响

每种絮凝剂都有它适合的 pH 值范围，超出它的范围就会影响絮凝效果。比如对于铝盐，由于不同 pH 值的铝盐水解以后产物的形态不同，混凝的效果也不一样。铝盐水解以后生成的是具有两性的氢氧化铝，在酸性条件下，$pH<4$ 时氢氧化铝易溶于水，其反应为 $Al(OH)_3 + 3H^+ = Al^{3+} + 3H_2O$。此时铝盐在水中以大量的 $Al^{3+}$ 形式存在，由于铝离子没有吸附架桥作用，不能使水中杂质粘结在一起，因此混凝效果不好。而在碱性条件下，当 $pH>8$ 时，氢氧化铝也溶于水，其反应为 $Al(OH)_3 + OH^- = AlO_2^- + 2H_2O$。所以，当选用铝盐如聚合氯化铝为混凝剂时，pH 值控制在 6.5～7.5 之间最为合适，这时才能形成稳定的氢氧化铝胶状沉淀。

(4) 水温对混凝效果也有影响

无机盐混凝剂的水解反应是吸热反应，水温低时不利于混凝剂水解。水的粘度也与水温有关，水温低时水的粘度大，致使水分子的布朗运动减弱，不利于水中污染物质胶粒的脱稳和聚集，因而不易形成絮凝体。水温低时胶体水化作用增强，妨碍胶体凝聚，适当升高水温会提高絮凝效果。因此，在低温条件下，必须增加絮凝剂用量。然而，水温过高时形成的絮凝体细小，污泥含水率增大，难以处理。由此可见，水温过高或过低对絮凝均不利。一般水温条件宜控制在 20～30 ℃。同时，为提高低温水的混凝效果，可以采取以下措施：采用 PAC、铁盐作混凝剂；投加活化硅酸作为助凝剂；增加混凝剂投加量，尽量利用絮凝剂的网捕作用去除水中杂质。

(5) 絮凝剂的投加量、性质和结构影响

各种絮凝剂都有在相应条件下的最佳投加量，低于或者超过这个最佳投加量都会使絮凝效果变差。用量不足时，絮凝不彻底；用量过量时，则会造成胶体的再稳定，降低絮凝效果。所以，不同的絮凝剂要在使用之前做小试，确定其最佳投加量。对于高分子絮凝剂来说，其结构和性质对絮凝作用影响很大。无机高分子絮凝剂的聚合度越大，其电中和能力和吸附架桥功能越强。而对于有机絮凝剂来说，除了聚合度的影响外，线性结构的絮凝剂絮凝作用大，而环状或支链结构的有机高分子絮凝剂絮凝效果就差。

(6) 水力学条件及混凝反应的时间的影响

将一定的混凝剂投加到废水中后，首先要使混凝剂迅速、均匀地扩散到水中。混凝剂充分溶解后，所产生的胶体与水中原有的胶体及悬浮物接触后，会形成许多微小的矾花，这个过程又称为混合。混合过程要求水流产生激烈的湍流，在较快的时间内使药剂与水充分混合，混合时间一般要求几十秒至两分钟。混合作用一般靠水力或机械方法来完成。在完成混合后，水中胶体等微小颗粒已经产生初步凝聚现象，生成了细小的矾花，其尺寸可达 5 μm 以上，但还不能达到靠重力可以下沉的尺寸(通常需要 0.6～1.0 mm 以上)。因此还要靠絮凝过程使矾花逐渐长大。在絮凝阶段，要求水流有适当的紊流程度，为细小矾花提供相碰接触和互相吸附的机会，并且随着矾花的长大，这种紊流应该逐渐减弱下来。絮凝过程反应时间一般控制在 10～30 min，此阶段要求水流产生平稳的湍流。

**5. 混凝剂的选择**

针对处理某种特定的废水选择适应的混凝剂时，通常要综合考虑以下几个方面：

① 处理效果好，对希望去除的污染物有较高的去除率，能满足设计要求。为了达到这一目标，有时需要两种或多种混凝剂及助凝剂同时配合使用。

② 混凝剂及助凝剂的价格应适当便宜，需要的投加量应当适中，以防止由于价格昂贵造成处理运行费用过高。

③ 混凝剂的来源应当可靠，产品性能比较稳定，并应易于储存且投加方便。

④ 所有的混凝剂都不应对处理出水产生二次污染。当处理出水有回用要求时，要适当考虑出水中混凝残余量所造成的轻微色度等影响(例如采用铁盐作混凝剂时)。

基于上述原理，混凝法可作为一种经济简便的技术应用于火炸药废水、农药、制药废水等工业废水的处理。

TNT 及 RDX 可与大分子的阳离子表面活性剂形成不溶性的复合物而去除。使用 N-牛脂基-1,3-二氨基丙烷，产生的沉淀可以很快地过滤，固体干燥后及燃烧时也不会发生爆炸，废水中 TNT 在 23 h 后可从 110 mg/L 降低到 0.1 mg/L 以下。采用新型有机混凝剂聚酰胺-胺型树枝状高分子(PAMAM)并结合离子交换柱、活性炭净化池处理 TNT 废水，使 $COD_{Cr}$ 从 101 000 mg/L 降解到 364 mg/L 左右，达到国家二级排放标准。采用聚合硫酸铁与聚合氯化铝作絮凝剂，臭氧作氧化剂治理含萘以及 2-萘酸等有机物的废水，可使 $COD_{Cr}$ 从 3 000 mg/L 降解到 120 mg/L 左右，去除率为 96%，取得良好的效果。然而，混凝法具有处理效果易受水质影响、工艺复杂、投料量大等缺点，在火炸药废水处理领域的应用受到了很大的限制。

草甘膦废水中含有大量的磷，采用混凝方法处理经 Fenton 处理后的高浓度含磷农药废水，发现铁系混凝剂的除磷效果要明显优于铝系混凝剂。如图 2-8 所示，在初始 pH=7，温度为 28 ℃，聚合硫酸铁的投加量为 0.9 g/L，反应时间为 30 min 的条件下，总磷的浓度由 45.9 mg/L 降到 0.6 mg/L，去除率达 98.7%；COD 和草甘膦的去除率分别达到 62.6% 和 75.9%。聚合硫酸铁对三种废水均有良好的除磷效果，G 草废水(使用甘氨酸法生产草甘膦的生产废水)的去除率在 68.0%左右，而双甘膦和 I 草废水(IDAN 法生产草甘膦过程中经膜回

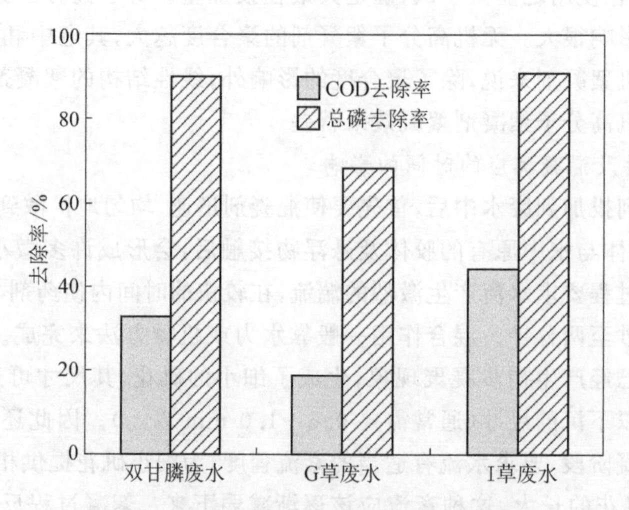


**图 2-8 PFS 混凝剂对三种废水的处理效果对比**

收了固体草甘膦后含有 6%草甘膦的废水)的总磷去除率都在 90%以上。双甘膦废水、G 草废水和 I 草废水的 COD 去除率分别只有 33.0%、19.0%和 44.0%。

在制药工业废水处理中常用的凝聚剂有 PFS、氯化铁、亚铁盐、聚合氯化硫酸铝、PAC、聚合氯化硫酸铝铁、PAM 等。有人对小诺霉素等抗生素废水进行了混凝沉淀试验,加入硫酸亚铁等凝聚剂后,可以使体系中存在三价铁,从而改善了絮体的沉降性能,激活了废水中降解微生物某些酶的活性。投加的硫酸亚铁还可与废水的有机硫化物,特别是硫醇类化合物形成铁盐沉淀而去除。此外,硫酸亚铁对酯、硝基化合物具有强大的、有选择性的还原作用,可以将其还原成可生化的氨基化合物,也可削减硝基化合物对微生物的抑制作用,同时还可以去除一部分的 COD,提高可生化性。对于氟洛芬废水,投加氯化钙亦可以有效地除氟。通常,采用凝聚处理后,不仅可有效地降低污染物的浓度,而且可使得废水的生物降解性能得到改善。聚合氯化硫酸铝和聚合氯化硫酸铝铁混凝剂处理 $COD_{Cr}$ 为 1 000～4 000 mg/L 的制药废水,其最佳工艺条件为:pH 值范围为 6.0～7.5、搅拌速度为 160 r/min、搅拌时间为 15 min、一次处理混凝剂投加量为 300 mg/L、沉降时间为 150 min,$COD_{Cr}$ 去除率在 80%以上,若分两次投药处理则效果更佳。如硫酸铝和 PFS 等用于中药废水,PAC 用于洁霉素生产废水,三氯化铁用于抗菌素废水等,许多混凝剂都在制药工业中得到了应用。

## 2.1.5　吸附法

近年来,物理吸附开始成功应用于制药废水的处理,尤其是在混凝沉淀或气浮后尚不能达标排放时,采用物理吸附往往会达到满意的效果。

吸附法是指利用多孔性固体吸附废水中某种或几种污染物,以回收或去除污染物,从而使废水得到净化的方法。吸附剂通常比表面积大,具有很强的吸附能力,能去除废水中的溶解性有机物,同时对废水的色度和臭味也有一定去除效果。常用的吸附剂有粉末活性炭、煤质柱状活性炭、树脂、天然高分子、氢氧化镁、人造浮石、腐殖酸、高岭土、漂白土、硅藻土、皂土、煤渣和粉煤灰等。

**1. 吸附理论**

吸附法是指在一定条件下,利用多孔性吸附材料将水样中的一种或数种组分吸附于表面,适宜采用试剂、加热或吹气等方法将吸附组分解吸,达到分离和富集的目的。吸附剂在吸附废水中的杂质时,既有物理作用,又有化学作用。如果吸附剂与被吸附物质之间是通过分子间引力(即范德华力)而产生吸附,则称为物理吸附。物理吸附具有以下特点:

① 气体的物理吸附类似于气体的液化和蒸气的凝结,故物理吸附热较小,与相应气体的液化热相近;

② 气体或蒸气的沸点越高或饱和蒸气压越低,越容易液化或凝结,物理吸附量就越大;

③ 物理吸附一般不需要活化能,故吸附和脱附速率都较快。任何气体在任何固体上只要温度适宜都可以发生物理吸附,没有选择性;

④ 物理吸附可以是单分子层吸附,也可以是多分子层吸附;

⑤ 被吸附分子的结构变化不大,不形成新的化学键,故红外、紫外光谱图上无新的吸收峰出现,但可有位移;

⑥ 物理吸附是可逆的;

⑦ 固体自溶液中的吸附多数是物理吸附。

如果吸附剂与被吸附物质之间产生化学作用，生成化学键引起吸附，则称为化学吸附。与物理吸附相比，化学吸附主要有以下特点：

① 化学吸附所涉及的力与化学键力相当，比范德华力强得多。

② 化学吸附热近似等于反应热。

③ 化学吸附是单分子层的，因此可用朗缪尔等温式描述，有时也可用弗罗因德利希公式描述。捷姆金吸附等温式只适用于化学吸附。

④ 化学吸附具有选择性。

⑤ 对温度和压力具有不可逆性。另外，化学吸附还常常需要活化能。确定一种吸附是否是化学吸附，主要根据吸附热和不可逆性。

物理吸附和化学吸附并非互不相容，随着条件的变化可以相伴发生，但在一个系统中，可能某一种吸附是主要的。在污水处理中，多数情况下，往往是几种吸附的综合结果。如果吸附过程是可逆的，则当污水和吸附剂充分接触并达到吸附平衡时，吸附速度和解吸速度相等，吸附质在溶液中的浓度和吸附剂表面上的量不再改变。此时，污染物在溶液中的残余浓度称为平衡浓度，而在吸附剂上的浓度称为单位吸附量，简称吸附量。

吸附量表示了吸附剂能力（吸附容量）的大小，以 $x/m$（g 吸附质/g 吸附剂）表示，即单位质量吸附剂所吸附的吸附质的质量。在温度一定时，吸附量随污水中剩余吸附质浓度的提高而增大。吸附量随平衡浓度变化的曲线称为吸附等温线，如图 2-9 所示。

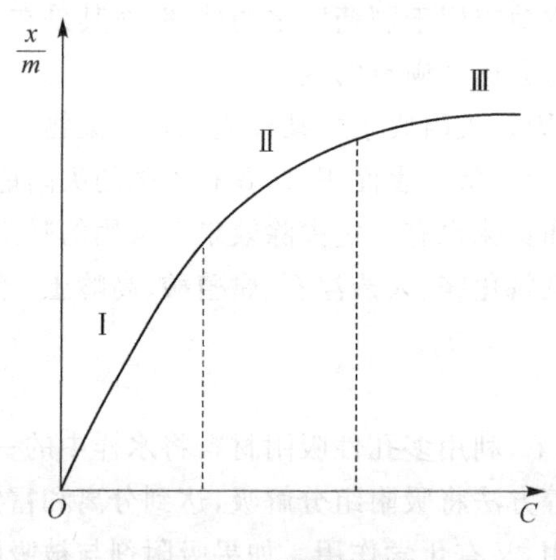


**图 2-9　吸附等温线**

曲线可分为三个区段：第Ⅰ区段为低浓度区，$x/m$ 与 $C$ 接近于直线关系；平衡浓度继续提高时，$x/m$ 值的增长速度趋向缓慢；进入第Ⅲ区段时，曲线几乎和横轴平行，即平衡浓度继续增大，吸附量 $x/m$ 已无显著变化。

吸附等温线的数学表达式叫吸附等温式。对于曲线的第Ⅱ区段（中等浓度），通常应用弗兰德里希(Freundlich)经验公式来表示：

$$\frac{x}{m}=KC^{1/n}$$

式中，$x/m$ 和 $C$ 分别为吸附量和平衡浓度；$n$ 和 $K$ 为经验常数，它与吸附剂、吸附质和水温有关。上式取对数可得到下面的直线方程式：

$$\lg(x/m)=\lg K+\frac{1}{n}\lg C$$

该直线的截距为 $\lg K$，斜率为 $1/n$。如在一定试验条件下，用不同浓度的溶液，测定吸附平衡时的数值 $x/m_1$ 和 $C_1$、$x/m_2$ 和 $C_2$，即可绘制出这种直线，从而求得 $K$ 和 $n$，见图 2-10。

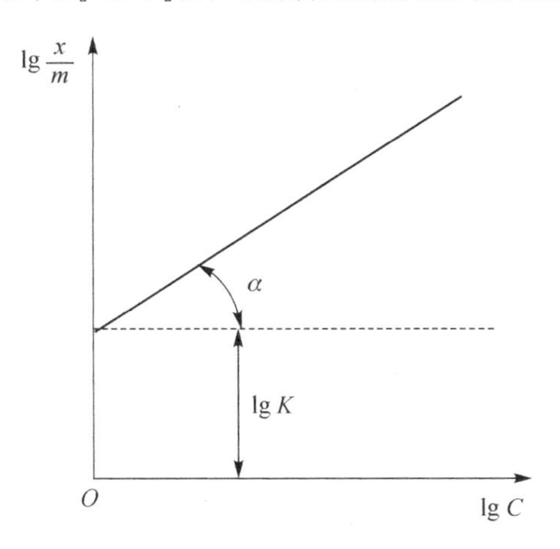


图 2-10　弗兰德里希吸附等温线(直线形式)

根据弗兰德里希吸附等温线，可以确定在相同条件下，吸附质在不同剩余浓度下的被吸附量，用于评定某种吸附剂对特定废水的吸附效果。目前在火炸药废水处理的研究和应用中，比较常见的吸附剂为活性炭和树脂，因此本书将对活性炭吸附法和树脂吸附法进行详细介绍。

**2. 活性炭吸附法**

在用吸附法处理火炸药废水时，普遍采用活性炭进行吸附处理，活性炭吸附已成为火炸药废水处理领域最普遍的预处理和深度处理技术。活性炭的吸附过去主要用于食品、化学和制药工业中的糖、酒、染料、药品的精制，后来才逐步地应用到废水、废气的净化方面。采用活性炭吸附技术处理炸药废水，水质净化程度高，运行稳定可靠。活性炭吸附技术处理火炸药废水的流程如图 2-11 所示。

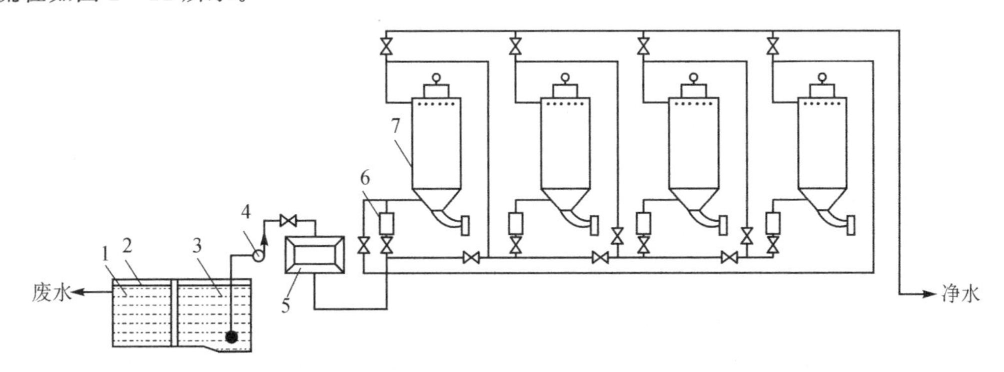


1—沉淀池；2—滤网；3—调节池；4—泵；5—过滤器；6—转子流量计；7—吸附柱

图 2-11　活性炭吸附法处理火炸药废水的工艺流程

来自工房的火炸药生产废水首先会进入沉淀池以去除大部分悬浮物、泥沙和杂物，沉淀池分成数个格子，格子与格子之间用网孔为 20 目的过滤网隔开，将废水中的漂浮颗粒、粘稠杂物隔离在调节池外。废水通过提升泵从调节池经过滤器打入高位槽，之后经转子流量计进入吸附柱。吸附柱通常是 2～4 根为一组，正常工作时其中一根可留作更换新炭备用，其余吸附柱可串联或并联使用。当第 1 根吸附柱饱和后需要更新炭时，备用柱再与其他各柱串联或并联进行工作,如此轮换交替。

采用活性炭吸附处理TNT-黑索金混合废水时,由于TNT和黑索金的吸附性能有差别,使得处理TNT-黑索金混合废水时的吸附性能比单独处理TNT废水时的吸附性能低得多。美国依阿华陆军弹药厂的研究表明,当浓度较高(大于40 mg/L)时,废水中两种物质的单独吸附能力几乎相等;而当浓度较低时,对黑索金的吸附能力要比TNT低很多。在TNT和黑索金同时存在的废水中,因为竞争吸附,其中任何一种物质的吸附能力都低于两种物质分别单独存在时的吸附能力。当黑索金的浓度≤TNT的浓度时,TNT的吸附能力明显降低,而黑索金的吸附能力则未受明显影响。

研究发现,木质粉末活性炭相较于煤质粉状活性炭、果壳活性炭能更好地处理莠去津农药废水。在制药工业废水处理中,常用煤灰或活性炭吸附预处理中成药、米菲司酮、双氯灭痛、洁霉素、扑热息痛、维生素B等制药工业产生的废水。山东鲁抗公司、青海制药公司等单位均采用炉渣对生化处理出水进行吸附,不但实用有效,而且投资少,工艺简单,操作简便,处理后废水COD浓度得到大幅度削减,效果显著。在电镀工业中,活性炭吸附主要用来处理含铬、含镉和含氰废水。活性炭表面有发达的孔隙结构,而且存在着大量的含氧基团,如羟基(—OH)、甲氧基(—$COH_3$)等,当pH=3～4时,活性炭表面具有较大的静电引力,因此可以吸附 $Cr_2O_7^{2-}$ 和 $CrO_4^{2-}$;当pH<3时,活性炭可作为还原剂,将吸附在其表面的Cr(Ⅵ)还原成 $Cr^{3+}$。

**3. 树脂吸附法**

除活性炭吸附技术外,树脂吸附法是工业废水处理领域另外一种研究和应用较多的吸附技术。吸附树脂是20世纪60年代初在吸附技术和离子交换技术的基础上发展起来的一类具有多孔性立体结构的树脂。多孔性树脂通常以苯乙烯和二乙烯苯等材料作为合成单体,在甲苯等有机溶剂存在下,通过悬浮共聚等技术进行生产。多孔性树脂外观呈鱼子样的小圆球,广泛用于废水处理、药剂分离和提纯,用作化学反应催化剂的载体、气体色谱分析及凝胶渗透色谱相对分子质量分级柱的填料。多孔性树脂的特点是容易再生,可以反复使用,如果配合使用阴、阳离子交换树脂,可以达到极高的分离净化水平。

早在1973年,美国的技术人员使用Rohm-Hass公司生产的牌号为Amberlite XAD-2和XAD-4的聚合树脂,对陆军弹药废水的处理进行小型试验和中型试验(树脂性能参数见表2-2)。1976年2月,美国一些弹药厂进行了工业规模的应用试验,证明吸附树脂用于火炸药废水的处理在技术和经济上是合理可行的。天津市制胶厂曾用D-101型吸附树脂对TNT生产废水进行吸附试验(树脂性能参数见表2-2)。试验过程采用了三台装有10 kg D-101吸附树脂的不锈钢固定吸附柱,泵送的废水经过滤器在吸附柱内由下而上进行升流吸附。当吸附柱达到饱和时,再利用甲苯在柱内降流解吸,甲苯萃取液通过蒸馏塔进行分离,可获得工业纯甲苯,蒸馏结晶可用于制造工业TNT。研究人员对树脂吸附和活性炭吸附做了技术经济分析和比较,认为树脂吸附技术在TNT生产废水的处理方面是可行的。他们采用静态吸附和动态吸附的方法研究了NDA-150大孔树脂对硝基苯甲醚的吸附效果。结果表明,该树脂对硝基苯甲醚的吸附在pH=1～7时的吸附效果较好,在pH=3.0时的吸附效果达到最佳。静态吸附动力学显示,该树脂在24 h内吸附达到平衡,硝基苯甲醚的静态饱和吸附量为396.8 mg/g。动态吸附动力学显示,硝基苯甲醚在NDA-150树脂吸附系统内的动态吸附量可达到729.6 mg/g。

**表2-2　火炸药废水处理所用吸附树脂的性能参数**

| 性能参数 | XAD-2 | XAD-4 | (国产)天津D-101 |
| --- | --- | --- | --- |
| 孔隙率/% | 12 | 51 | 64 |
| 真湿密度/($g\cdot mL^{-1}$) | 1.02 | 1.02 | 1.01 |
| 比表面积/($m^2\cdot g^{-1}$) | 330 | 750 | 550 |
| 平均孔径/nm | 900 | 500 | 600 |
| 骨架密度/($g\cdot mL^{-1}$) | 1.07 | 1.08 | 1.08 |
| 标准筛尺寸/目 | 20～50 | 20～50 | 20～80 |

树脂吸附法不仅可作为废水的预处理手段为达标排放创造条件，而且可回收废水中的化工原料或产品，实现污染物的资源化。江西农药厂在生产嘧啶氧磷过程中排放的有机废水中，羟基嘧啶含量为1 000～2 000 mg/L，有机磷含量为100～150 mg/L，废水经两级H-103树脂吸附后，羟基嘧啶去除率达94.3%（溶液中含量下降至17.2 mg/L），有机磷去除率达94.3%（溶液中含量下降至4.5 mg/L），$COD_{Cr}$去除率为82.9%，$BOD_5$去除率为92.9%。嵇啸琥利用树脂吸附技术处理多菌灵农药废水，发现JD-015树脂吸附处理多菌灵农药及其中间体废水具有良好的效果，30 bv吸附出水时，吸附出水保持色度<1，有机物去除率达到70%以上。

此外，离子交换树脂对电镀废水中重金属离子的吸附是离子交换、物理吸附和电荷中和共同作用的结果。目前，离子交换法处理含氰废水、含铬废水较为普遍。下面就以这两类电镀废水为例解析离子交换树脂的具体应用。

(1) 处理含氰废水

离子交换法用于处理含氰废水的基本机理是离子交换剂和氰根发生交换反应。事实上，不仅是氰根，多种金属的氰化络合物对阴离子交换树脂也有很强的亲和力，这正好能够弥补其他破氰方法对金属络合氰化物效果不佳的缺点。用R—OH表示处理后的阴离子交换树脂，具体的反应如下：

针对氰根：$R—OH+CN^- \longrightarrow RCN+OH^-$

针对络合物：$xR—OH+M(CN)_n^{x-} \longrightarrow R_xM(CN)_n+xOH^-$（其中M表示金属锌、铜、铁，$x$和$n$取决于M的价态）

铅、镍、金、银等的氰化络合物和上述几种类似，吸附能力稍差；但是硫氰化物阴离子在树脂上的吸附力比氰根要更大：$R—OH+SCN^- \longrightarrow RSCN+OH^-$，当吸附饱和之后，需要选取合适的酸度和解吸剂，将吸附的阴离子解吸下来，就可达到回收的目的。

对于含氰废水的离子吸附处理，研究发现存在的问题是：① 树脂上吸附的铜氰化物在洗脱时会以氧化亚铜难溶形式残留在树脂内，一部分还会与亚铁氰化物生成难溶物也沉积在树脂内，这大大降低了树脂的吸附容量，树脂的再生过程变得极其复杂；② 残余氰化物浓度太高，仍然需要化学法破坏进行二次处理才可达标。

(2) 处理含铬废水

20世纪70年代我国就已有离子交换法处理含铬废水的先例，在设计、管理、运行上已有成熟的经验。

1）六价铬-阴离子树脂交换

进水六价铬浓度要求在 200 mg/L 以下，根据前文可知，在 pH 值不同的情况下，溶液中六价铬可能以 $CrO_4^{2-}$ 或 $Cr_2O_7^{2-}$ 两种形式存在，故选用阴离子交换树脂去除六价铬。其基本反应原理如下：

中性条件下：　$2R—OH+CrO_4^{2-} \longrightarrow R_2CrO_4+2OH^-$

酸性条件下：　$2R—OH+Cr_2O_7^{2-} \longrightarrow R_2Cr_2O_7+2OH^-$

由上述两个反应可见，用相同量的阴离子树脂处理六价铬时，按照 $Cr_2O_7^{2-}$ 交换的容量为按照 $CrO_4^{2-}$ 交换容量的 2 倍，所以说，将废水中的 $CrO_4^{2-}$ 转化为 $Cr_2O_7^{2-}$ 不仅可以提高单位质量树脂对六价铬的吸附容量，而且 $Cr_2O_7^{2-}$ 在与树脂全饱和交换之后，会对其他阴离子如硫酸根、氯离子和硝酸根等产生强排斥，即树脂最终接近于完完全全的六价铬饱和，再生时可以得到纯度很高的铬酸。树脂再生选用氢氧化钠溶液，反应机理如下：

$$R_2CrO_4+2NaOH \longrightarrow 2R—OH+Na_2CrO_4$$

$$R_2Cr_2O_7+4NaOH \longrightarrow 2R—OH+2Na_2CrO_4+2H_2O$$

2）三价铬-阳离子树脂交换

废水中的其他金属离子，如 $Cr^{3+}$、$Ni^{2+}$、$Cu^{2+}$、$Ca^{2+}$ 等可以采用 H 型阳离子交换树脂去除，其吸附机理如下：

$$xRH+M^{x+} \longrightarrow R_xM+xH^+$$　（M 表示金属，$x$ 表示其在废水中的价态）

吸附饱和失效之后，采用盐酸或者硫酸再生，反应为

$$R_xM+xH^+ \longrightarrow xRH+M^{x+}$$

从以上两方面来看，理论上经过阳离子和阴离子交换树脂处理之后就可以去除水中各种有害离子，处理后可以实现水的循环和铬酸的回收利用。事实上，在工程应用中，要达到完全的封闭循环，还需要合理选择工艺和树脂，并且严格按照规范进行操作。

除了合成树脂，天然沸石以及廉价和吸附量大的硅酸盐矿物质也被用于去除溶液中的重金属离子。离子交换法处理电镀废水，出水水质好，可实现对有用物质的回收；其缺点是当离子交换树脂耗尽时，需要使用化学药剂实现再生，再生过程可引起严重的二次污染，且价格昂贵。离子交换纤维是近年来发展较快的一种离子交换材料，具备了传统的颗粒状离子交换树脂所不具备的许多独特的卓越性能。但是由于材料的特殊性，离子交换纤维无论是在制备中还是在应用中大多采用非标准设备，成本过高，难以推广应用。

**4. 活性炭（树脂）的再生**

采用活性炭、树脂等吸附剂对火炸药、农药、制药等工业废水进行处理，能有效降低目标污染物及 COD 含量。但当吸附过程运行一定时间后，活性炭和树脂等吸附剂会因吸附饱和而失效，此时必须进行再生处理。饱和吸附剂的再生方法有很多，主要有溶剂法、化学再生法（酸碱法）、蒸汽法、湿式空气氧化法、生化法和热再生法等。目前活性炭的再生普遍采用的是热再生法，该方法利用高温燃烧气体，加入适量的水蒸气成为高温氧化性气体，直接加热饱和的活性炭，增大吸附质的动能而使之解吸。同时，借助蒸气与吸附物质在高温下发生热解产生的有机物残碳的相互作用，进行水煤气转化反应或脱碳过程，从而扫除活性炭空隙结构中的有机残留物。吸附的有机物经过高温氧化后生成二氧化碳、水、氧化氮等废气排出。由于 TNT、黑索金等炸药在高温下有爆炸的隐患，热再生工艺可分成两部分进行，即热分解和活化。首先使饱

和碳经过斜板式热分解，把所含的硝基化合物大部分分解为氮的氧化物和其他有机物，然后再对活性炭进行活化再生。树脂再生一般采用溶剂法，可采用乙醇、甲苯等溶剂进行脱附处理。TNT 等硝基化合物为吸附质时，吸附饱和的树脂，甲苯是最好的解吸溶剂。研究表明，吸附硝基苯甲醚后的 NDA－150 树脂若用无水乙醇做脱附剂，脱附效果优于碱液，但是仍不理想，造成脱附率低的原因主要有吸附质与树脂表面官能团间形成了较强的化学键以及树脂微孔对吸附质分子的锁定作用。然而，对于吸附 TNT 饱和后的树脂再生，当吸附床流过的甲苯体积接近吸附床的体积时，TNT 解吸率可达到 90%～95%。一般只需要 1.5 倍体积的甲苯就能使吸附饱和的树脂解吸完全。吸附用的树脂虽然比活性炭价格高，但使用寿命较长。活性炭和树脂吸附火炸药废水时都存在相同的问题，即吸附过程只是将 TNT 等污染物从水相转移至固相，没有实现真正的去除。而吸附饱和的活性炭和树脂再生所产生的高浓度废液仍需进一步处理，若处理不当，易于造成二次污染。

**5. 天然高分子吸附**

天然高分子资源丰富，且改性物价格便宜，吸附处理效果不逊于合成产品。因此这类改性物（如壳聚糖、玉米芯等）具有广阔的应用前景。它们都具有大量的吸附位点和离子交换的功能基团（羟基、羧基和磷酸基团），例如壳聚糖分子中含有很多氨基和羟基，可与大多数过渡金属离子形成稳定的螯合物，对 $Mn^{2+}$、$Cu^{2+}$、$Pb^{2+}$、$Cd^{2+}$、$Zn^{2+}$、$Ni^{2+}$ 和 $Ag^{+}$ 等金属离子都有很强的去除能力。自 20 世纪 70 年代中期以来，通过对淀粉变性制得新的功能高分子吸附剂一直是热点，此类高分子吸附剂具有可再生性，可降解且成本较低，但这些吸附剂吸附了重金属之后仍存在后续处理问题，限制了它们的工业化应用。

**6. 氢氧化镁吸附**

氢氧化镁作为水处理剂，其吸附能力强，无腐蚀性，无毒，无害，易于泵送和贮存，便于安全操作，处理强酸性废水后 pH 值一般不超过 9，出水容易达到国家排放标准，可以作为烧碱、纯碱、石灰等强碱性物料的理想替代品。

使用氢氧化镁吸附法对山东省威海市某电镀厂的废水[水样主要含镉（Ⅱ）、铬（Ⅲ）、铬（Ⅵ）、镍（Ⅱ）、铜（Ⅱ）离子]进行处理，其 pH 值为 2，实验前先用一定量的硫酸亚铁将铬（Ⅵ）还原为铬（Ⅲ），然后按每升废水加入含有氢氧化镁 3 g 的乳液，搅拌 10 min，自然沉降澄清 20 min 后，取上清液检测其重金属离子含量，结果如表 2－3 所列。

**表 2－3　氢氧化镁乳液处理混合电镀废水**

| 金属离子 | 进水浓度/$(mg \cdot L^{-1})$ | 出水浓度/$(mg \cdot L^{-1})$ | 去除率/% |
| --- | --- | --- | --- |
| $Cd^{2+}$ | 18.5 | 0.095 | 99.5 |
| $Cr^{3+}$ | 65.5 | 0.2 | 99.7 |
| $Ni^{2+}$ | 37.5 | 0.4 | 99 |
| $Cu^{2+}$ | 5 | 0.04 | 99.2 |

结果表明，氢氧化镁乳液对于铬、隔、镍和铜四种金属离子的去除效果优异，经处理后废水污染物浓度均能达标。有研究将氢氧化镁焙烧得到氧化镁替代氢氧化镁重复上述实验，发现氧化镁对各种金属离子同样表现了优异的去除性能。

## 2.1.6 膜分离法

### 1. 膜分离法原理

膜分离是利用分离膜对混合物中各组分的选择渗透作用性能的差异，以外界能量或化学位差为推动力，对双组分或多组分混合的气体或液体进行分离、分级、提纯和富集的技术。膜分离技术是一种新型高效的分离技术，是对非均相体系中不同组分进行分离、纯化与浓缩的一门新兴的边缘交叉方法。膜分离技术具有过程不发生相变及副反应、无二次污染、分离效率高、操作条件温和、能耗低等优点，是缓解资源短缺、能源危机和治理环境污染的重要措施，因而得到世界各国的普遍重视，目前已在海水淡化、化工、印染、环保、食品、生化过程及火炸药废水处理等领域得到了广泛的应用和研究。目前膜分离技术被公认为20世纪末至21世纪中期最有发展前途的高科技之一。在短短的几十年里膜分离技术迅速发展，受到世界范围的瞩目。扩散定理、膜的渗析现象、渗透压原理、膜电势等一系列研究为膜的发展打下了坚实的理论基础，相关科学技术的突飞猛进也使得膜的实际应用成为可能。

### 2. 膜分离法的分类

从材料的角度，膜可分为有机膜、无机膜以及有机无机杂化膜；根据膜结构，又可分为对称膜和不对称膜；按分离原理，膜分离技术分为微滤(MF)、超滤(GF)、电渗析(ED)、纳滤(NF)和反渗透(RO)等。几种主要的膜分离技术过程示意图如图2-12所示，它们之间的异同点比较如表2-4所列。

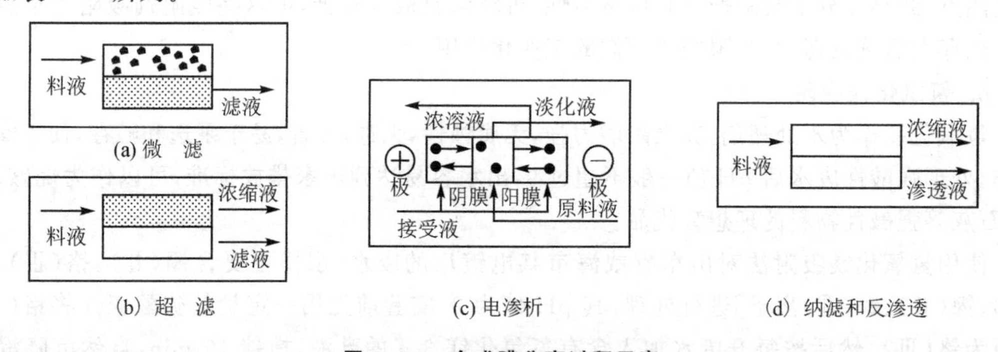


图2-12　合成膜分离过程示意

表2-4　五种膜分离技术的比较

| 过　程 | 推动力 | 分离机理 | 渗透物 | 截留物 | 膜结构 |
|---|---|---|---|---|---|
| 微滤 | 压力差 | 筛分 | 水、溶剂溶解物 | 悬浮物、颗粒、纤维和细菌 (0.01～10 μm) | 对称和不对称多孔眼 (0.03～10 μm) |
| 超滤 | 压力差 | 筛分 | 水、溶剂、离子和水分子 (0.004～10 μm) | 生化制品、胶体和大分子 ($M$=100～300 000) | 具有皮层的多孔眼 (1～20 μm) |
| 纳滤 | 压力差 | 筛分+溶解/扩散 | 水、溶剂 ($M$<200) | 溶质、二价盐、糖和染料 ($M$=200～1 000) | 致密不对称膜和复合膜 |
| 反渗透 | 压力差 | 溶解/扩散 | 水、溶剂 (0.004～0.06 μm) | 全部悬浮物、溶质和盐 | 致密不对称膜和复合膜 |
| 电渗析 | 电位差 | 电迁移/扩散/对流 | 电离离子 (0.004～0.1 μm) | 非解离、大分子物质 | 离子交换膜 |

(1) 微　滤

微滤又称微孔过滤，是以多孔膜(微孔滤膜)为过滤介质，在膜两侧的压力差推动下，截留溶液中的砂砾、淤泥、粘土等颗粒，以及贾第虫、隐孢子虫、藻类和一些细菌等，而大量溶剂、小分子溶质及少量大分子溶质都能透过膜的分离过程。微滤膜能截留 0.1～1 μm 之间的颗粒，能阻挡住悬浮物、细菌、部分病毒及大尺度的胶体的透过，允许大分子有机物和无机盐等通过。微滤的过滤原理有三种：筛分、滤饼层过滤、深层过滤。一般认为微滤的分离机理为筛分机理，膜的物理结构起决定作用。此外，吸附和电性能等因素对截留率也有影响。其有效分离范围为 0.1～10 μm 的粒子，操作静压差为 0.01～0.2 MPa。

随着生物技术的发展，微滤技术在城市污水处理领域的市场将愈来愈大。其在工业废水处理中可用于涂料行业废水、含油废水、含重金属废水和硝化棉废水等对象的处理，在这些领域已有工业化的应用实例。然而，微滤膜价格较高且易受污染，是其应用的主要障碍。研制抗污染、易清洗、耐高温、抗溶剂的长寿命膜及膜组件是当前研究的热点。

(2) 超　滤

超滤是一种膜分离技术，能够将溶液净化、分离或者浓缩。超滤介于微滤与纳滤之间，三者之间无明显的分界线。一般来说，超滤膜的孔径在 0.05 μm～1 nm 之间，操作压力为 0.1～0.5 MPa，主要用于截留去除水中的悬浮物、胶体、微粒、细菌和病毒等大分子物质。超滤膜根据膜材料，可分为有机膜和无机膜；按膜的外形又可分为平板式、管式、毛细管式、中空纤维和多孔式。超滤膜的工作以筛分机理为主，以工作压力和膜的孔径大小来进行废水的净化处理。以中空纤维为例，以进水方式可分为外压式：原水从膜丝外进入，净水从膜丝内制取。反之，则为内压式。内压式的工作压力较外压式要低。超滤膜法，用于处理那些能将金属离子转变成大分子絮凝物的废水，金属离子的转变主要依靠废水 pH 值的调节和化学沉淀。超滤膜法处理的优点主要是：① 膜的透水速度较快，比反渗透膜要高 1～2 个数量级；② 超滤膜对大分子絮凝物有很高的分离率，透过膜的水质远比化学沉淀要好；③ 设备投资较少，废水处理量相同，超滤膜的价格仅为反渗透膜的 1/3～1/4；④ 能耗低；⑤ 维护管理简单，超滤膜堵塞后，仅需要使用酸洗或次氯酸钠清洗的方式即可。超滤膜在饮用水深度处理、工业用超纯水和溶液浓缩分离等许多领域中得到了广泛应用。超滤膜在使用过程中，主要的问题是膜通量随运行时间的延长而降低，同微滤膜一样，也存在着膜污染问题。价格高也是其应用的主要障碍。

(3) 纳　滤

纳滤是一种介于反渗透和超滤之间的压力驱动膜分离过程，纳滤膜的孔径在几个 nm。与其他压力驱动型膜分离过程相比，纳滤出现较晚。纳滤膜是荷电膜，能进行电性吸附。在相同的水质及环境下制水，纳滤膜所需的压力小于反渗透膜所需的压力。所以从分离原理上讲，纳滤和反渗透有相似的一面，亦有不同的一面。纳滤膜的孔径和表面特征决定了其独特的性能，对不同电荷和不同价数的离子又具有不同的 Donann 电位，可选择性截留废水中的无机盐。纳滤膜的分离机理为筛分和溶解扩散并存，同时又具有电荷排斥效应，可以有效地去除二价和多价离子，去除相对分子质量大于 200 的各类物质，可部分去除单价离子和相对分子质量低于 200 的物质。纳滤膜的分离性能明显优于超滤膜和微滤膜，与反渗透膜相比具有部分去除单价离子、过程渗透压低、操作压力低、节约能量等优点。纳滤技术是目前膜分离领域的研究热点之一。在工业废水处理领域，纳滤膜主要应用于含溶剂废水的处理。纳滤膜易受污染，对比其他传统的污水处理方法，处理成本相对比较高。目前国际上有关纳滤膜的制备、性能表征、传质机理等方面的研究还不够系统、全面和深入。

(4) 反渗透

将相同体积的稀溶液(如淡水)和浓溶液(如海水或盐水)分别置于一容器的两侧,中间用半透膜阻隔,稀溶液中的溶剂将自然地穿过半透膜,向浓溶液侧流动,浓溶液侧的液面会比稀溶液的液面高出一定高度,形成一个压力差,达到渗透平衡状态,此种压力差即为渗透压。渗透压的大小取决于浓溶液的种类、浓度和温度,与半透膜的性质无关。若在浓溶液侧施加一个大于渗透压的压力时,浓溶液中的溶剂会向稀溶液流动,此种溶剂的流动方向与原来渗透的方向相反,这一过程称为反渗透。反渗透又称逆渗透,是一种以压力差为推动力,从溶液中分离出溶剂的膜分离操作。对膜一侧的料液施加压力,当压力超过它的渗透压时,溶剂会逆着自然渗透的方向作反向渗透,从而在膜的低压侧得到透过的溶剂,即渗透液;高压侧得到浓缩的溶液,即浓缩液。

反渗透膜对几乎所有的溶质都有很高的脱除率。反渗透技术的大规模应用主要面向苦咸水和海水的淡化脱盐、难以用其他方法处理的混合物的分离。在污水处理方面,反渗透已广泛应用于城市污水处理和回用、电镀废水处理、纸浆和造纸工业废水处理、制药废水处理等。反渗透法处理出水质量很高,在水处理中通常用于废水的深度处理。

(5) 电渗析

电渗析过程是电化学过程和渗析扩散过程的结合。在外加直流电场的驱动下,利用离子交换膜的选择透过性(即阳离子可以透过阳离子交换膜,阴离子可以透过阴离子交换膜),阴、阳离子分别向阳极和阴极移动。离子迁移过程中,若膜的固定电荷与离子的电荷相反,则离子可以通过;如果它们的电荷相同,则离子被排斥,从而达到溶液淡化、浓缩、精制或纯化等目的。电渗析技术首先用于苦咸水的处理和工业纯水的制备中,在重金属废水处理、放射性废水处理等工业污水处理中也得到了广泛的应用。在电镀工业中,采用电渗析技术可把电镀废水中的 $Cr^{3+}$、$Ni^{2+}$、$Cd^{2+}$、$Cu^{2+}$、$Zn^{2+}$ 等重金属离子分离处理,并且使这些重金属得到回收利用。电渗析法处理废水要求具有足够的电导以提高渗透效率,因此处理水中电解质的浓度不能过低。

用电渗析法处理电镀废水的特点是:

① 预处理要求比反渗透低;

② 膜对金属离子一次分离率也比反渗透低;

③ 电渗析对废水的浓缩能力要比反渗透好;

④ 随着废水中离子浓度的增大,耗电量也随之增大。

然而,电渗析的应用也有其自身的一系列问题,例如只能用于去除水中带有电荷的盐分,对水中呈电中性的有机物去除效率较低。另外,电渗析在运行过程中易发生浓差极化而产生结垢。电渗析作为一种能够高效分离电镀铬漂洗废水中 Cr(Ⅵ)的新技术,也依然有一些更深层次的问题需要解决,比如优化设计淡室流态分布,寻找高效的离子交换膜等。

**3. 膜分离法在工业废水处理领域的应用**

美国的技术人员使用聚砜超滤膜处理火炸药加工废水,处理水量为 7.6 $m^3/d$,废水中的悬浮炸药颗粒流经孔径为 0.04 $\mu m$ 的聚砜超滤膜后被回收,超滤出水经两级活性炭过滤后排放。南京理工大学王连军团队对采用中空纤维膜萃取法处理 TNT 废水进行了研究,其萃取原理见图 2-13。废水在中空纤维管内流动的同时,萃取剂在管外逆流流动,两相物质在膜壁进行传质萃取。由于聚砜膜是一种疏水性膜,不易吸附水分子,对有机分子有一定的吸附能力，而膜外流动的萃取剂使中空纤维膜全部浸没于萃取剂中。当膜内 TNT 废水以层流形式流过时，TNT 分子被吸附到膜孔中和孔壁上。所采用的萃取剂（如煤油）对 TNT 有较大的溶解性，当萃取剂在膜的另一侧流动时，就会从膜孔中把 TNT 萃取走。这样，TNT 不断地被膜孔吸附，又不断地被萃取剂萃取走，从而使废水中的 TNT 不断减少，而萃取剂中的 TNT 浓度不断增大。研究结果表明，采用聚砜膜作为分离膜、以煤油作萃取剂来萃取废水中的 TNT，其萃取效率可达 90%以上，处理后的废水中 TNT 含量符合国家排放标准。然而，聚砜膜的耐腐蚀性较差，易膨胀，长期使用效果较差，而且价格昂贵，今后应寻求一种廉价实用的新材料。如果采用聚偏氟乙烯膜作为分离膜、以甲苯作萃取剂进行 TNT 废水的处理也是一种可行的处理方法，废水中 TNT 的萃取效率可达 95%以上，处理后的废水 TNT 含量符合国家排放标准，并且采用聚偏氟乙烯膜时工艺简单，膜使用寿命较长，效率较高。

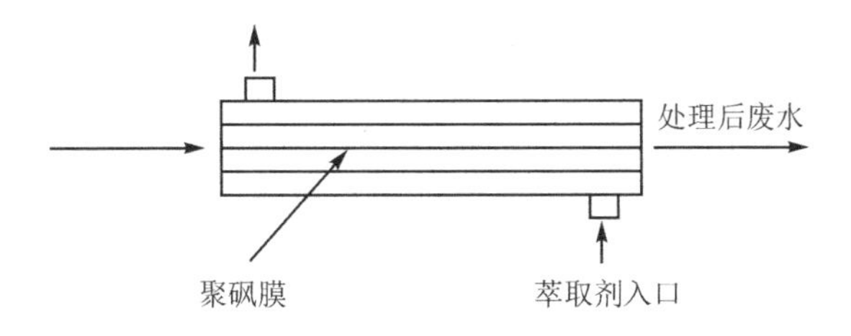


**图 2-13　中空纤维膜处理废水原理示意图**

有研究选用的两种卷式聚酰胺纳滤膜处理吡虫啉农药生产废水，废水 COD 为 12 000～25 000 mg/L，电导率为 15～25 mS/cm。研究发现 DK 型纳滤膜具有稳定的渗透液膜通量，但去除效率有限。NF90 型纳滤膜具有较高的分离效果，渗透液水质较优，但操作压力高，膜通量偏低。DK 型与 NF90 型纳滤膜的组合系统可在较低的操作压力下，充分发挥不同膜的应用优势，以较低的运行成本获得稳定的治理效果和较高的处理效率，对各种污染物去除率均＞94%，系统产水率＞70%。膜分离技术也通常应用于农药废水深度处理。研究发现，利用膜集成技术处理农药含磷废水的回用过程中，纳滤膜对磷及有机物的截留率均达到了 89%以上，在设备压力不超过 1.5 MPa、水回收率达到 90%的情况下通量能达到 10 $L/(m^2 \cdot h^{-1})$以上。反渗透膜对总磷去除率达到了 97.5%以上，对盐截留率达到了 92%以上，对 COD 截留率达到了 82.5%，9.5 MPa 压力条件下可将废水中的总盐分浓缩至 95 g/L 以上，对废水减量化有重要意义。

对于电镀废水而言，可以考虑采用膜分离技术处理的有以下场景：杂质少，金属离子浓度较低的废水（如二道清洗废水、冲刷设备水或者其他工序处理之后的不达标废水）可以考虑反渗透或者电渗析；通过前置工序已经将金属离子转变成大分子絮凝物的废水可以考虑超滤。以昆山某电子厂在生产过程中产生的镀铜漂洗废水为研究对象，根据该废水水质特性，采用化学转化＋直接超滤的工艺对其进行中试试验。图 2-14 是其主要工段的工艺路线。

原镀铜漂洗废水进入膜组前将酸性的废水调节 pH 值至 9.5～10.0，废水中的颗粒物 95%以上粒径在 2.704～13.71 μm 之间，完全可以通过超滤膜（滤径＝0.075 μm）拦截作用将废水中的氢氧化铜去除；正式运行结果表明，该工艺完全适用于镀铜漂洗废水的回用处理，可以替代传统的絮凝沉淀工艺。在 pH＝9.5 的条件下，含 $Cu^{2+}$ 浓度为 50～100 mg/L 的原水经处理后，膜出水浓度降到了 0.5 mg/L 以下，$Cu^{2+}$ 去除率达到 99%以上，完全达到排放标准。

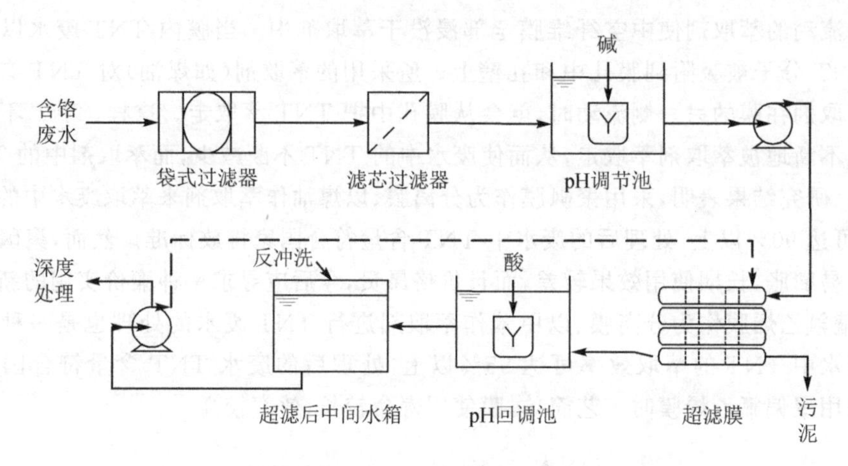


**图 2-14　镀铜漂洗废水“化学沉淀＋超滤”工艺流程**

反渗透膜对无机离子，特别是对于二价和高价金属离子的分离率，一般可达 95%甚至更高。未透过膜的无机离子等其他溶质，可采用循环分离浓缩，浓缩液成分接近镀液成分，浓缩后可返回镀槽重新利用。如果在电镀废水的收集过程中，有其他对电镀质量影响较大的杂质离子混入，不能返回镀槽重新利用，未透过膜的浓水由于浓度较大，还需经过化学沉淀法处理。使用反渗透法作为主体单元处理电镀废水的工艺流程大致如图 2-15 所示。

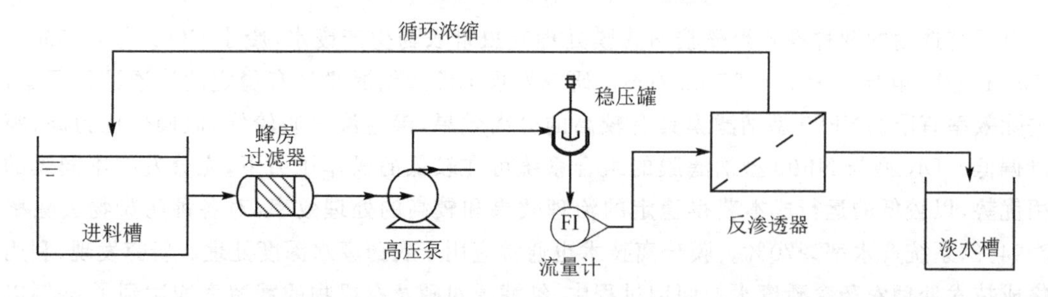


**图 2-15　反渗透作为主单元处理电镀废水工艺流程**

在上述工艺流程中，操作压力为 40～50 $kgf/cm^2$（1 kgf=9.8 N），进料槽的废水经过过滤器后进入高压泵，经加压后，进入板式反渗透膜，透过膜的淡水进入淡水槽，未透过膜的水继续回到进料槽进行循环浓缩。可以通过以下两个参数表达膜性能，以实时监控膜的情况：

$$分离率=\frac{C_{oi}-C_i}{C_{oi}}\times 100\%$$

$$透水率=V/S\cdot t$$

式中，$C_{oi}$ 和 $C_i$ 分别表示组分在进料液和透过液中的浓度，$V$ 表示透过膜的废水的体积，$S$ 为膜的面积，$t$ 为时间。

反渗透法处理电镀废水，在技术上主要受到的限制是：

① 膜所能承受废水的 pH 值限制。目前市面上化学稳定性较好的反渗透膜，pH 值的适用范围在 0.5～13，可用于多数电镀废水处理，少量酸碱值较高的废水则无法直接处理。

② 废水浓缩倍数的限制。随着浓缩倍数的增大，处理废水所需的渗透压增大，处理过程中膜的透水速度也随之下降。

### 2.1.7　汽提法与吹脱法

汽提法和吹脱法都是用于脱除废水中的溶解性气体或易挥发性物质的一种方法，即将气体吹入废水中，使溶解性气体或者易挥发性物质变成气体，扩散到气体扩散剂中进行分离，从而达到净化废水的目的。使用空气作为汽提剂，称为吹脱法；使用水蒸气作为汽提剂，称为汽提法。

对于氧乐果合成废水的去除可采用汽提法。含甲醇的合成废水可利用其在气液平衡条件下具有气相的浓度大于液相浓度这一特征，通过蒸汽直接接触，使混合液逐渐地部分汽化，按一定比例富集于气相，不断地将生成的蒸汽移出处理，分离回收甲醇。在农药、制药等工业废水处理过程中，当氨氮浓度大大超过微生物允许的浓度时，生物处理系统中微生物受到氨氮的抑制作用，难以取得良好的处理效果，常用吹脱法来降低氨氮含量，如乙胺碘呋酮废水的赶氨脱氮。空气吹脱法与汽提法去除氨氮，是将废水 pH 值调节至碱性时，离子态铵转化为分子态氨，然后通入空气将氨吹脱出。吹脱法除氨氮，去除率可达 60%～95%，工艺流程简单，处理效果稳定，吹脱出的氨气用盐酸吸收生成氯化铵，可回用于纯碱生产作母液；也可根据市场需求，用水吸收生产氨水或用硫酸吸收生产硫酸铵副产品，吸收后尾气返回吹脱塔中。低浓度废水通常在常温下用空气吹脱，而高浓度废水则常用蒸汽进行吹脱。吹脱效率影响因子多，不容易控制，特别是温度影响比较大，在北方寒冷季节效率会大大降低。

### 2.1.8　蒸发法

蒸发法的目的是使溶液中的溶剂汽化，以提高溶液的浓度或者使溶质析出，溶剂应有挥发性而溶质则不应有挥发性。蒸发法可分为蒸发结晶和蒸发浓缩。

农药有机废水中含有大量的无机盐，利用蒸发法可以将高含盐农药废水中的盐类以固体的形式结晶分离出来，可将得到的固体盐类进行回收再利用，将蒸汽冷凝液进行回收或进行后续处理。多效蒸发(MED)和机械蒸汽再压缩蒸发(MVR)是推荐的高效节能技术。MED 是将多个蒸发器串联起来，用前一个蒸发器的二次蒸汽作为下一个蒸发器的加热蒸汽，下一个蒸发器的加热室便是前一个蒸发器的冷凝器。其优点是多次利用二次蒸汽的汽化和冷凝，可以显著减少新鲜蒸汽的消耗量，在高盐度(含盐量为 3.5%～25%)、高浓度(COD 浓度为 2 000～300 000 mg /L)废水处理方面得到广泛应用。MVR 是料液经蒸发器蒸发产生二次蒸汽，经分离器分离，再经压缩机压缩，提高压力、升高温度、增加热焓后作为加热蒸汽循环使用，优点是减少蒸发浓缩过程对外界能源的需求，主要消耗电能，降低了蒸汽和冷却水的能源消耗。

有研究发现 MED 和 MVR 都可以有效去除农药废水中的盐度和 COD，其中 MED 和 MVR 对盐度的去除率差异不显著($P>0.05$)，但是针对 COD，三效蒸发的去除效果显著优于 MVR($P<0.05$)。与 MED 相比，MVR 蒸发技术处理高盐度有机农药废水可以节约标煤超过 70%。

图 2－16 为三效蒸发结晶污水处理装置流程图。

此外，蒸发回收是对重金属电镀废水进行蒸发，使溶液浓缩，并加以回收和利用的一种常用处理方法，一般用于处理含铬、铜、银及镍离子的废水。一般而言，电镀工业上应用蒸发处理重金属废水常常与其他方法联用，可实现闭路循环，是很成功的组合。蒸发法处理电镀重金属废水，工艺成熟简单，无需化学试剂，无二次污染，可以回用水或有价值的重金属，有良好的环

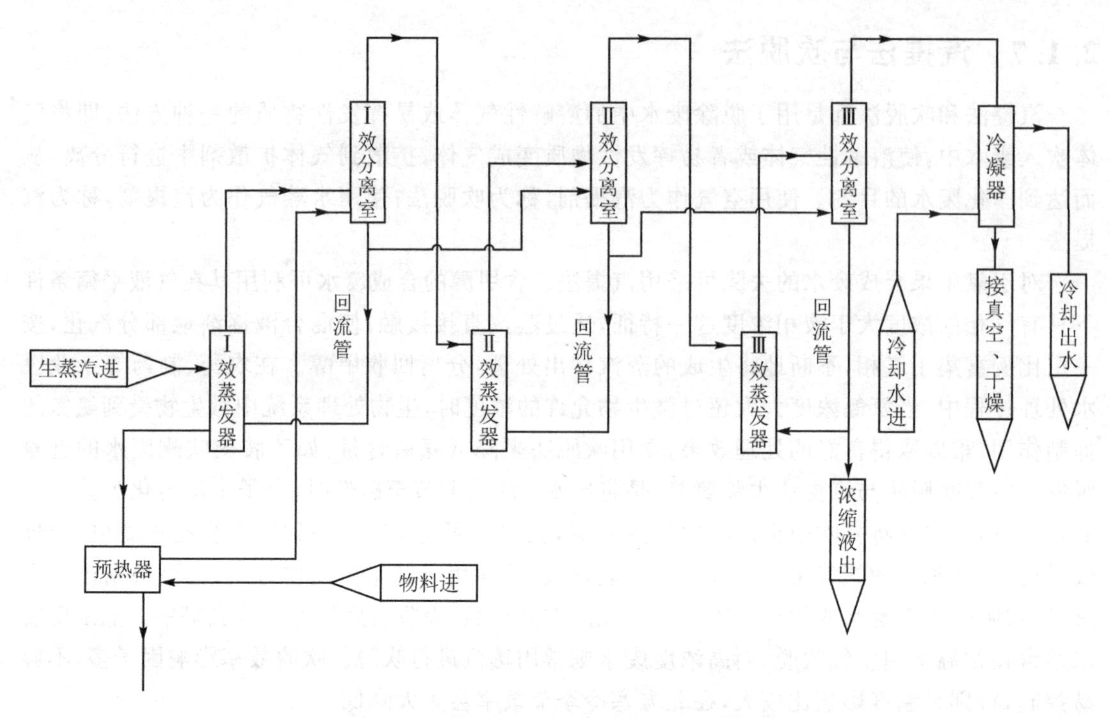


图 2-16　三效蒸发结晶污水处理装置流程图

境效益和经济效益;但因其能耗大,操作费用高,仅作为一种辅助处理手段。

某公司依据这个思路,利用二氧化硫还原含铬废水并联用蒸发结晶的方法将六价铬还原为三价铬,并获得优等工业品元明粉,其主要的工艺路线如图 2-17 所示。

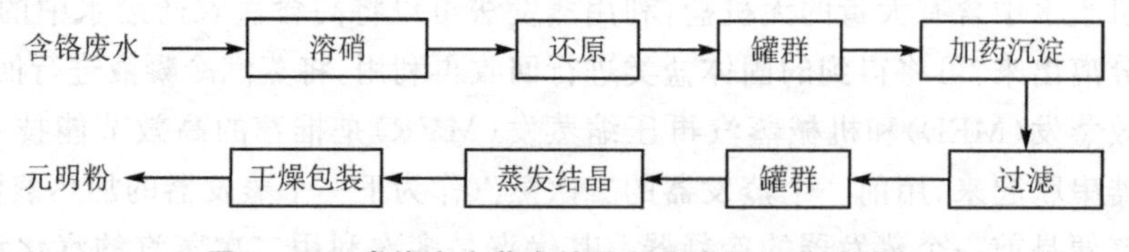


图 2-17　含铬废水蒸发结晶制作产品工艺路线图

### 2.1.9　其他物理处理方法

除了以上处理方法之外,还有浮选法、结晶法、冷冻法等物理处理方法。物理处理法速率较快,设备运行费用较低,可以大量地处理火炸药、农药、制药、电镀等工业废水;但是物理方法对预处理要求较高,水中的污染物难以彻底去除,容易造成二次污染。因此,物理处理技术一般需要结合其他处理方法来对炸药废水进行处理,才能达到有效降低污染和保护环境的目的。

## 2.2　化学处理方法

化学处理方法是通过一系列的化学反应来改变废水中污染物的结构和物化性质,将污染物无害化或降低其生物毒性,以达到治理废水的目的。废水的化学处理方法主要包括中和法、还原法、氧化法、化学沉淀法、电化学法、重金属螯合法、焚烧法等,被广泛运用于工业废水治理中。

## 2.2.1 中和法

在火炸药、电镀等工业生产过程中，会产生各类酸性或碱性废水，尤其以酸性废水最为常见。酸碱废水通常利用化学中和法投加中和剂来调节 pH 值，中和酸度和碱度并生成盐类和沉淀去除污染物。酸性废水排放是工业废水环境污染的重要问题之一，具有污染面广、污染持续时间长、危害程度严重等特点，不仅污染水体和土壤、危害水生生物及农作物，而且还严重腐蚀管道、水泵、钢轨等设备设施和建筑物。碱性废水和酸性废水具有一样的危害，是所有工业废水中最常见的一种污水。

酸碱废水处理的一般原则如下：

① 高浓度的酸碱废水，应优先考虑回收利用的废水处理法。根据水质、水量和不同工艺要求，进行厂区或地区性调度，尽量重复使用。如重复使用有困难或浓度偏低、水量较大，则可采用浓缩的废水处理法回收酸碱。

② 低浓度的酸碱废水，如 TNT 洗涤用水、硝化棉漂洗用水、酸洗槽清洗用水、碱洗槽漂洗用水，在不影响工艺的前提下，可以合理套用或循环使用，以便减少排放量。对于必须排放的低浓度酸碱废水，应进行中和处理。

中和酸性废水常用的方法是投药中和法和过滤中和法。

**1. 投药中和法**

投药中和法是应用广泛的一种中和方法。最常用的碱性药剂是石灰，有时也选用苛性钠、碳酸钠、石灰石等。选择碱性药剂时，不仅要考虑它本身的溶解性、反应速度、成本、二次污染、使用便利性等因素，而且还要考虑中和产物的性状、数量及处理费用等因素。投药中和法一般分为干投法和湿投法。

干投法是根据废水含酸量，将石灰等药剂直接投入，设备简单、反应慢，用量是理论值的 1.4～1.5 倍。另外，干投法还需将石灰等药剂粉碎，操作时粉尘多，劳动强度大。

湿投法是先在消解槽内将石灰等药剂消解成 40%～50%的浓度后，再投入乳液槽，搅拌均匀，配成浓度为 5%～10%的碱性溶液，以供中和使用。槽内设有转速不低于 40 r/min 的搅拌器，以防止沉淀。不宜采用压缩空气搅拌，因为空气中的二氧化碳与钙离子等反应生成沉淀，既浪费石灰等药剂，又容易引起堵塞。湿投法的设备较多，其在中和反应时迅速而完全，投加中和剂量仅为理论用量的 1.05～1.10 倍。

酸碱中和的反应是很迅速的，因此混合、反应可在同一个池内进行。在设计混合反应池时，混合反应时间一般采用 2～5 min。当废水中含有重金属离子时，混合反应时间应按去除重离子的要求确定。

中和药剂的用量可按下式计算：

$$G=\frac{QC_s a_s K}{a \cdot 1\,000} \quad (\mathrm{kg/h})$$

式中：$Q$——废水流量，$m^3/h$。

$C_s$——废水的酸度，mg/L。

$a_s$——中和剂的比耗量(见表 2-5)。

$K$——反应不均匀系数，一般采用 1.1～1.2。但以石灰中和硫酸时，干投法采用 1.4～

1.5,湿投法采用1.05～1.10。中和硝酸和盐酸时采用1.05。

*a*——药品纯度,%,一般石灰中含60%～80%的有效氧化钙,熟石灰中含65%～75%的氢氧化钙。

**表2-5 中和剂的比耗量($a_s$)**

| 酸类名称 | 中和1 g酸所需的比耗量/g | | | | |
|---|---|---|---|---|---|
| | CaO | $CaCO_3$ | $MgCO_3$ | $Ca(OH)_2$ | $CaCO_3 \cdot MgCO_3$ |
| 硫酸 | 0.57 | 1.02 | 0.86 | 0.76 | 0.95 |
| 硝酸 | 0.45 | 0.80 | 0.67 | 0.59 | 0.74 |
| 盐酸 | 0.77 | 1.38 | 1.15 | 1.01 | 1.27 |
| 乙酸 | 0.47 | 0.84 | 0.70 | 0.62 | 1.53 |

当酸性废水中含有铅、锌、铜等重金属离子时,计算中和剂的投料量,应增加与重金属离子化合物生成沉淀的药剂量。例如:

$$Zn^{2+} + Ca(OH)_2 \longrightarrow Zn(OH)_2 \downarrow + Ca^{2+}$$

某工厂长期采用湿投法中和处理酸性废水,其废水平均处理量为1 500 $m^3/d$,其中主要是硝化棉酸性废水,废水的pH值为1～2,总酸度为800～1 200 mg/L。酸性废水经一次沉淀池沉淀后流入中和池,加入石灰乳进行中和后,流入二次沉淀池去除硫酸钙废渣,中性废水再经延时曝气池生化处理后排出。二次沉淀池中污泥含水率为99%,浓缩池污泥含水率为89%。将污泥用圆筒真空过滤机脱水(真空度:3 000～4 000 Pa,真空抽气量:5～8 $m^3/min$,风压:0.2 $kgf/cm^2$,风量:1～1.5 $m^3/min$),滤渣层厚度为3～6 mm,滤渣含水率为66%。在二次沉淀中沉淀出废石膏渣,平均排出量为4～10 t/d。生石灰消耗量为2～8 $kg/m^3$。废石膏渣能代替天然石膏来制作水泥,各项指标都能达到国家标准;此外,还可以制作蒸气氧化粉煤灰硅酸盐砌块和粉煤灰砖。

电镀行业的酸碱废水主要包含电镀前的碱性去油、酸洗废水,电镀过程的中和、腐蚀等的酸碱废水以及地面清洗废水等。这些废水整体上呈酸性,所以一般都是采用碱性物质进行中和,恰巧废水中的部分金属离子也可以被沉淀下来,所以中和过程实际上是酸碱中和与金属离子沉淀的两步预处理共同进行。20世纪五六十年代往往采用自然中和,即车间的酸性废水和碱性废水收集流入一个中和池,利用废水中的酸碱进行中和,但是此法非常不稳定,往往都达不到中和及重金属离子的去除目的。目前,电镀行业常用的有投药中和法,优先采用废碱、电石渣等废料,再考虑选用石灰、碳酸钙、氢氧化钠等新碱;含氟废水中和剂采用石灰+硫酸铝。反应槽容积按照15～30 min反应时间计算,沉淀槽容积按照1～2 h沉淀时间计算,pH值控制在8～9,沉淀金属所需要的中和剂的理论投加量参照表2-6。

**2. 过滤中和法**

使废水通过具有中和能力的碱性固体颗粒物滤料时发生的中和反应,称为过滤中和。如果废水中含有大量悬浮物、油脂类、重金属盐,则需进行预处理。具有中和能力的碱性滤料有石灰石、大理石或白云石等。前两种的主要成分是碳酸钙,后一种的主要成分是碳酸钙和碳酸镁。

**表 2-6　沉淀 1 kg 金属离子所需碱中和剂的理论投加量**

| 金属离子的名称 | 中和 1 kg 酸的理论投加量/kg | | | |
|---|---|---|---|---|
| | CaO | $CaCO_3$ | NaOH | $Na_2CO_3$ |
| $Fe^{2+}$ | 1 | 1.34 | 1.44 | 1.9 |
| $Fe^{3+}$ | 1.5 | 2.01 | 2.16 | 2.85 |
| $Cu^{2+}$ | 0.88 | 1.16 | 1.26 | 1.68 |
| $Ni^{2+}$ | 0.96 | 1.26 | 1.36 | 1.81 |
| $Cr^{3+}$ | 1.62 | 2.13 | 2.31 | 3.07 |
| $Zn^{2+}$ | 0.86 | 1.14 | 1.22 | 1.62 |

选用滤料与中和产物的溶解度密切相关，过滤中和反应在滤料颗粒表面进行，如果中和产物的溶解度很小，就会在滤料表面形成不溶性硬壳，阻止中和反应继续进行。废水中各种酸在中和后形成的相应盐类在水中也具有不同的溶解度，其值随温度而变(见表 2-7)。

**表 2-7　常见的几种酸中和产物的溶解度**

| 中和产物名称 | 不同温度时的溶解度/($g \cdot L^{-1}$) | | | | |
|---|---|---|---|---|---|
| | 0 ℃ | 10 ℃ | 20 ℃ | 30 ℃ | 40 ℃ |
| $NaNO_3$ | 730 | 800 | 880 | 960 | 1 040 |
| $Ca(NO_3)_2 \cdot 4H_2O$ | 1 020 | 1 153 | 1 293 | 1 526 | 1 959 |
| NaCl | 357 | 358 | 360 | 363 | 366 |
| $CaCl_2 \cdot 6H_2O$ | 595 | 650 | 745 | 1020 | — |
| $Na_2CO_3 \cdot 10H_2O$ | 70 | 125 | 215 | 388 | — |
| $CaCO_3$ | 难溶 | 难溶 | 难溶 | 难溶 | 难溶 |
| $MgCO_3$ | 难溶 | 难溶 | 难溶 | 难溶 | 难溶 |
| $Na_2SO_4 \cdot 10H_2O$ | 50 | 90 | 194 | 408 | — |
| $CaSO_4 \cdot 2H_2O$ | 1.76 | 1.93 | 2.03 | 2.09 | 2.10 |
| $MgSO_4 \cdot 7H_2O$ | — | 309 | 355 | 408 | 456 |

中和硝酸、盐酸时，采用石灰石作滤料较好，其反应式如下：

$$2HNO_3 + CaCO_3 \longrightarrow Ca(NO_3)_2 + H_2O + CO_2 \uparrow$$

$$2HCl + CaCO_3 \longrightarrow CaCl_2 + H_2O + CO_2 \uparrow$$

中和硫酸时，最好采用白云石作滤料，反应产生的硫酸镁溶于水，不会包覆滤料表面而影响中和效果，生成的石膏($CaSO_4$)的量也较少，仅为石灰石与硫酸反应生成量的一半。但白云石来源少，价格高，反应速度慢。白云石和石灰石与硫酸的反应式如下：

$$2H_2SO_4 + CaCO_3 \cdot MgCO_3 \longrightarrow CaSO_4 \downarrow + MgSO_4 + 2H_2O + 2CO_2 \uparrow$$

$$H_2SO_4 + CaCO_3 \longrightarrow CaSO_4 \downarrow + H_2O + CO_2 \uparrow$$

过滤中和的设备通常有：

① 普通中和滤池。普通中和滤池为固定床，水的流向有平流式和竖流式两种。目前多采

用竖流式。普通中和滤池的滤床厚度为1～1.5 m，滤料粒径一般为30～50 mm，过滤速度一般不大于5 m/h，接触时间不小于10 min。应注意的是，滤料中不得混有粉料，废水中如含有可能堵塞滤料的悬浮物时，应进行预处理。

② 升流式膨胀滤池。如图2－18所示，滤池主要结构为：底部为进水设备，采用大阻力穿孔管布水，孔径为9～12 mm；进水设备上面是卵石垫层，厚度为0.15～0.2 m，卵石粒径为20～40 mm；垫层上面为石灰石滤料，粒径为0.5～3 mm；滤床膨胀率保持在50%左右，膨胀后的滤层高度为1.5～1.8 m；滤层上部清水区高度为0.5 m，水流速度逐渐缓慢，出水由出水槽均匀汇集出流。滤床总高度为3 m左右，直径大于2 m。废水从滤池的底部进入，水流自下向上流动，从池顶流出。废水上升滤速高达50～70 m/h，滤料间相互碰撞摩擦，加上生成的$CO_2$气体作用，有助于防止结壳，滤料表面不断更新，可以取得较好的中和效果。

③ 变速膨胀中和滤池。筒体为倒圆锥体，上粗下细，滤料层的截面积是变化的，其底部滤速较大，可使大颗粒滤料处于悬浮状态；上部滤速较小，可保持上部微小滤料不致流失，可防止滤料表面结垢，同时提高滤料的利用率。图2－19所示是一种变速膨胀中和滤池。试验结果表明，用锥形中和滤池时，过滤速度可大幅度提高，下部滤速为130～150 m/h，上部滤速为40～60 m/h，进水的硫酸浓度达到2.8 g/L时依然能正常工作，未发现滤料板结和堵塞现象。用变速膨胀中和滤池处理酸性废水，操作简单，出水pH值稳定，沉渣少，清池掏渣工作量小。但进水中硫酸浓度要严格控制在允许的范围(不大于0.4%)内；废水中的悬浮物、油脂、杂物的含量亦应严格控制，因为这些物质会粘附在滤料表面，减少反应的面积，同时制约石灰石在水中的自由翻滚而影响中和效果。某厂采用变速膨胀中和滤池处理硝化棉酸性废水，最大处理量为8 000 t/d，当废水中的硫酸浓度为3.1 g/L，或含硫酸2.9～3.1 g/L、硝酸2.2～2.3 g/L时，处理后出水的pH值均可稳定达到6.2～6.6。

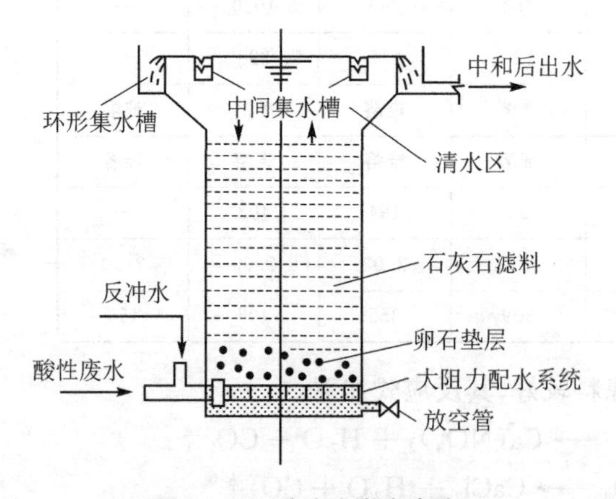


**图2－18 升流式膨胀滤池**

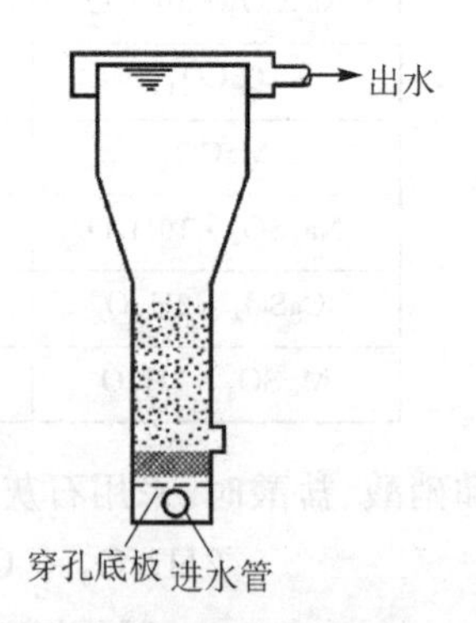


**图2－19 变速膨胀中和滤池**

④ 滚筒中和滤池。如图2－20所示，装于滚筒中的滤料随滚筒一起转动，使滤料相互碰撞，及时剥离由中和产物形成的覆盖层，可以加快中和反应速度，废水由滚筒的另一端流出。滚筒直径为1 m或更大，长度为直径的6～7倍。滚筒转速约为10 r/min，转轴倾斜角度为0.5°～1°。滤料粒径为十几毫米，装料体积约为转桶体积的一半。进水中硫酸浓度可以超过允许浓度的数倍，滤料粒径不必碎得很小。然而，滚筒式中和滤池负荷率低(约为36 $m^3/(m^{-2} \cdot L)^{-1}$)，构造复杂且动力费用较高，运转时噪声较大，同时对设备材料的耐腐蚀性能要求较高。

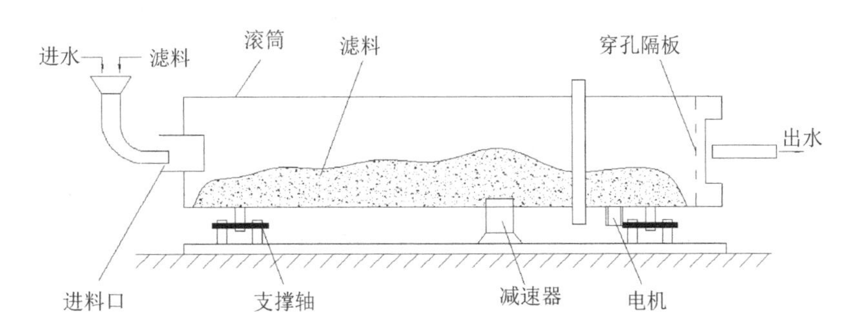


**图 2-20 滚筒中和滤池**

## 2.2.2 还原法

化学还原法是指通过化学试剂的还原性，在一定条件下经电子的转移将污染物质进行还原降解，降低废水毒性和改善废水可生化性。化学还原法主要应用于难以被氧化或具有给电子特性的物质。

还原法常用于六价铬废水的预处理，该过程是利用还原剂和含重金属离子的废水接触反应，将重金属离子由高价还原至低价。使用的还原剂包括亚硫酸氢钠、硫酸亚铁、焦亚硫酸钠、亚硫酸钠、铁屑、硫化钠等，比如：对于六价铬来说，直接化学沉淀不可行，但是可以预先调节废水 pH＝2.5～3.0 后向废水中投加还原剂，将废水中的 Cr(Ⅵ)还原成 Cr(Ⅲ)，然后添加碱性物质，提高 pH 值至 6.5～8.0，使 $Cr^{3+}$ 以 $Cr(OH)_3$ 沉淀形式去除。

pH＝2.5～3.0 时：

$$Cr_2O_7^{2-} + 6Fe^{2+} + 14H^+ = 2Cr^{3+} + 7H_2O + 6Fe^{3+}$$

$$Cr_2O_7^{2-} + 3SO_3^{2-} + 8H^+ = 2Cr^{3+} + 4H_2O + 3SO_4^{2-}$$

$$Cr_2O_7^{2-} + 3H_2S + 8H^+ = 2Cr^{3+} + 7H_2O + 3S^0$$

pH＝6.5～8.0 时：

$$Cr^{3+} + 3OH^- = Cr(OH)_3 \downarrow$$

$$Fe^{3+} + 3OH^- = Fe(OH)_3 \downarrow$$

在实际工程中，$FeSO_4$ 是常用的还原剂，但如果单独使用 $FeSO_4$ 来还原 Cr(Ⅵ)，将产生大量污泥；若用硫化物来代替铁盐，无论从药耗还是污泥产量角度都较优，而且 $Cu^{2+}$、$Ni^{2+}$、$Zn^{2+}$、$Cd^{2+}$ 等重金属的硫化物溶度积要比其氢氧化物小很多，因此对重金属离子的去除也会更彻底。表 2-8 显示了理论上用铁盐或硫化物还原 Cr(Ⅵ)所产生的污泥量。

**表 2-8 $Na_2S$ 或 $FeSO_4$ 每还原 1 mol Cr(Ⅵ)的药耗及污泥量**

| 还原剂 | 药耗/g | 污泥量/g | 污泥质量:Cr(Ⅵ)质量 |
|---|---|---|---|
| $Na_2S$ | 117 | 103 | 2:1 |
| $FeSO_4$ | 456 | 412 | 8:1 |

然而，如果完全用硫化物来代替铁盐，又会出现一些问题：首先 $Na_2S$ 本身是弱酸性的，在反应过程中很容易产生 $H_2S$ 气体溢出；另外 $Na_2S$ 与重金属离子的反应速度很快，形成的絮团很小，沉降缓慢，需要加入絮凝剂加速其沉降。因此，该研究提出采用铁盐和硫化钠共同还原

Cr(Ⅵ),并采用多个梯度的硫化钠和铁盐当量摩尔质量比进行含铬废水处理实验,根据实验结果确定 $Na_2S$ 占总还原剂用量80%～90%条件下取得沉降效果和污泥量的最优平衡,可使废水“还原+沉淀”处理的污泥量减少60%～70%。

火炸药废水中常见的污染物质一般是硝基芳香族化合物,此类化合物的苯环易发生亲电取代,不易发生氧化反应。因而在一般情况下,利用氧使芳环破裂而达到使硝基芳香族化合物分子裂解是不容易的。但在适合条件下,硝基芳香族化合物可以被还原成亚硝基化合物、羟胺基化合物以及氨基芳香族化合物等。化学还原法主要基于零价铁的还原作用,比较常见的是内电解法。

内电解法基于金属腐蚀溶解的电化学原理,即利用两种具有不同电极电位的金属或金属和非金属相互接近,浸没在废水中形成原电池,并产生电场。借助电场作用,使废水中的胶体粒子和杂质通过电极沉积、凝聚和氧化还原的电化学反应,使废水得到净化。

目前较常用的内电解法为催化铁内电解法,或者叫作铁还原法、铁炭法。催化铁内电解法不仅可以通过内电解反应去除难降解有机物,同时电极反应中得到的新生态氢具有较大的活性,能破坏发色物质的发色结构,使偶氮基断裂、大分子分解为小分子、硝基芳香族化合物还原为氨基芳香族化合物。在反应过程中产生的大量 $Fe^{2+}$ 和 $Fe^{3+}$,可以水解生成铁的氢氧化物胶体。铁的氢氧化物胶体是很好的絮凝剂。废水中铁的氢氧化物胶体带正电荷,它能与带相反电荷的一些物质以及废水中的电解质发生沉聚作用。

内电解的基本原理是利用铁屑中的铁和焦炭组分构成微小原电池的正极和负极,以充入的废水为电解质溶液,发生氧化-还原反应,形成原电池。在反应中,铁粉和焦炭构成了完整的回路,在它的表面上,电流在成千上万个细小的微电池内流动。铁粉作为阳极被腐蚀,而焦炭则作为阴极。电极反应如下:

阳极(Fe): $Fe \longrightarrow Fe^{2+} + 2e^-$, $E^\theta = -0.44\ V$

阴极,酸性条件: $2H^+ + 2e^- \longrightarrow 2[H] \longrightarrow H_2$, $E^\theta_{(H^+/H_2)} = 0\ V$

酸性充氧条件: $O_2 + 4H^+ + 4e^- \longrightarrow 2H_2O$, $E^\theta_{(O_2)} = 1.23\ V$

中性充氧条件: $O_2 + 2H_2O + 4e^- \longrightarrow 4OH^-$, $E^\theta = 0.40\ V$

硝基芳香族化合物还原反应方程式:

$$R-NO_2 + 6H^+ + 6e^- \longrightarrow R-NH_2 + 2H_2O, \quad E^\theta = -0.7\ V$$

内电解对色度去除有明显的效果。这是由于电极反应产生的新生态二价铁离子及电子具有较强的还原能力,可使某些有机物的发色基团硝基—$NO_2$、亚硝基—NO还原成氨基—$NH_2$;另外,氨基芳香族化合物的可生化性也明显高于硝基芳香族化合物。新生态的二价铁离子也可使某些不饱和发色基团(如偶氮基—N═N—)的双键打开,使发色基团破坏而去除色度,使部分难降解环状和长链有机物分解成易生物降解的小分子有机物而提高可生化性。此外,二价和三价铁离子是良好的絮凝剂,特别是新生的二价铁离子具有更高的吸附-絮凝活性,调节废水的pH值可使铁离子变成氢氧化物的絮状沉淀,吸附污水中的悬浮或胶体态的微小颗粒及有机高分子,可进一步降低废水的色度,同时去除部分有机污染物质,使废水得到净化。

铁碳内电解的过程受多种因素的影响,主要有以下几种因素:

① pH值的影响。由于各种废水中所含污染物种类不同,内电解法所需pH值也不同。一般由于pH值的降低提高了氧的电极电化,加大了微电解电位差,COD去除率随pH值的

降低而增大。但 pH 值过低会使溶铁量增大。而过量的 $H^+$ 会与 Fe 和 $Fe(OH)_2$ 反应，破坏絮凝体，产生多余有色的 $Fe^{2+}$。

② 铁碳投加比的影响。在铁中加入活性炭，铁与活性炭形成原电池，加快电极反应，提高反应效率。但当碳的体积比铁的体积大时，COD 去除率随着碳投加量的增加而降低。因为碳过量，减少了有效活性位点，抑制微小原电池的电极反应。

③ 停留时间的影响。停留时间长短决定了反应作用时间的长短。停留时间越长，氧化还原等作用发挥得越彻底；但停留时间过长，会使铁的消耗量增加，溶出的 $Fe^{2+}$ 大量增加，并氧化成为 $Fe^{3+}$，造成色度的增加及后续处理的问题。

④ 温度的影响。在一定的温度范围内，活化能基本不受温度变化的影响，但温度升高可以增加反应物质的内能，有利于提高反应速度。从之前的实验来看，温度升高，电解速度增大，色度去除率增加。

⑤ 曝气的影响。曝气可提高溶解氧浓度，增加原电池的阴极电极电势，加大原电池的电化学腐蚀动力，同时产生有利于反应的中间产物。曝气形成的气泡有利于溶液中铁碳填料的混合，可使填料相互摩擦而去除其表面沉积的钝化膜。但是，过大的曝气量会减少铁碳的接触，影响原电池反应。

研究人员对催化铁内电解法处理硝基苯废水的机理进行了研究，结果表明：降解的过程符合准一级动力学规律，硝基苯可以在铜电极上直接得到电子还原，该反应在强酸和弱碱的条件下效果较好，反应速率常数随进水浓度的增加而增大。当温度升到 45 ℃以上时，升温可以显著改善处理效果。采用两级微电解混凝动态处理含硝基芳香族化合物的氯霉素废水，结果表明，不仅提高了该废水的可生化性，而且目标污染物的去除率高达 93%左右。南京理工大学沈锦优等采用铁刨花和铜刨花作为内电解材料还原预处理含 2,4 -二硝基氯苯的废水，可将 2,4 -二硝基氯苯有效地还原为 2,4 -二氨基氯苯，废水可生化性得到了明显改善，BOD/COD 比值可由 $0.005\pm0.001$ 提高到 $0.168\pm0.007$，废水生物毒性显著降低，$EC_{50,48\ h}$ 可由 0.65% 增加到 5.20%，内电解出水可通过后续的“厌氧-好氧”生化过程得到有效治理。此外，南京理工大学沈锦优等采用铁刨花和铜刨花作为内电解填料，还原处理 2,4 -二硝基苯甲醚废水。2,4 -二硝基苯甲醚等硝基芳香族化合物可在 HRT 为 8 h 的条件下在内电解系统内被有效地还原为对应的氨基芳香族化合物。工业中以 Fe - C 作为制药废水的预处理步骤，运行表明，经预处理后废水的可生化性大大提高，效果明显。抗生素类药物的生产废水难以生物处理，近年来，国内外对包括抗生素在内的难降解有机污染物废水采用了光催化降解和其他方法，但存在成本高、流程复杂的问题；而采用廉价的铁屑加催化剂处理此类废水，可使 COD 去除率达到第二类污染物部分行业最高允许排放浓度，并且此法较其他方法经济、稳定。

目前，国内外研究人员和工程技术人员虽然对内电解法进行了大量的实验研究和工程应用，但在理论上，对其反应过程中电极上实际发生的反应机理、反应产物和反应动力学等方面仍有待继续深入研究。在工程应用的过程中，内电解法也存在下列问题需要改进和加强：

① $COD_{Cr}$ 去除效果不明显。铁碳还原法去除色度效果相对较好，但去除 $COD_{Cr}$ 效果不是很明显，尤其对高色度、高浓度废水的处理效果不是很理想，通常需要与其他方法联合操作，例如后续采用 Fenton 氧化法等高级氧化法进一步提高废水的可生化性，随后采用生化法进一步去除 $COD_{Cr}$。

② 铁屑结块。内电解絮凝床中最常用的填料为钢铁屑和铸铁。钢铁屑含碳量低，内电解

反应慢,处理效果差;铸铁屑中含碳量高,处理效果好,但随处理时间的增加,铸铁屑的粒径逐渐减小。铸铁屑由于强度低,易被压碎成粉末状而结块,将降低内电解的处理效率。目前主要通过采用具有蓬松结构的铁刨花替代易结块的钢铁屑和铸铁。

③ 絮凝床堵塞。随内电解法絮凝床运行时间的加长,填料中聚集悬浮物增多,加上金属化合物的浓集,易将填料孔隙堵塞,需定期反冲。但铁屑密度大,需较强的冲洗强度,工程应用中须配套较大功率的反冲洗设备,投资增大。采用具有蓬松结构的铁刨花替代易结块的钢铁屑和铸铁也可有效缓解絮凝床堵塞的问题。

内电解法作为一种新型的废水处理方法,虽然存在很多的不足和缺陷,但是经过多方面的研究和探索,在不久的将来会在废水处理工作中为环境保护做出更大的贡献。

### 2.2.3 氧化法

氧化法是指利用强氧化剂的氧化性,在一定条件下与水中的有机污染物发生反应,可以达到降低COD、降低生物毒性和提高可生化性等目的,从而为后续的生物处理提供保障。科学技术的迅猛发展促进了一系列新的高级氧化处理技术研究,氧化处理法发展快,应用研究多。其中,超临界水氧化法、Fenton催化氧化法、臭氧氧化法、光氧化法、电化学氧化法、湿式氧化法、超声氧化法等技术在难降解工业废水处理方面得到了广泛的研究,其中有些技术已得到了实际的工程应用。

**1. 超临界水氧化法**

超临界水氧化(Supercritical Water Oxidation,简称SCWO)技术是一种可实现对多种有机废物进行深度氧化处理的技术。它利用了水在超临界状态下近似于非极性有机溶剂的特性,使得有机物能与空气、氧气等气体混溶形成均相反应体系,进而实现有机物高效快速氧化分解,生成二氧化碳、水和氮气。所谓超临界,是指流体物质的一种特殊状态。当把处于汽液平衡的流体升温升压时,热膨胀引起液体密度减小,而压力的升高又使汽液两相的相界面消失,成为均相体系,这就是临界点。当流体的温度、压力分别高于临界温度和临界压力时就称为处于超临界状态。超临界流体具有类似气体的良好流动性,但密度又远大于气体,因此具有许多独特的理化性质。图2-21为超临界水氧化装置示意图。

水的临界点是:温度374.3 ℃、压力22.05 MPa,如果将水的温度、压力升高到临界点以上,即为超临界水,其密度、粘度、电导率、介电常数等基本性能均与普通水有很大差异,表现出类似于非极性有机化合物的性质。因此,超临界水能与非极性物质(如烃类)和其他有机物完全互溶,而无机物特别是盐类,在超临界水中的电离常数和溶解度却很低。同时,超临界水可以和空气、氧气、氮气、二氧化碳等气体完全互溶。利用超临界水氧化法处理污染物时,先将氧化剂和水混合,再将废物和水混合,最后将混合物送入超临界水氧化器进行反应。如果有些物质不能混合或者不宜混合,这时若把氧化剂和水、废物和水在混合之前就分别加热到水的临界温度以上,就解决了混合的问题,避免形成爆炸性混合物。对于具有挥发性、常态下不溶于水的易燃有机物,均可采用相似的处理方法。

由于超临界水对有机物和氧气均是极好的溶剂,因此有机物的氧化可以在富氧的均一相中进行,反应不存在因需要相间转移而产生的限制。同时,400～600 ℃的高反应温度也使反应速度加快,可以在几秒的反应时间内,即可达到99%以上的氧化分解率。超临界水氧化反应完全彻底,有机碳转化为$CO_2$,氢转化为$H_2O$,卤素原子转化为卤离子,硫和磷分别转化为

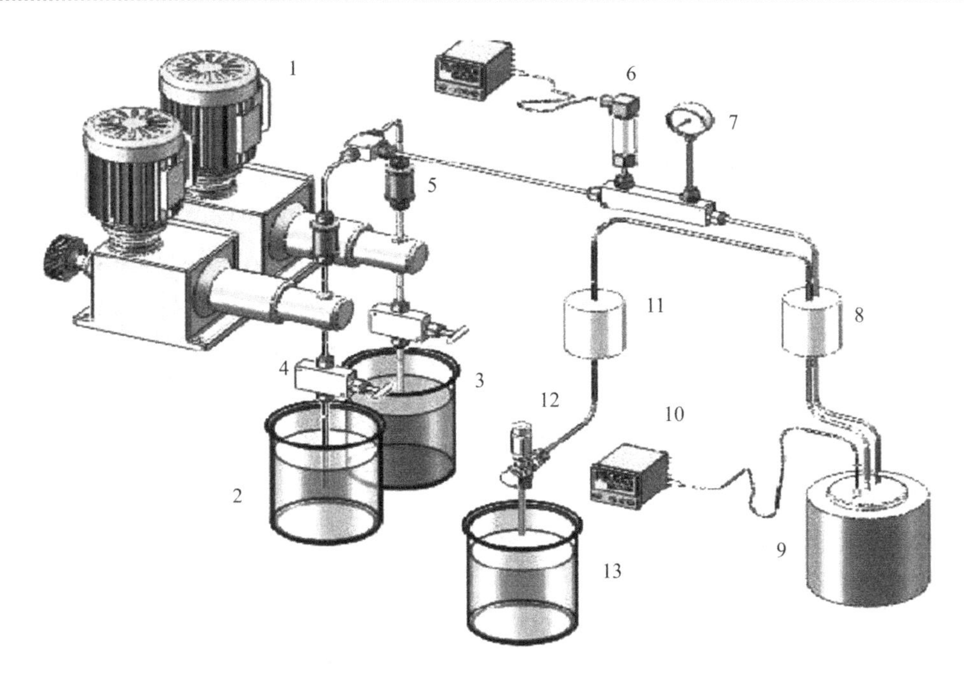


1—高压柱塞泵；2—双氧水罐；3—废水罐；4—排空阀；5—止回阀；6—温度计；
7—压力表；8—热交换器；9—反应釜；10—温度控制仪；11—冷凝器；12—背压阀；13—废液罐

**图 2－21　超临界水氧化装置示意图**

硫酸盐和磷酸盐，氮转化为硝酸根和亚硝酸根离子或氮气。超临界水氧化技术是一种清洁、无污染、对环境友好的有机废物处理技术，在处理有毒、难降解的有机废物方面具有独特的效果。通过 SCWO 处理的有机物最终排放物是 $CO_2$、$H_2O$、$N_2$ 等小分子无机物，没有二次污染，由于超临界水这些特有的性质，使得超临界水氧化技术成为极有前景的难降解有机废水处理新技术。

超临界水氧化法在火炸药工业污染处理领域已有大量的尝试。例如，用超临界水氧化法处理 TNT 炸药污染物，所用水溶液的质量浓度相当于 TNT 溶解度的 1/2，所用原料也可以是 TNT 的水解产物，可实现 TNT 污染的有效去除。在进行火炸药污染的超临界水氧化处理时，可采用碱性水解-超临界水氧化耦合技术。首先通过在碱水中发生硝酸酯断裂的水解反应，使硝化纤维素等大分子物质降解为小分子物质。实践证明，碱性水解法是火炸药转化为无害、少害或非含能物质的简单而廉价的方法。将碱性水解与超临界水氧化结合的两步法，可能成为一种处理大量 TNT 炸药等污染物的经济有效的方法。通过碱性水解预处理，在常压、低于 100 ℃下将 TNT 炸药转变成水溶性的非爆炸性物质，再通过超临界水氧化反应转变成无害的 $CO_2$、$N_2$ 及少量的 $NO_3^-$、$NO_2^-$。

尽管超临界水氧化技术有许多优点，已经展现出了良好的工业应用前景，但是超临界水氧化法还有一些实际技术问题需要解决，例如反应条件苛刻(需高温高压条件)、对设备材质要求高，从而导致超临界水氧化法处理成本高。目前我国已研发出了较小型的超临界水氧化处理成套装置，研究表明其对 TNT 废水中 TNT 等特征污染物的处理效率可高达 90%以上；但是处理能力为 500 L/h 的超临界水氧化处理装置造价高达 200 万元，从而使该技术的大规模工程应用受到了很大的限制。

**2. Fenton 催化氧化法**

1894 年，H. J. Fenton 首次发现 $H_2O_2$ 与 $Fe^{2+}$ 组成的混合液能迅速氧化苹果酸，并把这种由 $H_2O_2$ 与 $Fe^{2+}$ 组成的混合液称为标准 Fenton 试剂。近年来的研究中，Fenton 试剂受到研究人员广泛的青睐，相继进行了许多深入的研究，并成功用于多种工业废水的处理。Fenton 技术所应用的 Fenton 试剂之所以具有很强的氧化能力，是因为其中同时含有 $Fe^{2+}$ 和 $H_2O_2$，$H_2O_2$ 可在酸性条件下被亚铁离子有效地催化分解生成羟基自由基(·OH)，并引发更多的其他自由基，其反应机理如下(以 RH 表示有机物)：

$$Fe^{2+} + H_2O_2 \longrightarrow Fe^{3+} + OH^- + \cdot OH$$

$$Fe^{3+} + H_2O_2 \longrightarrow Fe^{2+} + HO_2^{\ +} + \cdot OH$$

$$Fe^{2+} + \cdot OH \longrightarrow Fe^{3+} + OH^-$$

$$RH + \cdot OH \longrightarrow R\cdot + H_2O$$

$$R\cdot + Fe^{3+} \longrightarrow R^+ + Fe^{2+}$$

$$R^+ + O_2 + ROO^- \longrightarrow CO_2 + H_2O$$

$H_2O_2$ 在 $Fe^{2+}$ 的催化作用下分解生成具有高反应活性的羟基自由基(·OH)，·OH 的氧化电位除元素氟以外是最高的，属于一种无机氧化剂。·OH 能攻击有机物分子夺取氢，将大分子有机物降解为小分子有机物或 $CO_2$ 和 $H_2O$，或无机物。同时 $Fe^{2+}$ 作为催化剂最终可被氧化成 $Fe^{3+}$，在一定条件下，可有 $Fe(OH)_3$ 胶体出现，它有絮凝作用，可大量地去除水中的悬浮物，增强去除效果。Fenton 试剂氧化法可在常温常压下破坏各种类型的有机物，无需昂贵的设备投资，只需投加 $H_2O_2$ 与 $Fe^{2+}$ 等药剂并调节酸度，具有设备投资省的优点。正是因为 Fenton 试剂氧化法在废水处理中的广谱而有效的应用价值，该方法在全球范围内得到了普遍重视和广泛关注。

研究人员在利用 Fenton 试剂氧化法处理 TNT 污染的土壤时发现，增加土壤含水量时，Fenton 法处理效果提高，这就意味着 Fenton 法对 TNT 等火炸药废水的处理是有效的。采用 Fenton 试剂处理 70 mg/L 的 TNT 废水，黑暗处 24 h 内 TNT 被完全破坏，其中 40%被直接矿化，若使反应体系暴露于光中，矿化率可超过 90%。研究人员对 Fenton 法处理火炸药废水进行了系统的研究，结果表明，在 pH 值为 3.0、温度为 20～50 ℃的条件下，当 $Fe^{2+}$ 和 $H_2O_2$ 与黑索金和奥克托今的摩尔比适当时，利用 Fenton 法可使黑索金和奥克托今迅速分解，反应在 1～2 h 内可使污染物完全降解，使氮转化为硝酸根与氮气，37%的碳可转化为 $CO_2$。提高反应温度体系有利于黑索金和奥克托今的去除。研究发现，在 25 ℃时，反应 70 min，黑索金可以降解 90%；当温度升为 50 ℃时，反应 30 min 就可以使黑索金完全降解。在实验所设置的整个温度范围内，甲酸等中间产物很快消失，反应满足准一级动力学特征。然而，Fenton 反应速率对 $H_2O_2/Fe^{2+}$ 摩尔比的变化并不像对温度变化那样敏感，但提高该比值也有利于反应速率的提高。

研究人员利用 Fenton 混凝预处理实际的有机磷农药废水，该农药废水来自于生产甲拌磷、特丁硫磷、甲基对硫磷、辛硫磷等的农药厂。研究结果显示，Fenton 法的最佳实验条件为：初始 pH 值为 3，$Fe^{2+}$ 浓度为 40 mmol/L，$H_2O_2$ 用量为 97 mmol/L。在此条件下，废水的 COD 值可由 33 700 mg/L 明显降低到 2 100 mg/L，$BOD_5$/COD 比值由 0.18 提高到 0.47。羟基自由基使得有机磷农药的 P═S 双键断裂，形成硫酸根离子和各种有机中间体，进而形成磷酸盐并进一步氧化中间体。研究者发现，利用Fenton试剂处理实际工业三唑磷废水的最佳反应条件为：pH值为4，搅拌时间为90 min，$FeSO_4 \cdot 7H_2O$投加量为5.0 g/L，30% $H_2O_2$溶液投加量为75 mL/L，出水COD值为499 mg/L，COD去除率为85.4%。在Fenton反应中，氮和磷在三唑磷中发生完全氧化。

Fenton试剂法也存在着一些不足。它的反应pH值控制得较为严格，且$Fe^{2+}$的消耗速率远高于其再生速度，一般需要投加较多的$Fe^{2+}$来维持反应，导致了在Fenton反应后续的中和阶段会产生大量的含铁污泥，需要作为危险固废进行分离和处理，增加了大量的成本，不利于工业化应用。近年来，内电解-Fenton耦合技术的应用可有效地缓解这一问题，在内电解反应可产生一定量的$Fe^{2+}$，可应用于后续的Fenton反应。此外，内电解过程可有效地实现TNT等硝基芳香族化合物的还原，还原产物易于在后续Fenton反应中被氧化降解。南京理工大学王连军团队采用内电解-Fenton耦合技术处理2,4-二硝基苯甲醚生产废水，2,4-二硝基苯甲醚等硝基芳香族化合物可在HRT为8 h的条件下在内电解系统内被有效地还原为对应的氨基芳香族化合物，在pH值为3.0、$H_2O_2/Fe^{2+}$摩尔比为15、$H_2O_2$投加量为216 mmol/L、HRT为5 h的条件下，芳香族化合物的去除率可高达77.2%。南京理工大学王连军团队在此基础上设计了上向流内电解-Fenton一体化系统处理2,4-二硝基苯甲醚生产废水，反应系统底部内电解产生的$Fe^{2+}$可原位用于反应系统上端的Fenton反应，在无外加$Fe^{2+}$的条件下可实现较高的氧化效率。和分置式内电解-Fenton系统相比，一体化系统可有效降低双氧水消耗量和铁泥产量，双氧水消耗量可由分置式系统的216 mmol/L降低至100 mmol/L，铁泥产生量可由13.6 g/L降低至3.5 g/L。由此可见，与内电解过程的耦合将有效克服传统Fenton技术存在的一系列问题，内电解-Fenton耦合工艺具有广阔的应用前景。

为了进一步提升Fenton反应效率并降低Fenton的二次污染，近年来又出现了Fenton与其他方法联合使用的处理手段，如光-Fenton、微电解-Fenton和电-Fenton等，从而大大提高了Fenton法处理农药废水的效果和加大了应用范围。光-Fenton试剂在光的照射下，可以提高其处理效率和对有机物的降解程度，降低$Fe^{2+}$的用量，保证$H_2O_2$较高的利用率。电-Fenton试剂是在电解槽中通过电解反应生成$H_2O_2$和$Fe^{2+}$，从而形成Fenton试剂，该法综合了电化学反应和Fenton氧化，充分利用了两者的氧化能力。研究者采用UV-Fenton联用法处理杀螟硫磷、二嗪农和丙溴磷等三种杀虫剂，Fenton法单独处理时，经90 min处理后三种杀虫剂废水的TOC去除率分别为54.1%、12.9%和50.3%；采用UV/Fenton法处理时，经90 min处理后三种杀虫剂的TOC去除率分别为86.9%、56.7%和89.7%。这是由于$Fe^{3+}$络合离子和$H_2O_2$在紫外光照下形成$Fe^{3+}$和·OH，加速了Fenton反应的进行，同时也促进了$H_2O_2$分解，进而提高了处理效率，缩短了反应时间。

**3. 臭氧氧化法**

1840年，德国科学家舍拜恩在电解稀硫酸时，发现有一种特殊臭味的气体释出，因此将它命名为臭氧。1785年，德国人在使用电机时，发现在电机放电时产生一种异味。1840年法国科学家克里斯蒂安·弗雷德日将它确定为臭氧。臭氧是强氧化剂，其氧化能力在天然元素中仅次于氟。1908年，法国建造了用臭氧消毒自来水的试验装置。20世纪50年代臭氧氧化法开始用于城市污水和工业废水处理。20世纪70年代臭氧氧化法和活性炭等处理技术相结合，成为污水高级处理和饮用水去除化学污染物的主要手段之一。

目前，臭氧作为一种强氧化剂，在废水处理中得到了广泛的应用。臭氧具有很强的氧化性，可以氧化多种化合物，而且具有耗量小、反应速度快、不产生污泥等优点，因此被成功地应用于饮用水、工业废水及循环冷却水处理工艺中。特别是近20年来，人们发现氯消毒会产生对人体有致癌作用的消毒副产物，而臭氧杀灭活细菌和病毒的效率要远优于氯消毒，同时还可有效地去除水中的色、臭味和铁、锰等无机物质，并能降低UV吸收值，降低TOC、COD及氨氮，所以臭氧氧化技术在水处理方面得到了越来越广泛的应用，并由此发展出多种更有效的耦合处理工艺。

臭氧的产生原理为氧气在电子、原子能射线、等离子体和紫外线等射线流的轰击下能分解为氧原子，这种氧原子极不稳定，具有高活性，能很快和氧气结合成三原子的臭氧。目前，生产臭氧的方法大致有：无声放电法、核辐射法、紫外线法（低压汞灯）、等离子体射流法和电解法等。电晕放电是利用高速电子轰击干燥氧气，使其分解为氧原子。高速电子具有足够的动能（6～7 eV），通过氧原子与氧气及其他任何气体分子三体碰撞，反应形成臭氧。工业上常采用在空气或氧气中无声高频高压沿面放电产生臭氧。当以空气作为气源时，产生臭氧的浓度为10～20 $g/m^3$；当以氧气为气源时，臭氧的浓度可增加2倍，而电耗减半。电解法是一种利用直流电源电解含氧电解质产生臭氧的方法，含有水化荧光阴离子电解质的水溶液在室温下用高电流功率可将其氧化成$O_3$。此种方法产生的臭氧浓度高，成分纯净，在水中溶解度高。紫外线辐射法是利用低压汞灯辐射产生臭氧，产生臭氧浓度低，适用于实验室消毒等用途，其优点在于方法简单，对温度变化不敏感，易于通过对汞灯功率的线性控制来调控臭氧的产量。

臭氧在常温下为蓝色气体，有刺激性腥臭气味，液态时为蓝黑色，熔点为（－192.5±0.4）℃，沸点为（－111.9±0.3）℃，气体密度为21～44 g/L，溶解度为0.68 g/L。理论上臭氧的溶解度随温度的升高而降低。它对紫外线的最大吸收波长为254 nm，我国环境空气质量标准（GB 3095—1996）中规定臭氧的浓度限值（1小时平均）一级标准为0.12 $mg/m^3$；二级标准为0.16 $mg/m^3$；三级标准为0.20 $mg/m^3$。臭氧是一种强氧化剂，在水中的氧化还原电位为2.07 V，仅次于氟（2.50 V），其氧化能力高于氯（1.36 V）和二氧化氯（1.50 V）。臭氧在水中的分解速度很快，在含有杂质的水溶液中能迅速回复到氧气的状态；若水温接近0 ℃，则能更稳定些。研究表明，臭氧在水中的分解速度随水温和pH值的提高而加快，由于臭氧具有强氧化性，可与除金、铂以外的所有金属发生反应，能氧化许多有机物，极易与—SH、═S、—NH、═NH、—OH和—CHO等反应，与芳香族化合物也能反应，但速度较慢，而与脂肪族化合物几乎不能反应。基于臭氧能氧化金属的原理，在实际的生产中常使用含25%的铬铁合金来制造臭氧发生设备，而且在发生设备和计量设备中，不能用普通的橡胶作密封材料，必须采用耐腐蚀的硅胶或者耐酸橡胶。

臭氧在工业废水处理中的应用也十分广泛，可用于对含酚、含氰及印染等废水的处理。臭氧能使氰络盐中的氰迅速分解（铁氰络盐除外）。其反应分为两步：臭氧首先将剧毒的$CN^-$氧化为低毒的$CNO^-$，然后再进一步氧化为$CO_2$和$N_2$。含酚废水是一种最常见的工业废水，其与臭氧反应的速度很快。酚的降解速度与臭氧投加量、接触时间及气泡大小有关。臭氧与酚类反应速度的顺序是：间苯三酚＞间苯二酚＞邻苯二酚＞苯酚。臭氧与酚的反应受pH值影响很大，pH值越高，反应速度越快，臭氧耗量越小。研究人员采用$O_3$产生量为800 g/h的臭氧发生器对某农药厂杀虫双生产废水进行预处理的实际应用研究。经$O_3$预处理后，COD去除率为51%，可生化性由0.15提高到0.41，废水的可生化性明显提高。研究人员探究了$O_3$氧化对23种农药的去除率，发现臭氧能够高效地去除其中的6种农药，包括乐果、绿麦隆、敌草隆、异丙隆、甲氧西隆和长春花唑啉。$O_3$ 氧化预处理 COD 为 685 mg/L、TOC 质量浓度为 199 mg/L 的青霉素生产废水，在 pH 值为 11.5 的条件下，投加 1 670 mg/L 的 $O_3$，氧化 40 min，COD 和 TOC 的去除率分别为 34%和 24%，使 $BOD_5$ 值由 16 mg/L 升至 128 mg/L。增加 $O_3$ 用量能有效地提高 COD 的去除率，而延长 $O_3$ 氧化时间不仅没有提高生物降解能力，反而降低了 COD 的去除率，可能是由于 $O_3$ 过量导致抗氧化中间体的积聚，从而抑制废水的降解处理。比较原废水和经 $O_3$ 氧化预处理的废水分别进行生物处理的效果，发现原青霉素废水几乎不能被降解，制药综合废水因含青霉素废水也难以降解；而经 $O_3$ 预处理后的青霉素废水生化性能大大增强，制药综合废水得以完全氧化。

尽管臭氧具有极强的氧化性，但也存在一定的局限性。臭氧氧化法的优势在于反应时间短，反应流程易掌握且没有二次污染，但其臭氧利用率低且电耗较高。事实上，对于某些有机物或其中间产物（特别是在低浓度时），臭氧很难将其完全氧化，其对有机物的矿化能力受剂量和时间限制明显，此时单独使用臭氧并不是最佳的方法。于是，随着臭氧技术在处理中的广泛应用，人们开始研究一些更为有效的复合臭氧化水处理技术（如 $O_3$/UV、超声波/$O_3$ 等），并取得了令人满意的效果。如表 2-9 所列，研究者采用超声波/$O_3$ 组合工艺对杂环农药废水进行预处理，发现超声波/$O_3$ 工艺显著提高了生物降解性，降低了废水的生物毒性。$BOD_5$/COD 比值由 0.03 提高到 0.55，$EC_{50}$ 由 11%提高到 52%。较低的超声频率有利于 COD 的去除。初始 pH 值对 COD 的去除影响很大，碱性条件比较有利。随着 $O_3$ 投加量的增加，COD 去除率得到提高。组合工艺的最佳操作参数为：超声频率为 20 kHz，初始 pH 值为 9.00，超声功率为 300 W，$O_3$ 投加量为 454.8 mg/(L·min)，在此种条件下 COD 的去除率达 67.2%。

**表 2-9　杂环农药废水不同方式处理前后的生物可降解性**

| 处理方式 | COD/($mg \cdot L^{-1}$) | COD 去除率/% | $BOD_5$/($mg \cdot L^{-1}$) | $BOD_5$/COD |
|---|---|---|---|---|
| 原始废水 | 22 000 | 0 | 650 | 0.030 |
| 超声波(60 kHz) | 20 734 | 5.8 | 867 | 0.042 |
| 超声波(20 kHz) | 15 236 | 33.7 | 1 267 | 0.083 |
| $O_3$ | 9 100 | 58.6 | 2 980 | 0.33 |
| 超声波(60 kHz)/$O_3$ | 8 562 | 61.1 | 3 550 | 0.41 |
| 超声波(20 kHz)/$O_3$ | 7 217 | 67.2 | 4 000 | 0.55 |

臭氧氧化法的设备简单，操作方便，无需其他药剂，而且处理后不会产生其他污染物，但是臭氧发生器维修难度大，臭氧产生成本和电耗较高，因此在工业应用方面有一定局限性，还需进一步研发。

**4. 光氧化法**

紫外线是电磁波谱中波长范围为 10～400 nm 的辐射的总称，不能引起人们的视觉感应。1801 年德国物理学家里特发现在日光光谱的紫端外侧一段能够使含有溴化银的照相底片感光，因而发现了紫外线的存在。紫外线能够激发某些化学反应，并用这类反应破坏有害物质和废物。此方法的实质是物质的分子通过吸收紫外线的能量成为激发态。激发态在达到稳定态的过程中可能发生状态变化或发生化学变化，与外界进行能量交换。其中，引发的物质离解、重排等光化学反应就是能量变化的结果，这是利用紫外线法破坏污染物的主要依据。已经发现包括臭氧、过氧化氢在内的一些氧化剂能促进紫外线与污染物的光化学反应，增强或加速污染物的降解。所以，诱导光化学反应按氧化反应的方式进行，并生成预期产物，就成为该方法研究的主要内容，提供合适的氧化剂、还原剂、聚合剂等反应附加物是优化反应的主要方法。

光催化氧化法原理是在反应溶液中加入一定量的半导体催化剂，使其在紫外光的照射下产生具有强氧化性的羟基自由基，通过羟基自由基的强氧化作用对有机污染物进行处理（见图 2-22）。它能够使得难降解有机污染物发生开环、断键、加成、取代、电子转移等一系列反应，使大分子难降解有机物转变成小分子易降解物质，甚至直接矿化产生二氧化碳和水，最终达到无害化处理的目的。光化学反应需要利用各种人造光源或自然光。催化剂是光催化反应中至关重要的物质，目前的催化剂多为半导体材料，常见的光催化剂有 $TiO_2$、ZnO、$SnO_2$ 和 $Fe_2O_3$ 等。这种方法二次污染小，无毒，反应速率快，降解效率高。

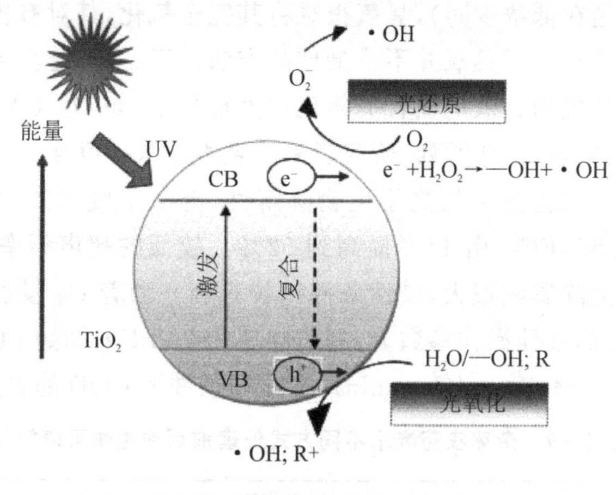


**图 2-22 光催化原理图**

在非均相 UV/$TiO_2$ 技术中，利用紫外光（$\lambda < 400$ nm）作为能量源，$TiO_2$ 作为半导体光催化剂。$TiO_2$ 具有高比表面积、良好的粒径分布、高化学稳定性以及利用阳光作为辐射源的可能性。在光催化氧化过程中，能量大于带隙能量的光子激发价带（VB）电子，从而增强与有机污染物的反应。此外，用足够的能量照射催化剂活性表面，有助于在价带中产生正空穴（$h^+$），在导带中产生电子（$e^-$）。正空穴氧化有机污染物或 $H_2O_2$ 以诱导羟基自由基。导带中的电子减少了吸附在半导体表面的氧。研究者发现，在 UV/$TiO_2$ 工艺中，在最适 pH 值为 3.8 的条件下，使用 2 g/L $TiO_2$，对三氟氯氰菊酯、毒死蜱和二嗪农的农药降解率分别为 63.7%、60.75%和 38.2%。在光催化过程中使用 $H_2O_2$，对三氟氯氰菊酯、毒死蜱和二嗪农的降解率分别提高了 8%、13%和 11%。光催化对农药的降解表现为伪一级模式。光催化氧化法降解 $COD_{Cr}$ 为 458 mg/L 的低浓度制药废水，在 500 W 高压汞灯照射下，投加质量浓度为 80 mg/L 的 $TiO_2$ 催化氧化 60 min，$COD_{Cr}$ 去除率达 81%。同法处理 $COD_{Cr}$ 为 15 488 mg/L 的高浓度青霉素生产废水，以 20 W 低压汞灯照射，投加质量浓度为 10 g/L 的 $TiO_2$，光催化氧化 90 min，$COD_{Cr}$ 去除率达 69%。纳米 $TiO_2$ 粉末均匀分散在处理系统中，有效地引发活性基团，促进光氧化反应的进行，但也存在易失活、难分离回收等弊端，因此该技术的研究重点转向利用高效 $TiO_2$ 薄膜或多种半导体复合催化薄膜，以便更好地解决固-液分离问题。如玻璃负

载 $TiO_2$ 薄膜光降解氯霉素生产废水，用 9 W 低压汞灯照射 120 min，$COD_{Cr}$ 去除率达 76.3%，脱色率达 90%，硝基苯类中间体质量浓度从 8.05 mg/L 降至 0.84 mg/L。

光氧化分为光激发氧化和光催化氧化。光激发氧化是将氧化剂(臭氧、过氧化氢、氧和氧气)的氧化作用和光化学辐射相结合，能产生具有强氧化能力的自由基，其氧化效果远强于单独使用紫外线或臭氧；光催化氧化就是在光的作用下进行的化学反应，例如在水溶液中加入一定量的催化剂，在紫外线照射下产生强氧化能力的自由基。

据研究，TNT 在 253.7 nm 附近有较为明显的吸收带，因此能被紫外线氧化破坏。饱和的 TNT 水溶液在敞口的石英玻璃器中用紫外线照射 24 h，其浓度可从 100 mg/L 降到 0.16 mg/L；而在密闭的条件下用紫外线照射，能够完全去除 TNT 及其分解产物。但紫外线氧化法的缺点是处理速度慢以及处理量较小。炸药废水中常含的炸药都是难以氧化的物质。美国通用电气公司研究发现，在实验室中，臭氧虽然可分解 TNT，但分解速度慢且不完全。此外，臭氧更是难以处理黑索金、奥克托今及这些物质的混合物。要提高臭氧的氧化速度和效率，必须采用其他措施促进臭氧的分解而产生活泼的·OH 基。研究发现 $O_3$/UV 的处理效率强于单独臭氧处理，并且能氧化臭氧难以降解的有机物。

臭氧在紫外线的照射下激发解离为氧原子和氧分子，同时基态氧在水中迅速与水生成·OH，反应如下：

$$O_3 \longrightarrow O_2 + O\cdot$$

$$O\cdot + H_2O \longrightarrow 2\cdot OH$$

·OH 基是一种具有最强活性的氧化性基，它可以把臭氧难以分解的饱和烃中的氢解离出来，形成有机物自身氧化的引发剂，从而使有机物完全氧化，这是各类氧化剂单独使用都不能做到的。在臭氧与紫外线并用的情况下，有机物的氧化具备了更有利的条件，如下式所示(以 RH 表示有机物)：

$$RH + \cdot OH \longrightarrow R\cdot + H_2O$$

$$R\cdot + O_2 \longrightarrow ROO\cdot$$

$$ROO\cdot + RH \longrightarrow ROOH + R\cdot$$

自 20 世纪 70 年代初发现 $O_3$/UV 能有效降解废水以来，学者们对 $O_3$/UV 氧化进行了许多研究和试验。研究发现，在中性条件时：① 初始阶段反应是由臭氧控制的；② 臭氧是参与反应的反应物；③ 紫外线能促使中间产物降解。通过实验，发现紫外线、臭氧、双氧水＋紫外线以及臭氧＋紫外线等方法降解 TNT 废水的速度与效率有以下特点：

① 单纯紫外线照射过程中，反应初期的 TNT 浓度降低主要是发生形式转化，并未真正实现矿化。可见弹药废水的处理不能简单地以 TNT 检测作为判别标准，其环境危害尚需进一步研究。

② 从臭氧静态液化试验分析的各项指标看，除 TNT 外均已达到排放要求，TNT 的含量虽然有显著降低，但要使 TNT 达到排放要求，则需要更长的氧化时间和更大的臭氧投加量。

③ 单纯的 $H_2O_2$＋紫外线难以对饱和 TNT 废水进行有效处理，需要采用氧化性更强的氧化剂或采用催化剂 $H_2O_2$ 的活性。

④ 1,3,5-三硝基苯在紫外线照射下性质稳定，但能够被臭氧氧化。

⑤ 通过臭氧＋紫外线静态试验的处理效果来看，氧化废水中物质的反应速度较快，颜色

变化迅速、明显。对废水中各项指标的检测表明，在足够氧化时间和投加量的情况下，臭氧＋紫外线氧化处理 TNT 废水是可行的。

⑥ TNT 在紫外线-臭氧反应过程中，2,4,6-三硝基苯甲酸和 3,5-二硝基苯是其主要的中间产物。

从紫外线-臭氧氧化 TNT 试验的初步结果来看，随着氧化反应的进行，溶液 pH 值逐渐降低。在酸性条件下，不利于臭氧的溶解和污染物的降解。研究结果表明：紫外线＋臭氧氧化工艺处理弹药废水是可行的；紫外线对 TNT 的降解有促进作用；反应初期，臭氧作为控制因素，首先氧化废水中易氧化的有机物，COD 浓度降低较快；反应后期，臭氧过量投加，COD 作为控制因子，浓度变化缓慢。TNT 的氧化在反应开始后 1 h 发生；水样经预处理去除其中的悬浮态 TNT 以及形成的絮体，处理结果很好，监测指标均能够达到排放要求；氧化反应在 3 h 之后进行缓慢，建议反应时间控制为 3 h。然而，单纯采用臭氧加紫外线氧化法处理火炸药废水在工程上是不经济的，工程应用中必须考虑臭氧加紫外线氧化法处理后出水的生物处理与稳定处理，建议采用臭氧加紫外线氧化法-生物处理组合工艺。

**5. 电化学氧化法**

电化学氧化处理技术就是在特定的电化学反应器内，施加一定的电压、电流，通过一系列设计的化学反应、电化学过程或物理过程，利用阳极的氧化能力去除废水中的污染物的技术。早在 19 世纪国外就有学者提出利用电化学氧化技术处理废水，并对电化学氧化降解氰化物进行了研究，此后电化学氧化技术发展缓慢。从 1970 年开始，随着电力工业的发展，研究人员开始广泛研究电化学氧化技术对废水的处理。Mieluch 等于 1975 年首次采用电化学氧化法处理水中苯酚类有机物，同年研究人员提出了电化学氧化苯酚类有机物的降解历程及降解产物。此后电化学氧化技术迅速发展，电化学氧化的理论研究也不断深入，证实了许多有机化合物的氧化反应、加成反应或分解反应都可以在电极上进行，这为通过电化学氧化法降解有机污染物提供了理论依据，从而推动了电化学氧化技术在废水处理中的应用。电化学氧化技术比一般的化学氧化技术具有更强的氧化能力，而且主要以电子为试剂，基本不用投加其他化学药剂，因此具有了其他废水处理技术无可比拟的优越性。在最近 20 年，电化学氧化技术处理皮革废水、垃圾渗滤液、造纸废水、炼油废水和印染废水等含有机污染物废水的应用研究逐步加快，特别是在处理生物难降解有机污染物的方面优势明显，目前电化学氧化技术已受到了广大研究者极大的关注。

电化学氧化机理可以分为直接电化学氧化和间接电化学氧化。直接电化学氧化是有机化合物直接被电极氧化，有些有机物甚至能够被直接氧化成二氧化碳。在直接氧化反应过程中，有机化合物被吸附在阳极表面，直接与电极进行电子传递。所谓间接电化学氧化就是利用电极反应所产生的具有强氧化作用的氧化剂使污染物被氧化，从而达到降解污染物的目的。由于间接氧化充分利用了产生的强氧化剂羟基自由基，因此氧化效率大为提高。研究人员利用 Ti/IrO-RuO 板作阳极，不锈钢板作阴极处理硫灭多威废水，发现电流密度为 30 $mA/cm^3$，氧化时间为 3 h，板间距为 2 cm，废水 pH 值为 6～9，COD 去除率达 80%，废水由难生化转为易生化，BOD/COD 值提高至 0.45，水中特征污染物浓度大幅降低。铁电极间接氧化甲红霉素废水，$COD_{Cr}$ 的去除率达 46.1%。铸铁填料的电化学反应柱处理 $COD_{Cr}$ 为 6 000～8 000 mg/L 的病毒唑类生物制药废水 30 min，$BOD_5/COD_{Cr}$ 值由 0.2 升至 0.3；外加磁场可使其生化性在无磁场水平上提高 20%～30%，对后续生物处理非常有利。也可以通过外加化学试剂，使其在电化学反应过程中转变为氧化剂，这些由电化学反应产生的氧化剂主要有活性氯(氯气、氯酸盐、次氯酸盐)、过氧化氢、臭氧等氧化性物质。

电化学氧化反应体系中，是在阳极发生氧化反应，氧化降解有机物，阳极的特性直接决定了有机物的氧化效率。阳极材料对有机物氧化的反应产物、反应机理和电流效率等都有很大的影响，电化学阳极的选择是电化学氧化技术在废水处理应用中最重要的因素之一。目前使用的阳极材料主要有以下几种：碳素和石墨电极、铂电极、二氧化钌电极、二氧化铱电极、二氧化铅电极、掺硼金刚石薄层电极等。

电催化氧化电极根据其结构可分为二维电极和三维电极两大类。对于二维电极，应用比较广泛的是金属氧化物涂层电极。二维电极的电催化性能随着金属氧化物涂层的改性和制备方法的改进，可获得更好的电化学稳定性和电催化活性。但是，二维电极只由阳极和阴极构成，由于有效面积有限，故效率不高。三维电极是一种新型的电化学反应结构，又名三元电极，也叫粒子电极或床电极，它是在传统的二维电解槽的电极间填充颗粒状、碎屑状或者其他形状的工作电极材料，并使填充的工作电极材料表面带电，成为新的一极(第三极)，且在工作电极材料表面能够发生电化学反应，装置如图 2－23 所示。由于第三极的加入，三维电极的电极有效面积较大，能以较低的电流密度提供较高的电化学氧化效率，且粒子电极之间的距离小，传质过程可以得到极大的改善，时空产率和电流效率可以大大提高，尤其对低电导率的有机废水，二维电极体系处理效果不佳，需要投加大量电解质，使电化学处理费用增加。而三维电极在一定程度上克服了这一缺点，其处理效果明显。在电场的作用下，三维电催化反应体系随着有效反应面积的增加产生大量的活性羟基自由基降解有机污染物。羟基自由基的氧化电位可达到 2.80 V，能将有机污染物降解成低毒或小分子无毒分子物质，甚至直接矿化成二氧化碳和水，从而提高废水的可生化性，降低生物毒性。三维电极电化学体系具有独特的结构特点和较高的电流效率及时空产率，已引起了越来越多研究者的关注，是电化学氧化水处理技术中的热点问题。

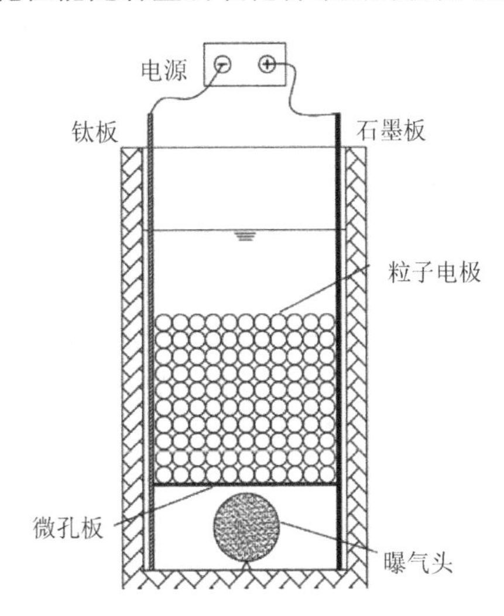


**图 2－23　三维电催化氧化装置图**

研究人员采用活性炭作为粒子电极材料，研究三维电极氧化法处理苯酚废水。研究结果表明，在电压为 30 V 和电解时间为 30 min 的条件下，三维电极连续 200 次重复运行后，COD 的去除量为 1 350 mg/L，去除率仍然较高。有学者研究了活性炭粒子电极在三维电极氧化法处理硝基苯酚废水中的作用，研究结果表明，活性炭不仅对硝基苯酚的吸附效果较好，还能生成强氧化性活性物质氧化降解硝基苯酚，因此，增大了电化学氧化法对硝基苯酚的去除率。研究人员研究了炭气凝胶作为粒子电极材料处理染料废水的可行性，结果表明，采用炭气凝胶作为粒子电极的三维电极能有效催化氧化降解染料废水的有机物，色度去除率一直高于 95%。研究人员采用改性瓷土作为粒子电极材料，研究三维电极氧化法处理表面活性剂废水，结果表明，此三维电极能有效氧化降解表面活性剂，在 pH 值为 3 和电流密度为 38.1 $mA/cm^2$ 的电解条件下，三维电极对废水 COD 的去除率为 86%，远高于二维电极的处理效果。研究人员采用溶胶-凝胶法制备了 $Mn-Sn-Sb/\gamma-Al_2O_3$ 改性粒子电极，并以苯酚为模型污染物考察了粒子电极的电催化活性，结果表明，所制 $Mn-Sn-Sb/\gamma-Al_2O_3$ 粒子电极不仅具有相当高的电催化活性，而且在电化学氧化过程中电催化性能稳定，经 5 次重复使用后粒子电极仍具有较高的电催化活性。张芳等还通过比较不同催化剂改性粒子电极的电催化活性差异，得出负载二氧化锡的改性粒子电极对苯酚模拟废水的苯酚去除率最好，而负载二氧化锰的改性粒子电极对苯酚模拟废水的矿化效果最好。

南京理工大学王连军团队应用电化学氧化法预处理黑索金(RDX)、地恩梯(DNT)实际废水，考察了不同电极材料($TiO_2-NTs/SnO_2-Sb$ 电极、$TiO_2-NTs/SnO_2-Sb/PbO_2$ 电极和三维电极)、不同电流密度、不同 pH 值、不同 $Na_2SO_4$ 电解质浓度等因素对电化学氧化预处理黑索金、DNT 实际废水的影响，结果表明，电化学氧化法能有效去除废水的 COD 以及特征硝基化合物，电化学氧化体系通过阴极电化学还原和阳极电化学氧化的协同作用可以有效降解 RDX。综合实验结果，确定了电催化氧化预处理 RDX 实际废水的最优操作参数：电流密度为 20 $mA/cm^2$，$Na_2SO_4$ 电解质的浓度为 5 g/L，初始 pH 值为 5.0，流速为 7.5 mL/min。RDX 实际废水经过电化学预处理后，COD 去除率为 39.2 %，RDX 去除率为 97.5%，BOD/COD 值提高至 0.51，废水的可生化性得到了很大的提高。将电化学预处理后的 RDX 废水按不同稀释比进入 A/O 生化系统，并获得了稳定的工艺性能。综合实验结果，确定了三维电极预处理 DNT 废水的最优操作参数：电流密度为 30 $mA/cm^2$，初始 pH 值为 5.0，$Na_2SO_4$ 电解质的浓度为 5 g/L。经过连续重复运行 12 次实验，证明了改性 Sn-Sb-Ag 陶粒对 DNT 废水具有较高的电催化活性。采用改性 Sn-Sb-Ag 陶粒作为粒子电极的三维电极(SCP-EO)提高了电化学体系的电流效率和废水的可生化性。SCP-EO 工艺对 DNT 废水处理中，COD 和 TOC 的去除速率常数和二维电极相比均得到了明显提高。

研究者制备了 $Ti-Ag/\gamma-Al_2O_3$ 粒子电极作为催化剂，将其用于三维电催化氧化反应体系中高化学需氧量农药废水的预处理。研究人员对高 COD 农药废水的电解条件进行了探讨和优化，单因素试验结果表明，电导率为 4 000 $\mu S/cm$ 时，电流密度为 30 $mA/cm^2$，初始 pH 值为 2.0，电极距离为 3.0 cm，空气流量为 3.0 L/min。填充比例为 50%时，COD 的最大去除率为 82.5%，每千克 COD 能耗为 10.91 kW・h。紫外-可见吸收对不同电解时间的农药废水进行了光谱分析，结果表明，有机大分子含有长链、杂环等结构的化合物被降解成小分子有机化合物。经过三维电催化氧化反应后，农药废水的 $BOD_5$/COD 值从 0.041 提高到 0.308，表明农药废水的可生化性得到了显著提高。

**6. 湿式氧化法**

湿式氧化法(WAO)是指在高温(125～320 ℃)和高压(0.5～20 MPa)条件下，以空气中的氧气作为氧化剂，在液相体系中将废水中的有机物氧化分解为无机物或小分子有机物的过程。WAO 是一种处理高浓度、难降解、重污染、高毒性有机废水的有效方法。传统的 WAO 由于需要较高的温度和压力，相对较长的停留时间，尤其对某些难氧化的有机化合物反应要求更为苛刻。20 世纪 80 年代中期，在 WAO 基础上发展起来催化湿式氧化技术(CWAO)，由于采用了催化剂，降低了反应温度和压力，因而减少了设备投资和处理费用。赵彬侠等通过共沉淀法制备了用于湿式氧化吡虫啉农药废水的 Mn/Ce 复合催化剂，发现 Mn/Ce 催化剂晶粒尺寸小于 15 nm，在温度 190 ℃、氧分压 1.6 MPa、进水 pH 值为 6.21 的条件下经 120 min 处理，COD 去除率达 93.1%。董俊明等通过浸渍法制备了以 4 种氧化物为主活性组分的负载固定型催化剂，用于过氧化氢催化湿式氧化处理有机农药废水。研究发现，四元组合 $MnO_2$ - $CuO_2$ - $CeO_2$ - CoO 催化剂性能较好，当反应在常温常压下，维持 pH 值为 7～9，反应时间为 40 min 时，COD 的去除率大于 80%，色度去除率大于 90%。

**7. 超声氧化法**

液体在超声辐射下产生的空化气泡能吸收声场能量并在极短的时间内崩溃释放，同时在其周围极小的空间范围内产生高温高压，并伴有强烈的冲击波和微射流，使进入空化气泡的水分子和有机物蒸汽迅速发生热分解反应，从而去除污染物，因而超声氧化降解速度快，对于非极性、易挥发的有机污染物降解效果尤为显著。如对硝基苯这类半挥发性有机物的制药中间体进行处理，用 100 W 输出功率超声降解 60 s，硝基苯降解率达 80.9%；引入 Fenton 试剂可使硝基苯降解率提高到 92%，同时可降低声波强度、缩短反应时间。超声降解条件温和，较之其他 AOPs 速度快，但能量利用率低、费用高，多与其他技术联合应用。

**8. 碱性氯氧化法**

碱性氯氧化法即废水在碱性条件下，加入氯系氧化剂（如次氯酸钠、漂白粉和液氯等）将氰化物破坏转化成为无毒无害产物，但本法应用时必须对 pH 值进行严格的控制，否则易使少量残留氰化物氧化不彻底，产生二次污染。此外，采用碱性氧化法需要进行二级氧化才能完全破氰消除其毒性。第一级氧化反应式如下：

$$NaCN + NaClO + H_2O = CNCl + 2NaOH$$

$$CNCl + 2NaOH = NaCNO + NaCl + H_2O$$

氧化剂采用次氯酸钠，投加比 $CN^-$ : NaClO=1:2.85，操作时应控制废水的 pH 值为 12～13。反应温度为 15～40 ℃，反应时间约为 30 min。废水经第一级氧化处理后氰化物转化为氰酸盐，其毒性降低为 NaCN 的 1/1 000，接着进行第二级氧化处理：

$$2CNO^- + 3ClO^- + H_2O = 2CO_2 + N_2 + 2OH^- + 3Cl^-$$

第二级氧化反应投加比 $CN^-$ : NaClO=1:3.42，废水 pH 值调整为 8.5～9.0，温度为 15～40 ℃，反应时间约为 30 min。第二级氧化处理是把氰酸盐连同第一级氧化反应后残存的氯化氰一起氧化成无毒的 $CO_2$ 和 $N_2$，最终才能达标排放。

碱性氯氧化法操作简单，成本低，生产过程可自动化。但是也存在以下不足：无法破坏铁氰络合物、亚铁氰络合物；处理后会产生余氯等二次污染；难以准确投料，需要耗费大量的含氯氧化剂和碱，运行成本较高，设备腐蚀严重。

**9. 过氧化物氧化**

采用过氧化氢氧化法氧化废水中的氰化物时需要在常温、碱性、二价铜离子为催化剂的条件下进行。下面的反应式为该法的内在机理，可以看到，氰根和硫氰根首先在过氧化氢的氧化下生成 $CNO^-$，该产物进一步被转化成为 $CO_2$ 和 $NH_3$：

$$CN^- + H_2O_2 \xrightarrow{Cu^{2+}\text{ 催化剂}} CNO^- + H_2O$$

$$SCN^- + H_2O_2 = S + CNO^- + H_2O$$

$$CNO^- + 2H_2O = CO_2 + NH_3 + OH^-$$

但废水中的含铁氰化物 $[Fe(CN)_6]^{4-}$ 的稳定常数非常高，不会被氧化或者解离，而是与铜、锌等重金属离子发生络合沉淀反应，生成亚铁氰化铜和亚铁氰化锌等沉淀。由于过氧化氢过去价格高，处理成本大，所以该工艺使用得很少；但是近年来，过氧化氢的价格下降，使得该方法氧化处理含氰废水的成本大大降低，加上该方法相对传统氯氧化工艺的诸多优势，因此该工艺得到了大力推广。

**10. 二氧化硫-空气氧化法**

二氧化硫-空气氧化法的工作原理为：在废水处理过程中通入二氧化硫与空气的混合物，并采用铜离子为催化剂，当 pH 值为 8～10 时可以氧化废水中的氰根，向废液中加入石灰乳可形成大量的沉淀物，沉淀物又可吸附其中的游离氰根。该方法不仅可以处理废液中主要的氰化物，也可以消耗稳定常数极高的铁氰络合物。该法的缺陷在于二氧化硫对大气环境的污染以及对工作人员造成的健康威胁。

**11. 高级氧化技术联合应用**

高级氧化组合工艺以产生高浓度 ·OH 加速有机污染物的分解反应，如 Fenton 法、类 Fenton 法、$O_3/H_2O_2$ 法、$UV/O_3$ 法等，降解各类有毒有机污染物较单独氧化工艺更有效。

(1) Fenton 法、类 Fenton 法

① Fenton 法实质是在酸性条件下，$H_2O_2$ 被 $Fe^{2+}$ 催化产生 ·OH 和 ·$O_2H$，从而引发和传播自由基链反应，加快有机物和还原性物质的氧化。对 Fenton 试剂处理硝基苯制药废水的研究，主要考察处理前后废水中的 BDOC/DOC 变化情况，当 $m(Fe^{2+}):m(H_2O_2):m(DOC)=10:10:1$时，若 pH 值为 4，则矿化程度提高 35%；若 pH 值为 3，则可生化性从 8%提高到 80%，DOC 去除率≥95%。

西咪替丁制药废水 COD 浓度高，成分复杂。采用 Fenton 试剂预处理，COD 去除率达 50%以上。小试确定了 Fenton 法预处理西咪替丁废水的最佳反应条件：$H_2O_2$ 质量浓度为 3 000 mg/L，$FeSO_4$ 质量浓度为 750 mg/L，氧化时间为 3 h，pH 值为 3。工程调试结果与小试结果具有良好的相关性。江汉大学采用 $TiO_2$ 为催化剂，以 9 W 低压汞灯为光源，引入 Fenton 试剂，对氯霉素废水进行了处理试验，取得了脱色率 100%、COD 去除率 92.3%的效果，硝基苯类化合物含量从 8.05 mg/L 降至 0.41 mg/L。

② 类 Fenton 法是将紫外线(UV)、氧气等引入 Fenton 法中，可增强 Fenton 试剂的氧化能力，同时节约 $H_2O_2$ 的用量，其反应机理与 Fenton 法极相似，故称为类 Fenton 法。类 Fenton 试剂氧化 PPG 废水。当 pH 值为 3、$Fe^{2+}$ 浓度为 1.5 mmol/L、$H_2O_2$ 浓度为 25 mmol/L 时，无光照降解 30 min，$COD_{Cr}$ 去除率达 44%，TOC 去除率为 35%，$BOD_5/COD_{Cr}$ 值从 0.1 升至 0.24；而用紫外线照射相同时间后，$COD_{Cr}$ 去除率升至 56%，TOC 去除率升至 42%，$BOD_5/COD_{Cr}$ 值从 0.1 升高至 0.45。毒性测试表明，UV/Fenton 法能完全去除 PPG 毒性并将其部分氧化。

Fenton 类氧化技术设备简单、条件温和、操作方便，$H_2O_2$ 分解速度快，因而氧化过程迅速。但高效处理对系统 pH 值、$n(Fe^{2+})$，$n(H_2O_2)$要求严格，若将强碱性废水调至低 pH 值，必耗费大量酸；系统中的 $Fe^{2+}$ 浓度大，则导致废水色度加深；废水中可能含有某些猝灭 ·HO 的物质，会降低处理效果，一定程度上影响了该系统的推广应用。

(2) $O_3/H_2O_2$ 法、$UV/O_3$ 法

① $O_3/H_2O_2$ 法：$O_3$ 和 $H_2O_2$ 均匀分散于处理体系中，强烈的相互作用产生自由基，增强了氧化分解能力；且其分解产物 $O_2$ 和 $H_2O$ 安全、无害，避免了二次污染。$O_3$ 及 $O_3/H_2O_2$ 氧化降解两种人类抗生素废水和一种兽类抗生素废水，投加 2.96 g/L 的 $O_3$ 能使兽类抗生素废

水的可生化性由0.077提高到0.38,两种人类抗生素废水的可生化性从0分别提高到0.1和0.27;$H_2O_2$ 的投加浓度为0.013 mol/L时,对人类抗生素废水的 $COD_{Cr}$ 去除率几乎为100%。

高级氧化和生物法联合处理含盘尼西林、阿莫西林等β-内酰胺类物质的抗生素生产废水,比较 $O_3$ 单独氧化及 $O_3/H_2O_2$ 氧化的处理结果发现:$O_3$ 消耗量为2 500 mg/(L·h)能使COD去除率达56%;微量的 $H_2O_2$ 能促进 $O_3$ 在水中的吸收,提高氧化效果,同时减少 $O_3$ 的剂量。pH值为10.5时,加入800 mg/L的 $O_3$ 和20 mmol/L的 $H_2O_2$,吸收率提高到68%,氧化20 min可使COD去除率达83%,$BOD_5$ 达到109 mg/L,$BOD_5$/COD值升高至0.45。将未经预处理的和经 $O_3/H_2O_2$ 氧化处理的废水分别与生活污水混合,采用驯化后微生物进行活性污泥处理,维持COD污泥负荷在0.23 mg/(mg·d),24 h后原未经处理的废水COD去除率为71%,出水COD为180 mg/L,原经 $O_3/H_2O_2$ 氧化处理的废水总去除率为87%,出水COD为100 mg/L,充分证明 $O_3/H_2O_2$ 氧化至少部分去除了难以生物降解的物质。

② $UV/H_2O_2$ 法:有学者研究了两种头孢类抗生素中间体[5-甲基-1,3,4-噻重氮-2-甲基硫醇(MMTD-Me)和5-甲基-1,3,4-噻重氮-2-硫醇(MMTD)]的UV和 $UV/H_2O_2$ 降解机理,发现在直接光辐射降解过程中,由于两种中间体的摩尔消光系数不同[MMTD为2 100 L/(mol·cm),MMTD-Me为49 705 L/(mol·cm)],光量子产额(吸收1 mol光量子能量即1 Einstein能量所能引起反应的微粒数)不同[MMTD为(12.0±0.7) mmol/Einstein,MMTD-Me为(14.1±1.5) mmol/Einstein]导致MMTDMe降解速度较MMTD快。但在 $UV/H_2O_2$ 过程中,依据 $H_2O_2$ 产生HO·的初始反应,根据计算出的 $UV/H_2O_2$ 降解MMTD-Me和MMTD的反应速率常数,投加质量浓度为1 mg/L的 $H_2O_2$ 光催化后,去除99%的MMTD-Me和MMTD分别需要55 min和2.7 min。

③ $UV/O_3$ 法:$O_3$ 在水中光降解首先产生 $H_2O_2$,继而 $H_2O_2$ 分解产生·OH,降解有机物。有学者将 $O_3$、$O_3/H_2O_2$、$UV/O_3$ 三种方法应用于抗生素废水预处理:$O_3$、$O_3$/UV、$O_3/H_2O_2$ 氧化过程在COD及抗生素残留物去除效果上相差无几,但光照条件下的 $O_3$ 吸收率比无光照时提高20%,且较大幅度地提高了芳香族物质的去除率及废水的生物降解能力。

$UV/O_3$ 兼可杀菌、除臭,适于污水处理厂深度处理,自20世纪80年代以来,陆续在英国、美国、日本、加拿大等国实现工程应用。德国市政污水处理厂采用 $UV/O_3$ 处理含有5种抗生素、5种β-阻抗剂、4种抗炎剂、2种脂类代谢产物和抗癫痫药物酰胺咪嗪、天然雌激素、雌素酮等药剂的废水,15 mg/L的 $O_3$ 接触反应18 min,所有的残留药剂均已低于LC/MS检测限。

**12. 高级氧化技术与其他方法联合应用**

高级氧化技术应用于废水处理虽有优势,但普遍存在处理成本高、难以工程化的问题,因此将高级氧化技术作为难降解有机废水的预处理或深度处理方法与传统物化或生物法联合应用更合适。高级氧化技术将难降解大分子有机物氧化成低毒或无毒的小分子物质,改善废水的生化性,继而以成熟的生化技术进一步降解,可同时解决高级氧化技术运行费用高和传统生化法降解难的问题,对于抗生素废水这类典型的废水,联合处理显得尤其有意义。

电化学-生化法处理 $COD_{Cr}$ 为5 603 mg/L的高浓度生物制药废水,如原水直接生化处理,$COD_{Cr}$ 的去除率为43%;经过电化学处理后,污水的 $COD_{Cr}$ 下降了13%,继而好氧生化,$COD_{Cr}$ 总去除率达81%。

电解-序批式活性污泥法处理制药中间体的生产废水:原水pH值为7.0,$COD_{Cr}$ 为4 100 mg/L,$BOD_5/COD_{Cr}$ 值为0.17,30 V电压电解60 min后,$COD_{Cr}$ 去除率为37%~

47%，$BOD_5/COD_{Cr}$ 值上升到 0.51，经后续序批式活性污泥生化系统处理，$COD_{Cr}$ 去除率达 80%～86%。

超声波-好氧生物接触法处理含庆大霉素、链霉素等抗生素的废水，200 W 输出功率超声波单独处理 $COD_{Cr}$ 为 6 000～8 000 mg/L 的水样 60 s，$COD_{Cr}$ 去除率为 13%～16%。若直接进行好氧生物处理，$COD_{Cr}$ 去除率为 30%左右；经超声波预处理，后续再以好氧生物处理，$COD_{Cr}$ 总去除率达 96%以上，出水可达标排放。

处理杂环制药废水，首先冷却结晶去除废水中 70%的盐分，然后以 Fenton 试剂强氧化处理，TOC 去除率达 60%，将可生化性提高到 0.16 左右，最后与生活污水混合，以普通活性污泥法进行生化处理，出水达到排放标准。将高级氧化技术作为废水后处理工序同样可行。如吸附-混凝-高级化学氧化法处理庆大霉素废水，先以聚合氯化铝(PAC)和阳离子聚丙烯酰胺(CPAM)于 pH 值为 8 的条件下复合混凝处理废水，沉淀后出水用 $H_2O_2/Fe^{2+}$/UV 法处理，$COD_{Cr}$ 去除率达 99.1%，脱色率达 100%，可达标排放。

综上所述，高级氧化技术以自由基氧化选择性小、氧化能力强、反应速度快、处理效率高、降解毒性有机污染物完全无害化、无二次污染的优势在抗生素废水处理领域中显现出巨大的发展潜力；其中碱性 $O_3$ 氧化法和类 Fenton 试剂氧化法以其优良的降解效果、简便的操控条件在高级氧化技术中脱颖而出，成为目前研究的热点。有学者提出，对于可生化性差的抗生素废水，可以考虑将其分类并完全以高级氧化技术降解，但就目前的研究情况而言，高级氧化技术全程处理废水成本较高，而作为废水的预处理方式它能扬长避短，降低处理成本，同时达到预期处理效果。

当前的问题在于，对其中某些高级氧化技术处理抗生素废水的机理、动力学研究尚未成熟；试验性研究缺乏经济性的评估，以致实际应用于废水处理工程不能较快实现。但是有理由相信和期待，随着更多有效抗生素废水的高级氧化处理研究的深入，此项技术的日益成熟，将使我们目前面临的诸多难题迎刃而解。

### 2.2.4 化学沉淀法

化学沉淀法是向废水中投加某些化学物质，使它和废水中欲去除的污染物发生直接的化学反应，生成难溶于水的沉淀物而使污染物分离的去除方法。化学沉淀法经常用于处理含有汞、铅、铜、锌、铬、硫、氟、砷等有毒化合物的废水。叠氮化铅、斯蒂芬酸铅、斯蒂芬酸钡、苦味酸铅等起爆药废水中通常含有高浓度的 $Pb^{2+}$ 和 $Ba^{2+}$ 离子，通常可以采用化学沉淀法进行去除。

各种固体盐类都是呈离子晶体结构的强电解质，而水是分子极性很强、溶解能力很高的天然溶剂。当固体盐类进入水中时，盐类离子就会生成水合离子，这个过程称为溶解。当某种盐在水中溶解度达到平衡状态时，该盐的溶解达到最大限度，称为该种盐的溶解度。根据化学平衡原理，溶解度达到平衡时，存在所谓溶解度平衡常数。溶解度平衡常数等于两种离子溶解度的乘积，称为溶解度常数或简称为溶度积($K_s$)。溶解盐类废水生成沉淀的必要条件是其离子的浓度积大于溶度积。因此，化学沉淀法的实质主要是向水中投加某种适当的化学物质，以使投入的离子与水中的有害离子形成溶度积很小的难溶盐和难溶氢氧化物沉淀析出。

溶度积($K_s$)是常数，其数值可参考有关的化学手册。表 2-10 为溶度积的一个简表，包括了上述一些离子的难溶液盐或难溶氢氧化物。当能结合成难溶盐的两种离子的浓度积超过此盐溶度积时，该盐将析出，而这两种离子的浓度将下降，需要去除的离子就与水分离。例如

水中的 $Zn^{2+}$ 浓度为 $a$，需要降低，可投加 $Na_2S$，$S^{2-}$ 的浓度为 $b$，若 $a \cdot b$ 超过 ZnS 的 $K_s = 1.2 \times 10^{-23}$，则 ZnS 从水中析出，$Zn^{2+}$ 的浓度降低。由此可见，上述各离子都有难溶盐或难溶氢氧化物，它们都能用化学沉淀法从废水中去除。

需要指出的是，物质的易溶与难溶是相对的，可用较难溶的物质作为沉淀剂去除能构成更难溶盐的某一离子。例如难溶盐 $CaSO_4$ 的 $K_s$ 值较低($2.45 \times 10^{-5}$)，但 $BaSO_4$ 的 $K_s$ 值更低($0.87 \times 10^{-10}$)，可以用 $CaSO_4$ 作为水中 $Ba^{2+}$ 的沉淀剂。

**表 2-10　溶度积简表**

| 化合物 | 溶度积 | 化合物 | 溶度积 |
|---|---|---|---|
| $Al(OH)_3$ | $11.1 \times 10^{-15}$(18 ℃) | $Fe(OH)_2$ | $1.64 \times 10^{-14}$(18 ℃) |
| $AlPO_4$ | $9.84 \times 10^{-21}$(25 ℃) | $Fe(OH)_3$ | $1.1 \times 10^{-36}$(18 ℃) |
| AgBr | $4.1 \times 10^{-13}$(18 ℃) | FeS | $3.7 \times 10^{-19}$(18 ℃) |
| AgCl | $1.56 \times 10^{-10}$(25 ℃) | $Hg_2Br_2$ | $1.3 \times 10^{-21}$(25 ℃) |
| $Ag_2CO_3$ | $6.15 \times 10^{-12}$(25 ℃) | $Hg_2Cl_2$ | $2 \times 10^{-18}$(25 ℃) |
| $Ag_2CrO_4$ | $1.2 \times 10^{-12}$(25 ℃) | $Hg_2I_2$ | $1.2 \times 10^{-28}$(25 ℃) |
| Ag | $1.5 \times 10^{-16}$(25 ℃) | HgS | $4 \times 10^{-53} \sim 2 \times 10^{-49}$(18 ℃) |
| $Ag_2S$ | $1.6 \times 10^{-49}$(18 ℃) | $MgCO_3$ | $2.6 \times 10^{-5}$(12 ℃) |
| $BaCO_3$ | $7 \times 10^{-9}$(16 ℃) | $MgF_2$ | $7.1 \times 10^{-9}$(18 ℃) |
| $BaCrO_4$ | $1.6 \times 10^{-10}$(18 ℃) | $Mg(OH)_2$ | $1.2 \times 10^{-11}$(18 ℃) |
| $BaSO_4$ | $0.87 \times 10^{-10}$(18 ℃) | $Mn(OH)_2$ | $4 \times 10^{-14}$(18 ℃) |
| $CaCO_3$ | $0.99 \times 10^{-8}$(15 ℃) | MnS | $1.4 \times 10^{-15}$(18 ℃) |
| $CaSO_4$ | $2.45 \times 10^{-5}$(25 ℃) | $PbCO_3$ | $3.3 \times 10^{-14}$(18 ℃) |
| CdS | $3.6 \times 10^{-29}$(18 ℃) | $PbCrO_4$ | $1.77 \times 10^{-14}$(18 ℃) |
| CoS | $3 \times 10^{-26}$(18 ℃) | $PbF_2$ | $3.2 \times 10^{-8}$(18 ℃) |
| CuBr | $4.15 \times 10^{-8}$(18～20 ℃) | $PbI_2$ | $7.47 \times 10^{-9}$(15 ℃) |
| CuCl | $1.02 \times 10^{-6}$(18～20 ℃) | PbS | $3.4 \times 10^{-28}$(18 ℃) |
| CuI | $5.06 \times 10^{-12}$(18～20 ℃) | $PbSO_4$ | $1.06 \times 10^{-5}$(18 ℃) |
| CuS | $8.5 \times 10^{-45}$(18 ℃) | $Zn(OH)_2$ | $1.8 \times 10^{-14}$(18～20 ℃) |
| $Cu_2S$ | $2 \times 10^{-47}$(16～18 ℃) | ZnS | $1.2 \times 10^{-23}$(18 ℃) |

沉淀剂用量的计算，可以某粘胶纤维厂含锌废水的处理为例加以说明。粘胶纤维厂纺练车间的酸浴是硫酸和硫酸锌的溶液。从酸浴槽出来的丝束将附着的酸带入塑化槽，由不断注入的温水稀释成塑化浴，塑化槽的溢流成为废水。废水的成分与塑化浴相同，是稀释了的酸浴，应与回流酸浴一起进入循环，流向酸站。若采用直接排放，则塑化槽废水应按工业废水排放标准进行处理。塑化浴溢流一般需要中和硫酸和去除锌离子，后者可采用化学沉淀法。从表 2-10 可看出，$Zn(OH)_2$ 和 ZnS 的 $K_s$ 都很小，氢氧化物和硫化物都可作为 $Zn^{2+}$ 的沉淀剂；若采用硫化物，中和与沉淀必须分步进行，否则将产生有毒的 $H_2S$，增加处理的复杂性；若采用碱性物质为中和剂，则中和与沉淀可同步进行。一般而言，粘胶纤维厂耗用大量 NaOH，粘

胶纤维厂碱站排放的碱性废水应予以充分利用，可用作塑化浴溢流的硫酸中和以及 $Zn^{2+}$ 去除；当碱站排放的碱性废水量不足时，再补充 NaOH 或 $Ca(OH)_2$。当碱液用量缺口较小时，用 NaOH 比较经济且便于管理，可避免沉淀中夹杂 $CaSO_4$ 杂质，既减少了废渣的产生量，又可为沉渣 $Zn(OH)_2$ 回用酸浴创造条件。在实际操作中，沉淀剂用量常以计算量为参考，以 pH 值为控制参数，因考虑反应速率，一般常过量操作。

对于废水中 $Pb^{2+}$ 的处理，从表 2-10 可看出，$PbCO_3$ 沉淀的 $K_s$ 值较小，可优先考虑的是 $PbCO_3$ 沉淀形式。南京理工大学沈锦优和王连军教授团队采用 $Na_2CO_3$ 中和法去除 K·D 起爆药废水中的重金属 $Pb^{2+}$ 离子，采用 NaOH 和 $Na_2CO_3$ 混合碱液中和法去除叠氮化铅、斯蒂芬酸铅、斯蒂芬酸钡等混合起爆药生产废水中的 $Pb^{2+}$ 和 $Ba^2$ 离子，可将废水中一类污染物 $Pb^{2+}$ 浓度降至 1 mg·$L^{-1}$ 以下，稳定达到《兵器工业水污染物排放标准——火工药剂》(GB 14470.2—2002)对 $Pb^{2+}$ 的排放要求。

电镀废水化学沉淀需要根据废水成分选取合适的沉淀剂，使得重金属离子通过生成难溶的化合物而从废水中去除。重金属离子形成的沉淀主要包括氢氧化物沉淀、硫化物沉淀、铁氧体沉淀等。

(1) 氢氧化物沉淀

氢氧化物沉淀法是通过调节 pH 值使重金属离子生成难溶的氢氧化物而沉淀分离，具有操作简单、价格低廉、pH 值易于控制等特点，是重金属废水处理中最常应用的方法，主要针对镀镍、镀铜、镀银等废水中含有碱性不共存离子的情况。氢氧化物沉淀法虽然得到了广泛的应用，但是在操作时还需要注意以下几个方面：

① 中和沉淀后，废水中若 pH 值高，则需要中和处理后才可排放；

② 当废水中含有 Zn、Pb、Sn、Al 等两性金属时，pH 值偏高，可能有再溶解倾向，因此要严格控制 pH 值，实行分段沉淀；

③ 废水中有些阴离子如卤素、氰根等有可能与重金属形成络合物，因此在中和之前需经过预处理；

④ 有些颗粒小，不易沉淀，则需加入絮凝剂辅助沉淀生成。

(2) 硫化物沉淀

与氢氧化物沉淀法相比，硫化物沉淀法可以在相对低的 pH 值(7～9 之间)条件下使金属高度分离，处理后的废水一般不用中和，形成的金属硫化物具有易于脱水和稳定等特点。硫化物沉淀法也存在着一些缺点：硫化物沉淀剂在酸性条件下易生成硫化氢气体，产生二次污染；另外，硫化物沉淀物颗粒较小，易形成胶体，会对沉淀和过滤造成一定的不利影响。

(3) 铁氧体沉淀

铁氧体是由铁离子、氧离子及其他金属离子所组成的氧化物固溶体，铁氧体法处理重金属废水就是向废水中投加铁盐，通过控制 pH 值、氧化、加热等条件，使废水中的重金属离子与铁盐生成稳定的铁氧体共沉淀物，然后采用固液分离的手段，达到去除重金属离子的目的。铁氧体法主要针对重金属废水中的镍(Ni)、铬(Cr)、铜(Cu)、锌(Zn)等离子，其主要优点是成本低廉，工艺简单，沉降速度快，处理效果好。此外，铁氧体法共沉淀可一次去除废水中多种重金属离子，形成的沉淀颗粒大，沉淀产生的重金属铬污泥可制作磁性半导体材料，且容易分离，颗粒不返溶，不会产生二次污染；但是这种方法在操作中需要加热到 70 ℃左右或更高，并且在空气中慢慢氧化，操作时间长，消耗能量多。铁氧体法的典型工艺流程如图 2-24 所示。

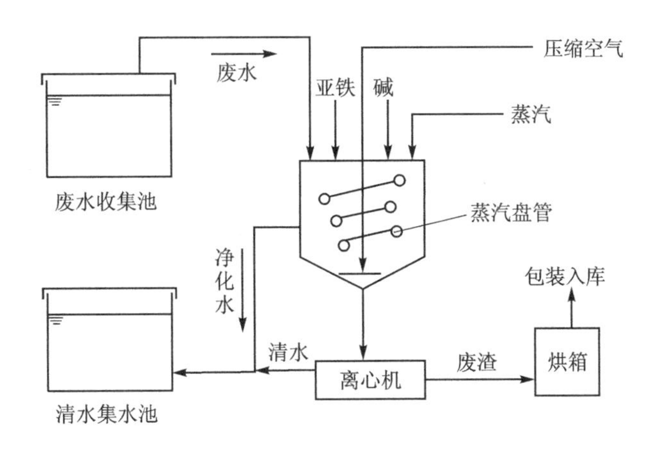


**图 2-24　铁氧体法处理电镀废水工艺流程**

采用铁氧体法处理含镍、铬、锌、铜的废水，pH 值及硫酸亚铁投加量对重金属离子去除效果的影响如下：

① 固定亚铁离子与金属离子的物质的量之比(以下简称投料比)均为 20，对于含六价铬的废水，需要先和亚铁离子在酸性条件下进行还原，再加碱共沉淀，根据实验结果(见图 2-25)，当 pH 值由 8 上升到 10 时，废水中总铬离子含量减小；当 pH 值大于 10.5 时，废水中总铬离子含量增大，说明生成的 $Cr(OH)_3$ 沉淀开始溶解。由此得到铬离子絮凝的最佳 pH 值为 10.00；而含镍、锌、铜废水只需加碱和亚铁共沉淀即可。同理，由实验结果图得到各自的最佳反应 pH 值分别为 8、8、10。

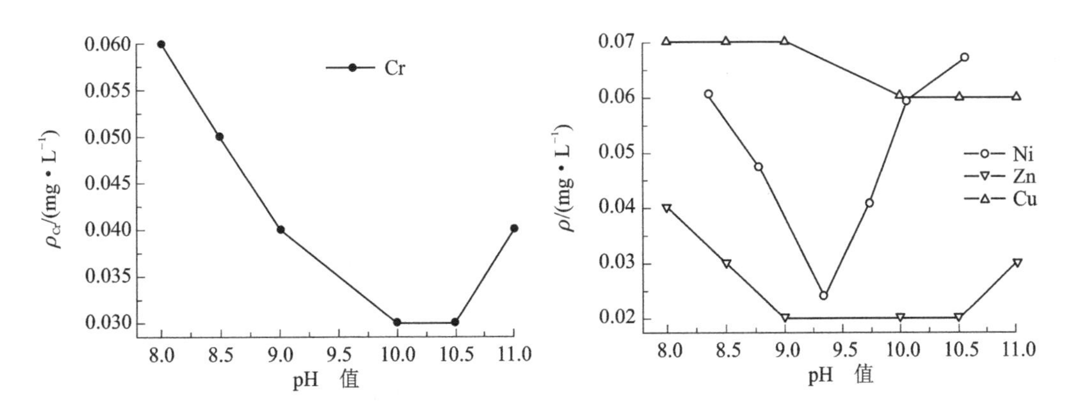


**图 2-25　pH 值对铁氧体沉淀效果的影响**

② 一般而言，投料比越大，越有利于铁氧体的生成，但考虑到试剂成本、运行费用和排放标准等诸多因素，在个别情况下，可适当减小投料比。根据实验结果(见图 2-26)，当投料比>2 时，出水的镍、铬、锌、铜的质量浓度达到 GB 21900—2008 排放标准，投料比继续增大对去除效果影响不大，所以要兼顾运行成本及处理效果，投料比可选择为 2～8；对于含铬废水而言，在2～20 的投料比范围内，随着投料比的增大，上清液剩余铬的含量有较为明显的下降，亚铁的投加量既要保证 Cr(Ⅵ)的还原，又要完成 Cr(Ⅲ)的沉淀，由实验结果可知，投料比达到 20 时，剩余铬浓度趋于稳定。因此，去除铬离子的适宜投料比为 20。

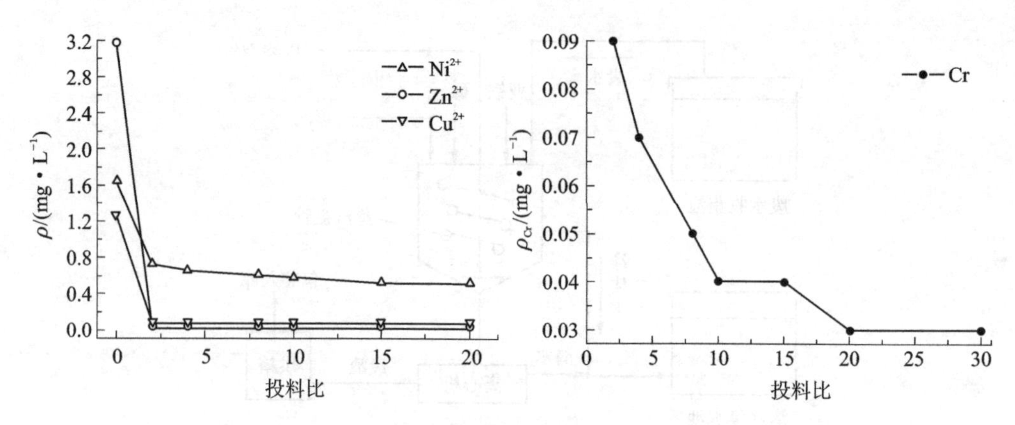


**图 2-26　投料比对铁氧体沉淀效果的影响**

(4) 钡盐沉淀

钡盐沉淀法是按照比例投加钡盐沉淀剂(如碳酸钡、氯化钡、硝酸钡、氢氧化钡等),并通入压缩空气进行充分搅拌,进而生成难溶的铬酸钡沉淀。这种方法主要用于含六价铬的废水的处理,由于铬酸钡溶度积较小,因此基本可以将其含量控制在国家排放标准范围内。

为了提高去除效果,需投加过量的钡盐沉淀剂,反应时间保持在 25 min 以上最佳。但钡盐沉淀法也存在一定的弊端,如钡盐来源少,投加过量的钡盐沉淀剂会产生二次污染物,易堵塞微孔材料,以及流程复杂等。残钡可通过添加石膏(即 $CaSO_4 \cdot 2H_2O$),形成硫酸钡沉淀去除。

钡盐沉淀法工艺流程图如图 2-27 所示。

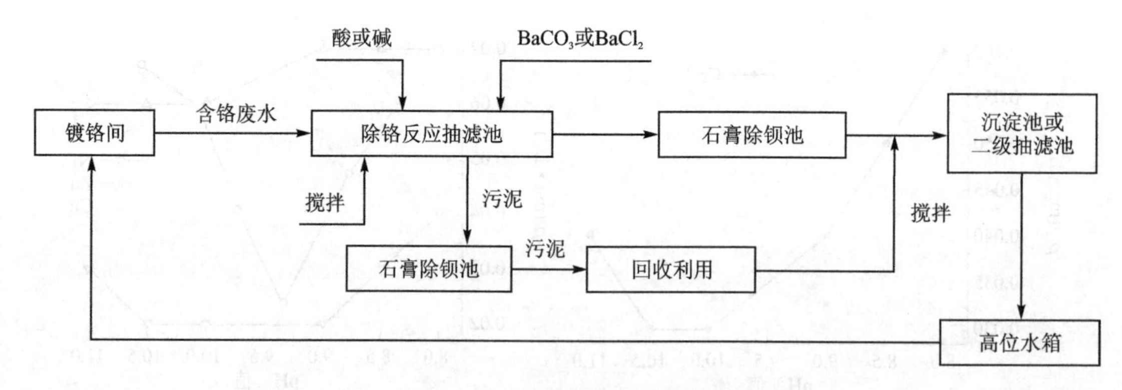


**图 2-27　钡盐沉淀法工艺流程图**

## 2.2.5　电化学法

电化学法是利用金属的电化学性质,在直流电作用下去除废水中的金属离子,是处理含有高浓度电沉积金属废水的一种有效方法。电化学法处理效率高,便于回收利用。但该法的缺点是初始投资高,供电贵。目前,可以用于重金属去除的成熟电化学处理技术包括电浮选、电沉积、电化学腐蚀法和电絮凝法。

**1. 电浮选**

电浮选是一个固液分离过程,通过水的电解产生氢气和氧气等微小气泡,使污染物漂浮在水体上加以去除，在重金属的去除中有广泛的应用。采用电解浮选处理电镀废水中的重金属离子，$Fe(OH)_3$、$Na_3PO_4$ 以及 $Na_2S$ 三种絮凝剂中，$Na_3PO_4$ 和 $Na_2S$ 的浮选效率较高。

**2. 电沉积**

电沉积通常应用于电镀废水中重金属的回收，这是一种不存在残余物的“清洁”技术。对树脂吸附饱和后解吸的再生液进行电沉积回收铜，铜回收率可达 90%以上，沉积铜的质量分数可超过 95%。

**3. 电化学腐蚀法**

电化学腐蚀法是 20 世纪 70 年代末期发展起来的一种处理技术，主要是利用微电池的腐蚀原理，采用铁屑处理电镀含铬废水。后续又进行改进，出现了铁碳内电解法，效率比单独采用铁屑更好。这种方法净化效果好，而且设备简单，投资少，但是处理时间长，铁屑容易结块，影响处理系统。利用废铁屑与活性炭的铁碳柱处理含铬废水，六价铬的去除率达到 99.98%，出水水质优于国家《污水综合排放标准》(GB 8978—1996)一级排放标准，并且可连续运行 5 天，5 天后将铁碳柱活化可继续使用。

**4. 电絮凝法**

电絮凝法是利用铝或铁阳极溶出，原位生成高活性的多形态聚铝或聚铁絮凝剂，将水体中污染物微粒聚集成团并沉降或气浮分离的除污工艺。电絮凝法具有效率高、泥量小并易于固液分离、无需外加药剂、二次污染少、操控和设备维护简单、易于自动控制和最终出水中的总溶固(TDS)小等优势。

### 2.2.6　重金属螯合法

传统的化学沉淀法受络合剂影响较大，无法兼顾多种重金属离子，产生沉淀后还需回调废水的 pH 值，并且难以达到严格的排放标准。而重金属螯合法很好地解决了这些问题。重金属螯合法主要是针对电镀废水中络合态重金属，利用碱性条件下螯合剂与重金属形成不溶于水的高分子螯合盐，再利用絮凝剂使其沉淀分离，达到去除重金属离子的目的。由于其与重金属之间络合系数相对较高，因此可以实现其他络合盐(如 EDTA、$NH_3$、酒石酸盐、柠檬酸盐、焦磷酸盐等)共存条件下多种重金属离子的同时去除。

重金属螯合剂是指分子结构中含有 N、O、S、P 等配位原子，可以与重金属离子通过配位作用形成稳定螯合物的一类化合物。由于多数毒性重金属属于软酸或者交界酸，因此具有软碱特征的含 S 重金属螯合剂往往表现出最佳的处理效果。含 S 重金属螯合剂俗称有机硫类重金属螯合剂，根据其有效官能团的种类可以划分为 DTC 类(二硫代氨基甲酸盐类)、黄原酸类、TMT 类(三巯三嗪三钠类)和 STC 类(三硫代碳酸钠类)，其中 DTC 类重金属捕集剂应用最为广泛。

重金属螯合法的优点是操作简单，不受共存重金属离子的影响，可同时去除多种重金属，且不会出现返溶现象，去除效率高，污泥产量低，不会产生二次污染；缺点是成本较高，在实际应用中受到一定限制。

### 2.2.7　焚烧法

当有机废水不能采用其他方法处理时，焚烧法成为处理废水的最佳途径。

焚烧法处理废液是将含高浓度有机物的废液在充分供给氧气或者空气、反应系统有良好搅动、系统的操作温度必须足够高的三个主要工况条件下进行氧化分解，使有机物转化为水、二氧化碳、灰烬并释放热能，达到无害排放的目的。高浓度有机废液常采用这种方法进行处理，如一些农药产品的母液、釜渣。通常，热值为 10 500 kJ/kg 以上的废液，在有辅助燃料引燃时便能够自燃；热值较低的废水由于可燃物比例小，不足以维持焚烧温度，所以往往先浓缩(如用蒸发和蒸馏法)再焚烧，或依靠辅助燃料进行焚烧。焚烧法也是目前处理火炸药废水最常用的方法，尤其适用于高浓度火炸药废水的处理。典型的高浓度有机废液焚烧处理工艺流程如图 2－28 所示。然而，火炸药废水的高温焚烧会产生大量的氮氧化物、二恶英等污染物，造成空气污染，在操作过程中也可能发生爆炸，危险性高，而且会造成二次污染。在焚烧过程中如何减少空气污染物的形成、确保人员的人身安全是焚烧法面临的首要问题。

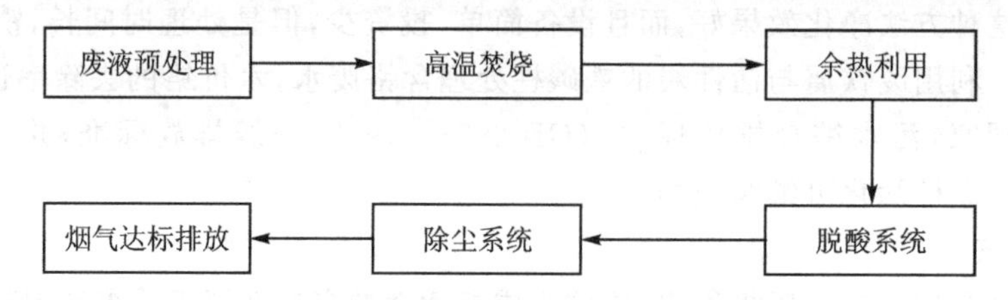


**图 2－28　高浓度有机废液焚烧处理工艺流程**

TNT 生产中每吨成品约产生 1 t 红水。红水的成分复杂，难以回收利用，是严禁排放的废水。目前我国 TNT 生产厂一般均是将红水送往沉淀池，经简单沉淀后进行焚烧处理。焚烧红水是利用红水中的有毒组分二硝基甲苯磺酸钠及其他硝基化合物的可燃性，将红水与燃料(重油或煤气)一起送入焚烧炉中燃烧，达到氧化分解有毒物质的目的。若能燃烧完全，则红水中的二硝基甲苯磺酸钠在燃烧炉内发生的反应主要是：

$$2C_7H_5(NO_2)_2SO_3Na + 12O_2 \longrightarrow 14CO_2 + 5H_2O + 2N_2 + 2SO_2 + Na_2O$$

研究人员采用流化床对 TNT 生产中碱性废水的焚烧处理进行了研究，确定了流化床的流化条件及最佳燃烧温度，分析结果显示，焚烧过程中未产生有害气体。红水中其他不含硫的有机物燃烧生成二氧化碳、氮、水。红水中的亚硝酸钠在炉内与二氧化碳反应生成硝酸钠，而硝酸钠在 888 ℃高温下会熔化成液态，但不分解。当供氧不足燃烧不完全时，它将被碳或一氧化碳还原为硫化钠。所以，控制通入燃烧炉内的空气量，就可以控制炉渣中硫酸钠和硫化钠的比例。通常，1 t 红水经过浓缩焚烧能产生 40～50 kg 的炉渣。炉渣的组分大致如表 2－11 所列。

**表 2－11　炉渣的组分**

%

| 硫酸钠 | 碳酸钠 | 硫化钠 | 水不溶物 |
|---|---|---|---|
| 85 | 5 | 3～6 | 1～2 |

焚烧法处理红水的工艺流程如图 2－29 所示。稀红水经沉淀池去除浮药后，流入废水处理工房的稀红水贮槽，通过泵将稀红水送入高位计量槽，再经流量计加入鼓泡浓缩器中，在此，稀红水与焚烧炉排出的高温烟道气相遇，进行鼓泡预热浓缩，从鼓泡浓缩器流出的浓红水相对密度达到约 1.28 kg/m$^3$(80 ℃)，经过滤器除渣后进入浓红水贮槽，再用泵送入喷枪雾化喷入焚烧炉内，与同时喷入的雾化重油一起在炉内燃烧，由鼓风机不断鼓入适量空气，以确保浓红水与重油燃烧完全。从浓缩器排出的废气中除了含有大量水汽外，还含有一氧化氮、二氧化

氮、硫化氢和二氧化硫等酸性有害气体，可采用碱液吸收净化。浓红水在 800～1 000 ℃的炉温下与重油燃烧生成硫酸钠、硫化钠等无机盐类，呈熔融状态的炉渣定期从焚烧炉后部的出渣口排出，待炉渣冷却成块后，破碎并包装入库。重油从重油库通过齿轮泵经保温管打入重油贮槽，油温保持在 70～90 ℃备用。焚烧炉开工时，将木柴投入焚烧炉内点燃，为防止耐火砖衬里在温度剧变时产生变形破裂，烘炉升温应均匀缓慢。待温度升到约 600 ℃，再将重油经喷枪喷入炉内，进行雾化燃烧烘炉(新炉烘炉时间约两周，旧炉烘炉时间可缩短)。在烘炉的同时可进行稀红水浓缩的准备工作。焚烧炉由炉体和喷雾系统两部分组成。炉体是用钢板焊制成的卧式圆柱形容器，前端有浓红水和重油喷嘴口及观察孔，后端有出渣口。炉身要有足够的长度以保证一定的燃烧时间。

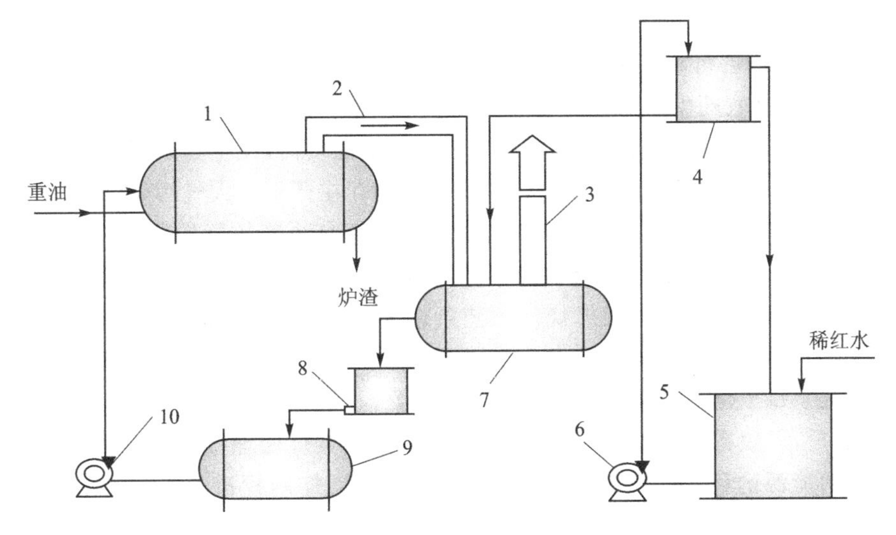


1—焚烧炉；2—烟道气管；3—烟囱；4—稀红水高位槽；5—稀红水贮槽；
6,10—离心泵；7—鼓泡浓缩器；8—过滤器；9—浓红水贮槽

**图 2-29　焚烧法处理红水工艺流程**

由于炉内高温燃烧的炉渣具有较强的碱性，焚烧炉内若采用一般粘土耐火砖，炉体寿命仅为 3～6 个月。而若采用铬镁耐火砖衬炉，炉体可连续工作 1～2 年。为减少炉温辐射损失，炉体内壁衬砌一层厚度为 5～10 mm 的石棉板、一层硅藻土砖保温。为防止炉内压力异常增高引起爆炸，炉体上部设有防爆孔。此外，炉体上还设有人孔，供开工点火使用。炉体后段上部有排烟口，经烟道与鼓泡浓缩器相连。喷雾系统由浓红水喷枪和重油喷枪组成。浓红水和重油燃烧是否完全，主要取决于雾化程度。实践证明，用压缩空气作动力的高压雾化喷枪，比机械雾化喷枪的雾化效果好，燃烧完全，安全操作有保证；同时，可提高处理废水的能力，降低重油消耗，炉渣中硫化钠质量分数由 2%～5%增加到 10%。

鼓泡浓缩器为钢制卧式圆筒形设备，主要由壳体、鼓泡管、挡板、烟囱等几部分组成。鼓泡管的出口呈锯齿形，外壳由碳钢焊制，鼓泡管的上段用耐火砖衬里，以防高温烟道气烧坏鼓泡管。鼓泡管的下段插入红水的深度一般为 100～200 mm，浸在红水中的锯齿在高温下易被腐蚀，所以宜采用不锈钢制造带锯齿的下段鼓泡管。为减轻鼓泡管出口齿缝处液面剧烈扰动对其余液面部分的影响，在靠近出料口处有一块挡板，以保证鼓泡浓缩器中液面平稳且浓红水能连续稳定地流出。

采用焚烧炉处理红水,应特别注意安全问题。焚烧炉曾经发生过爆炸事故,主要原因是雾化不良和操作不当,使得重油和红水没有完全燃烧,在炉底形成的固体残渣积存量过大。此外,鼓泡器液面过高,红水倒流入焚烧炉内,也会引起爆炸事故。为防止焚烧炉发生爆炸事故,必须采取以下措施:① 采用压缩空气高压雾化,以提高雾化程度;② 减少停炉次数和停炉时间,停炉时炉内要保持一定温度;③ 安装雾化观察孔,经常观察炉内雾化情况和燃烧情况;④ 加高烟道气管高度,并经常检查和防止鼓泡器的溢流口堵塞现象,以免红水倒流入焚烧炉;⑤ 加固炉体,增加其耐压强度。由于焚烧炉排出的炉渣含硫化钠,故曾经将其提供给造纸厂生产硫化钠用。现在美国已将这种炉渣列为有毒物质,造纸厂不再使用,目前还未找到处置炉渣的更合适方法。贮存这种炉渣时,在多雨地区要防止雨水冲淋炉渣后外流或渗入地下,导致地表水和地下水源被污染。

农药废水经焚烧后可将一些有毒有害物质转化成二氧化碳和水等无害物质并可回收热能。利用焚烧法处理农药生产产生的高浓度废水和母液,可有效避免高浓度废水和母液进入废水处理系统,减轻废水处理系统尤其是生物处理系统的负荷,使生物处理系统的运行更加平稳,且具有优良的经济性与可操作性。然而,焚烧法仍存在严重的大气污染以及操作费用高等问题。有研究报道了山东某农药厂采用焚烧法单独处理高浓度的氧乐果和百草枯生产废水。废水在燃烧前调节 pH 值为 7～9,废水经过滤后由多级离心泵加压进入废水总管输送至流化床锅炉,雾化后随二次风进入炉膛燃烧。工艺条件为:炉膛温度 840～980 ℃,炉膛内介质流速≤7 ms,炉膛内净高 28 m,燃煤量 16～20 t/h。

在美国,几乎每个化学制药厂都有焚烧处置装置。国内制药行业中最早进行焚烧处置的是东北制药总厂,以氯霉素的副产物邻硝基乙苯为燃料,焚烧处理维生素 C 古龙酸母液,达到以废治废、节约能源的目的。但按照《危险废物焚烧污染控制标准》(GB 18484—2020)的要求,焚烧处置技术和设备都有比较高的要求,简单烧掉或与燃料混合去烧锅炉,从安全到环保都不能满足要求,必须采用规范的技术和设备。近两年国内制药行业中几家大型企业先后上马了比较规范的焚烧系统,如华北制药集团、石家庄制药集团和哈尔滨制药总厂,其中华北制药集团三废治理中心危险废物焚烧项目规模为日平均处置危险废物 8 t,年处置 2 400 t,最大小时处理量为 350 kg 废液、50 kg 固体废物。整个项目投资近 300 万元,占地面积约 2 000 $m^2$。整套焚烧装置研究和设备制造由北京某机电高技术有限公司提供,该套设备吸取了国内医药行业已建成焚烧炉的经验和教训,参照国外同类焚烧炉的先进技术,从工艺到设备均进行了较大改进,技术更加成熟,系统更加完善,在国内处于领先水平。焚烧处置的适用面很宽,对于制药工业,除了高浓度的废母液和经溶媒回收后排出的蒸馏釜残液,生产过程中产生的菌丝、废活性炭、废树脂、废机油、过期(报废)药物和沾有药物的包装等也均是列入了《国家危险废物名录》的危险废物,必须安全处置,焚烧正是减量化、无害化的有效手段,同时如果做好热回收利用,也为危险废物资源化创造了条件。如华北制药集团的焚烧系统就设置了热交换系统,利用高温烟气加热循环水,通过热水循环为废水厌氧处理提供热源。总体上说,焚烧的处理费用是比较高的,通过热能利用可以降低一些成本,但由于制药工业企业规模普遍不是很大,单独建设焚烧设施实际上是不经济的,比较妥善的办法是一个工业区域建一套相当规模的危险废物焚烧处理系统,配套相应的热能回收装置,同时便于环保管理,避免二次污染。

### 2.2.8　其他化学处理方法

除上述处理方法外，工业废水常用的化学处理方法还有脉冲等离子体水处理法、碱分解法、镍催化法和液中放电法等。化学处理方法在处理工业废水时具有较高的去除效率，可以实现目标污染物的彻底矿化和无害化处理。但是，化学方法运行成本普遍较高，并且对设备的材质和安全性要求较高，在实际工程的大规模使用中受到了一定的制约。为充分发挥化学处理方法的技术优势，有效控制废水处理成本，应注重开发化学处理-生物处理组合技术。化学处理应以改善废水可生化性、降低废水生物毒性为主要目的，化学处理出水水质得到一定改善后再接入生物处理系统进行彻底的矿化和无害化治理，以充分发挥生物过程经济、环保的技术优势。

# 第3章 工业废水的生物化学处理方法

由于物理方法和化学方法存在工艺流程复杂、处理费用高、易造成二次污染等问题，所以在火炸药废水处理的应用中受到限制，而生物化学处理方法（简称生化法）处理火炸药废水具有很大的开发潜力。废水生化处理是利用生物的新陈代谢作用，对废水中的污染物进行转化和稳定，使之无害化的处理方法。对污染物进行转化和稳定的主体是微生物，而微生物又具有来源广、易培养、繁殖快、对环境适应性强、易变异等特性，在生产上能较容易地采集菌种进行培养繁殖，并在特定条件下进行驯化，使之适应有毒工业废水的水质条件，从而通过微生物的新陈代谢使有机物无机化，有毒物质无害化。再者，微生物的生存条件温和，新陈代谢过程中不需高温高压，无需投加催化剂，用生化法进行污染物的转化和一般化学法相比，具有得天独厚的技术优越性。用生化法处理成本低，运行管理方便，尤为重要的是不产生二次污染，是更为安全可靠的处理方法，因此越来越多的研究者致力于火炸药废水生化法处理的技术和应用研究。然而，火炸药废水中的主要污染物绝大部分含硝基，一般认为难以生物降解且可能对微生物具有较强的生物毒性，这对生化法处理此类废水提出了严峻挑战。废水的生化法主要包括好氧生化法、厌氧生化法以及厌氧-好氧组合生化法等。

## 3.1 好氧生物处理技术

废水的好氧生化处理法是好氧微生物在有氧的条件下，将有机物氧化分解，并以释放的能量来实现其机体的功能，如繁殖、增长和运动等。微生物利用污水中存在的有机污染物（以溶解状和胶体态为主）为底物进行好氧代谢，这些高能位的有机物经过一系列的生化反应，逐级释放能量，最终以低能位的无机物稳定下来，以便返回自然环境或进一步处理，最终达到无害化的要求。鉴于好氧分解的特点，废水的好氧生化处理法效率高，速度快，处理后废水无异臭，水质清。为了保持微生物的好氧环境，必须向废水中提供充足的氧，并综合考虑废水的好氧生化处理法的处理效果和处理成本。此法已广泛用于低浓度有机废水的处理。

目前废水好氧生化法已广泛应用于火炸药废水的处理，但其中较实用的是活性污泥法和生物膜法两类。活性污泥法是以污水中有机污染物作为培养源，在有氧条件下对微生物群体进行混合连续培养，形成呈絮花状的活性污泥。活性污泥是由微生物群、原生物群、藻类以及被吸附的有机物和无机物所构成的复合体。利用活性污泥在废水中的凝聚、吸附、氧化、分解和沉淀等作用，可以去除废水中的有机和部分无机污染物。生物膜法是使微生物群体附着在固体介质（滤料等）的表面上，形成生物膜，在废水与生物膜接触的过程中，有机污染物被吸附、氧化和分解，使得废水得到净化。

### 3.1.1 好氧悬浮生长处理技术

**1. 活性污泥法的基本原理**

向生活污水中注入空气进行曝气，并持续一段时间以后，污水中即生成一种呈悬浮状态的絮凝体。这种絮凝体主要是由大量繁殖的微生物群体所构成的，它有巨大的表面积和很强的吸附性能，称为活性污泥（Activated Sludge）。活性污泥法处理废水的基本流程如图 3－1 所示，主要设备是曝气池和沉淀池。需处理的污水和从沉淀池回流的活性污泥同时进入曝气池，向曝气池鼓入空气，使污泥和活性污泥充分混合接触，以保证旺盛的生物代谢过程。污水中的有机物不断地被微生物摄取、分解而使污水净化。混合液流入沉淀池，污泥发生沉淀从而使污水和活性污泥分离，净化水向外排放，一部分活性污泥回流到曝气池进行接种，剩余污泥从系统中排除。

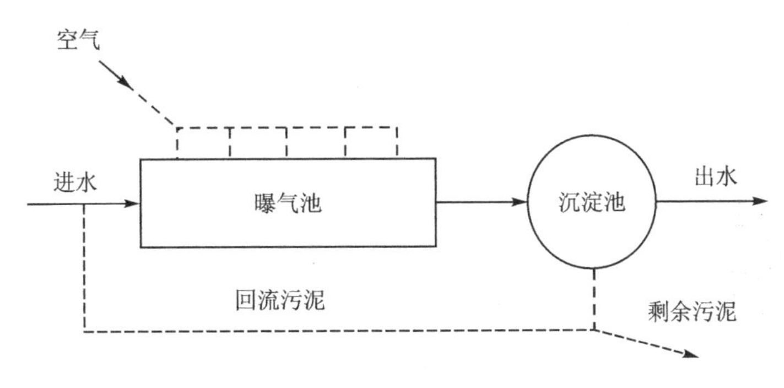


**图 3－1　活性污泥法基本流程**

**2. 活性污泥的组成**

活性污泥是由活性的微生物、微生物自身氧化的残留物、吸附在活性污泥上的有机物和无机物组成的。其中，微生物是活性污泥的主要组成部分。活性污泥中的微生物又是由细菌、真菌、原生动物和后生动物等多种微生物群体相结合所组成的复杂的生态系。活性污泥通常为黄褐色絮状颗粒，其直径一般为 0.02～2 mm，含水率一般为 99.2%～99.8%，密度因含水率不同而异，一般为 1.002～1.006 $g/cm^3$。细菌是活性污泥组成和净化功能的中心，是活性污泥中微生物群落的最主要部分。污水中有机物的性质和活性污泥法的运行操作条件决定了哪些种属的细菌占优势，例如含蛋白质的污水有利于产碱杆菌属和芽孢杆菌属，而糖类污水或烃类污水则有利于假单孢菌属。在一定的能量水平（即细菌的活动能力）下，细菌构成了活性污泥的絮凝体的大部分，并形成菌胶团，具有良好的自身凝聚和沉降性能。在活性污泥中，除细菌外还出现原生动物，是细菌的首次捕食者；继之出现后生动物，是细菌的第二次捕食者。

**3. 净化过程与机理**

① 初期去除与吸附作用。在很多活性污泥系统里，污水与活性污泥接触后很短的时间（10～45 min）内就出现了很高的有机物（BOD）去除率。这种初期高速去除现象是吸附作用所引起的。由于污泥表面积很大，混合液可达 2 000～10 000 $m^2/m^3$，且表面具有多糖类粘质层，因此，在污水和污泥接触的初期，污水中的悬浮物质和胶体物质是被絮凝和吸附去除的。

② 微生物的代谢作用。活性污泥中的微生物以污水中各种有机物作为营养，在有氧的条件下，将其中一部分有机物合成新的细胞物质（原生质），对另一部分有机物进行分解代谢，即氧化分解以获得合成新细胞所需要的能量，并最终形成 $CO_2$ 和 $H_2O$ 等稳定物质。

③ 絮凝体的形成与凝聚沉降。如果有机物转化所形成的菌体未能从污水中分离出去，则这样的净化不能算结束。为了使菌体从水中分离出来，现多采用重力沉降法在活性污泥池后的沉淀池内进行污泥分离。如果活性污泥絮体处于极度松散状态，由于其大小与胶体颗粒大

体相同，它们将保持稳定悬浮状态，沉降分离是不可能的。为此，必须使菌体凝聚成为易于沉降的絮凝体，絮凝体的形成一般是通过丝状细菌的繁殖来实现的。

**4. 活性污泥法的分类**

按废水和回流污泥的进入方式及其在曝气池中的混合方式，活性污泥法可分为推流式和完全混合式两大类。

推流式活性污泥曝气池有若干个狭长的流槽，废水从一端进入，在曝气的作用下，以螺旋方式推进，流经整个曝气池，至池的另一端流出，随着水流的过程，污染物被降解。此类曝气池又可分为平行水流（并联）式和转折水流（串联）式两种。其工艺流程如图 3-2 所示。在推流式活性污泥系统中，废水中污染物浓度自池首至池尾是逐渐下降的，由于在曝气池内存在这种浓度梯度，故废水降解反应的推动力较大，效率较高。曝气池可以根据需要设计成相对较大尺寸和容量的系统，这使得它不易产生短路现象，能够处理大型污水处理厂或高流量的废水。曝气池中氧气的利用率通常存在不均匀的情况，即入流端的氧气利用率较高，而出流端的氧气利用率较低。这可能导致在曝气池的池尾部分出现供气过量的现象，从而增加了动力费用。推流式曝气池运行方式较为灵活，可采用多种运行方式。

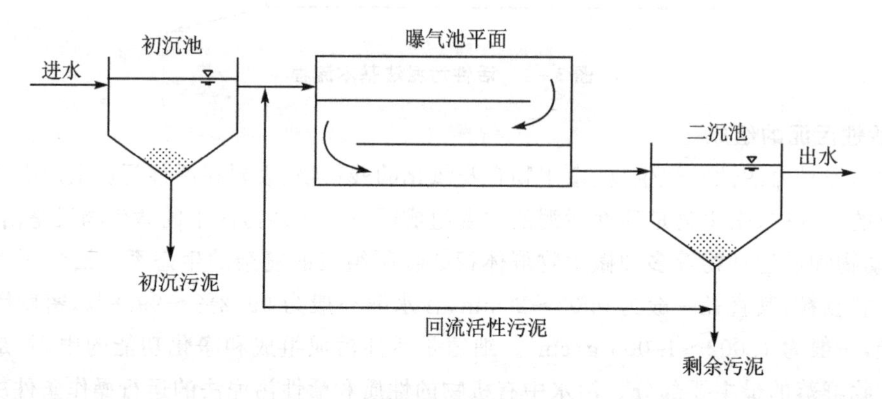


**图 3-2　推流式曝气池工艺流程**

完全混合式活性污泥曝气池的工艺流程如图 3-3 所示。废水进入曝气池后在搅拌的作用下迅速与池中原有的混合液充分混合，因此混合液的组成、微生物群的量和质是完全均匀一致的。这意味着曝气池中所有部位的生物反应都是相同的，氧吸收率都是相当的。完全混合式活性污泥法具有如下特点：抗冲击负荷的能力强，池内混合液能对废水起稀释作用；由于全池需氧要求相同，因此能节省动力消耗；有时曝气池和沉淀池可合建，不需要单独设置污泥回流系统，便于运行管理；连续进水、出水可能造成短路，易引起污泥膨胀；池子体积不能太大，因此一般用于处理量比较小的情况，比较适宜处理高浓度的有机废水。

按供氧方式，活性污泥法可分为鼓风曝气式和机械曝气式两大类。鼓风曝气式是采用空气（或纯氧）作氧源，以气泡形式鼓入废水中，适合于长方形曝气池，布气设备装在曝气池的一侧或底部，气泡在形成、上升和破裂时向水中传氧并搅动水流。机械曝气式是用专门的曝气机械剧烈地搅动水面，使空气中的氧溶解于水中，通常曝气机兼有搅拌和充氧作用，使系统接近于完全混合型。

**5. 活性污泥的评价指标**

① 混合液悬浮固体（Mixed Liquor Suspension Solid，MLSS）：混合液是曝气池中污水和

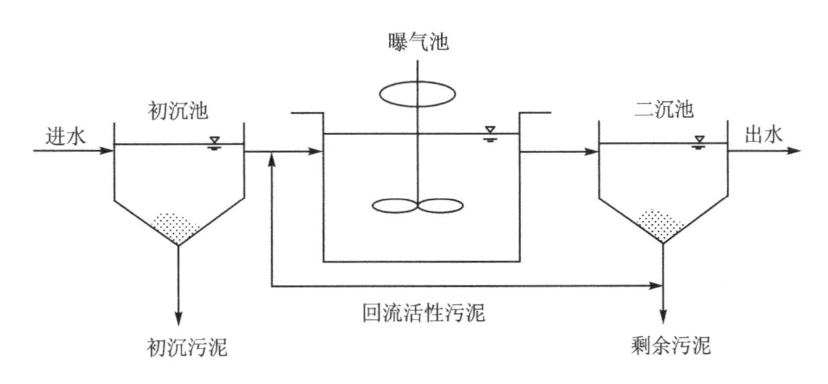


**图3-3 完全混合式活性污泥曝气池工艺流程**

活性污泥混合后的混合悬浮液。混合液固体悬浮物浓度是指单位体积混合液中干固体的含量，单位为mg/L或g/L，工程上还常用$kg/m^3$，也称混合液污泥浓度（一般用$X$表示），它是计量曝气池中活性污泥数量多少的指标。一般活性污泥法中，MLSS浓度为2～4 g/L。

② 混合液挥发性悬浮固体（Mixed Liquor Volatile Suspension Solid，MLVSS）：MLVSS浓度是指混合液悬浮固体中的有机物的质量，单位为mg/L、g/L或$kg/m^3$。把混合液悬浮固体在600 ℃下焙烧，能挥发的部分即是挥发性悬浮固体，剩下的部分称为非挥发性悬浮固体。一般在活性污泥法中用MLVSS表示活性污泥中的生物含量。在一般情况下，MLVSS/MLSS值较为固定，对于生活污水，该比值常在0.75左右；对于工业废水，该比值视水质不同而异。

③ 污泥沉降比（Settling Volume，SV）：污泥沉降比是指曝气池混合液在100 mL量筒中，静置沉降30 min后，沉降污泥所占的体积与混合液总体积之比的百分数，所以也称为30 min沉降比。正常的活性污泥在沉降30 min后，可以接近它的最大密度，故污泥沉降比可以反映曝气池正常运行时的污泥量，此数据可用于控制剩余污泥的排放。此外，SV还能及时反映出污泥膨胀等异常情况，便于及早查明原因，采取措施。污泥沉降比测定比较简单，并能说明一定的问题，已成为评定活性污泥的重要指标之一。

④ 污泥体积指数（Sludge Volume Index，SVI）：污泥体积指数也称污泥容积指数，是指曝气池出口处混合液，经30 min静置沉降后，沉降污泥体积中1 g干污泥所占的容积的毫升数，单位为mL/g，一般不标明单位。它与污泥沉降比有如下关系：

$$\mathrm{SVI}=(\mathrm{SV}\times 10)/X$$

式中，$X$的单位为g/L，SV以百分数代入。SVI值能较好地反映出活性污泥的松散程度（活性）和凝聚、沉降性能。SVI值过低，说明污泥颗粒细小紧密，无机物多，缺乏活性和吸附力；SVI值过高，说明污泥难以沉降分离，并使回流污泥的浓度降低，甚至出现污泥膨胀，导致污泥流失等后果。一般认为，处理生活污水，SVI＜100时，沉降性能良好；SVI为100～200时，沉降性能一般；SVI＞200时，沉降性能不好。一般SVI控制在50～150之间较好。

⑤ 活性污泥的生物相：活性污泥中出现的微生物主要包括细菌、放线菌、真菌、原生动物和少数其他微型动物。在正常情况下，细菌主要以菌胶团的形式存在，游离细菌仅出现在未成熟的活性污泥中，也可能出现在废水处理条件变化（如毒物浓度升高、pH值过高或过低等）导致菌胶团解体的时候。游离细菌过多是活性污泥处于不正常状态的特征。

**6. 影响活性污泥法处理效果的因素**

① 污泥负荷（$L_s$）：在活性污泥法中，一般将有机物（$BOD_5$）与活性污泥（MLSS）的质量比

值(Food to Biomass,F∶M)称为污泥负荷,用 $L_s$ 表示。污泥负荷又分为质量负荷和容积负荷。质量负荷(Organic Loading Rate)即单位质量活性污泥在单位时间内所承受的 $BOD_5$ 量,单位为 kg $BOD_5$/(kg MLSS · d)。容积负荷(Volumetric Loading Rate)是曝气池单位有效容积在单位时间内所承受的 $BOD_5$ 量,单位为 kg $BOD_5$/($m^3$ · d)。

污泥负荷的计算公式:

$$L_s = QS_0/VX$$

式中 $L_s$——活性污泥负荷,kg BOD/(kg MLSS · d);

$Q$——废水的处理量,$m^3$/d;

$V$——曝气池的有效容积,$m^3$;

$S_0$——进水 $BOD_5$ 浓度,kg/$m^3$;

$X$——活性污泥浓度,kg MLSS/$m^3$。

污泥负荷与废水处理效率、活性污泥特性、污泥生成量、氧的消耗量有很大关系,是设计活性污泥法时的主要参数。温度对污泥负荷的选择也有一定影响。污泥负荷影响活性污泥特性,采用不同的污泥负荷,会导致微生物的营养状态不同,活性污泥絮凝和沉降性也就不同。实践表明,在一定的活性污泥法系统中,污泥的 SVI 值与污泥负荷之间有复杂的变化关系。SVI 与污泥负荷曲线是具有多峰的波形曲线,有三个低 SVI 的负荷区和两个高 SVI 的负荷区。如果在运行时负荷波动进入高 SVI 负荷区,污泥沉降性差,将会出现污泥膨胀的现象。一般在高负荷时应选择在 1.5~2.0 kg BOD/(kg MLSS · d)范围内,中负荷时为 0.2~0.4 kg BOD/(kg MLSS · d),低负荷时为 0.03~0.05 kg BOD/(kg MLSS · d)。

② 污泥龄和水力停留时间(HRT):污泥龄(Sludge Age)是曝气池中工作着的活性污泥总量与每日排放的污泥量之比,单位是天(d)。在运行稳定时,曝气池中活性污泥的量保持常数,每日排出的污泥量也就是新增长的污泥量,污泥龄也就是新增长的污泥在曝气池中平均停留时间,或污泥增长 1 倍平均所需要的时间。污泥龄也称固体平均停留时间或细胞平均停留时间。污泥龄是影响活性污泥处理效果的重要参数。水力停留时间 HRT 是指水在处理系统中的停留时间,单位也是 d。HRT=$V/Q$,$V$ 是曝气池的体积,$Q$ 是废水的流量。

③ 溶解氧(Dissolved Oxygen,DO):对于推流式活性污泥法,氧的最大需要量出现在污水与污泥开始混合的曝气池首端,此区域常供氧不足。供氧不足会出现厌氧状态,妨碍正常的代谢过程,滋长丝状菌。供氧多少一般用混合液溶解氧的浓度表示。活性污泥絮凝体的大小不同,所需要的最小溶解氧浓度也就不一样。絮凝体越小,与污水的接触面积越大,越利于对氧的摄取,所需要的溶解氧浓度就越小。絮凝体越大,则所需的溶解氧浓度就越大。为了使沉降分离性能良好,较大的絮凝体是所期望的,因此溶解氧浓度以 2 mg/L 左右为宜。

④ 营养物:在活性污泥系统里,微生物的代谢需要一定比例的营养物,除了以 BOD 表示的碳源外,还需要氮、磷和其他微量元素。生活污水含有微生物所需要的各种元素,但某些工业废水却缺乏氮、磷等重要元素。一般认为活性污泥系统对碳源、氮、磷的需要应满足 BOD∶N∶P=100∶5∶1的比例要求。

⑤ pH 值:对于好氧生物处理,pH 值一般以 6.5~9.0 为宜。pH 值低于 6.5,真菌即开始与细菌竞争;pH 值降低到 4.5 时,真菌将占优势,严重影响沉降分离;pH 值超过 9.0 时,代谢速度受到阻碍。需要指出的是,pH 值是指混合液而言,而不是指进水 pH 值。对于碱性废水,生化反应可以起缓冲作用;对于以有机酸为主的酸性废水,生化反应也可以起缓冲作用。

⑥ 水温：在微生物酶系统不受变性影响的温度范围内，水温的升高可以促进微生物活动并提高反应速度。水温上升还有利于混合、搅拌、沉降等物理过程，但不利于氧的转移。对于活性污泥过程，一般认为水温在20～30 ℃时效果最好，35 ℃以上和10 ℃以下净化效果降低。

⑦ 有毒物质：对生物处理有毒害作用的物质有很多种。毒物大致可分为重金属、$H_2S$等无机物质，以及氰、酚等有机物质。这些物质对细菌具有毒害作用，或是破坏细菌细胞某些必要的生理结构，或是抑制细菌的代谢进程。毒物的毒害作用还与pH值、水温、溶解氧浓度、有无其他毒物及微生物的数量或是否驯化等有很大关系。

⑧ 污泥回流比：污泥回流比是指回流污泥的流量与曝气池进水流量的比值，一般用百分数表示，符号为$R$。污泥回流量的大小直接影响曝气池污泥的浓度和二次沉淀池的沉降状况，所以应适当选择，一般在20%～50%之间，有时也高达150%。

**7. 活性污泥增长规律**

活性污泥中的微生物是多菌种的混合群体，其生长繁殖规律比较复杂，但也可用其增长曲线表示一般规律。在静态培养体系中，即在一个无进出水的密闭系统中，如果给微生物提供完全、充分的营养及环境条件，则活性污泥的增长过程可分为延迟期、对数增长期、稳定期和衰亡期四个阶段。在每个阶段，有机物(BOD)的去除率、去除速率、氧的利用速度及活性污泥特征等都各不相同。延迟期代表了微生物适应新环境需要的时间，可长可短，取决于水质及微生物培养历史。在对数增长期，由于营养物浓度超过微生物的需要量，生长不受限制，生物量呈对数增长。由于营养物浓度随微生物的消耗逐渐下降，微生物繁殖世代时间增长，毒性代谢产物逐渐增多，当营养物浓度达到生长限度时，细菌即进入稳定期。在内源呼吸期，营养物耗竭，迫使微生物代谢自身的原生质，生物量逐渐减少。

## 3.1.2 好氧附着生长处理技术

废水的好氧附着生长处理技术，通常被称为生物膜法。好氧微生物和原生动物、后生动物等好氧微型动物附着于固体介质(滤料、盘片等)的表面进行生长繁殖，形成生物膜。污水通过与生物膜的接触，水中的有机污染物作为营养物质被吸附、氧化、分解，从而使污水得到净化。

**1. 生物膜的形成和成熟**

生物膜的形成必须具有以下几个前提条件：① 有载体物质。具备支撑作用、供微生物附着生长的载体物质，在生物滤池中称为滤料，在接触氧化工艺中称为填料，在好氧生物流化床中称为载体。② 有营养物质。供微生物生长所需的营养物质，即废水中的有机物、N、P以及其他营养物质。③ 有作为接种物的微生物。含有营养物质和接种微生物的污水在填料的表面流动，一定时间后，微生物会附着在填料表面而增殖和生长，形成一层薄的生物膜。生物膜的成熟是指在生物膜上由细菌及其他各种微生物组成的生态系统对有机物的降解功能达到了平衡和稳定。生物膜从开始形成到成熟，一般需要30天左右。

**2. 生物膜的结构**

生物膜表面容易吸取营养物质和溶解氧，形成好氧和兼氧微生物组成的好氧层。在生物膜内层，由于微生物的利用和扩散阻力，制约了溶解氧向生物膜内层的渗透，形成由厌氧和兼性微生物组成的厌氧层。生物膜的基本结构如图3-4所示。

生物膜为高度亲水物质，外侧附着一层薄薄的附着水层，附着水流动很慢，其中的有机物大多已被生物膜中的微生物所摄取，其浓度要比流动水层中的有机物浓度低。与此同时，空气

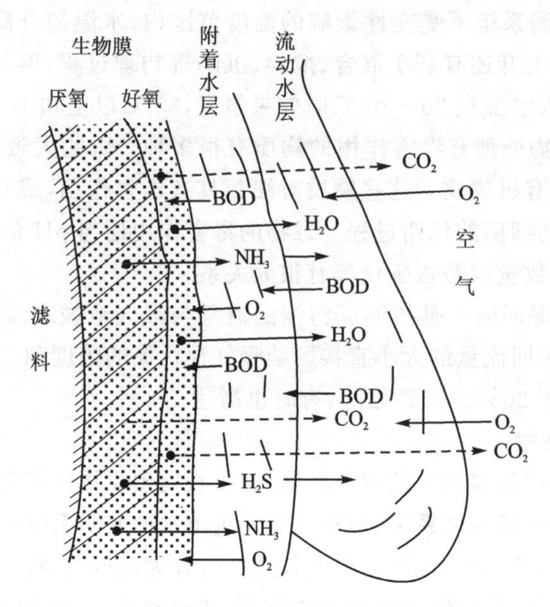


图 3-4　生物膜结构示意图

中的氧扩散转移进入生物膜好氧层，供微生物呼吸。生物膜上的微生物利用溶入的氧气对有机物进行氧化分解，产生无机盐和二氧化碳，达到水质净化的目的。厌氧层微生物缺少溶解氧，依靠厌氧产甲烷、缺氧反硝化等作用对废水中的污染物进行转化和降解。有机物代谢过程的产物沿着相反方向从生物膜经过附着水层排到流动水或空气中去。

**3. 生物膜的更新与脱落**

生物膜的更新与脱落主要经历以下几个过程：① 厌氧膜的出现。随着生物膜厚度的不断增加，氧气不能进入的生物膜内部深处将转变为厌氧状态。成熟的生物膜一般都由厌氧膜和好氧膜组成，好氧膜是有机物降解的主要场所，一般厚度为 2 mm。② 厌氧膜的加厚。由于厌氧过程的代谢产物增多，导致厌氧膜与好氧膜之间的平衡被破坏。气态产物的不断逸出，减弱了生物膜在填料上的附着能力，使生物膜逐步成为老化生物膜，其净化功能较差且易于脱落。③ 生物膜的更新。老化膜脱落后，新生生物膜将继续生长，生物膜处于动态平衡状态，而且新生生物膜的净化功能较强。

基于生物膜的更新与脱落原理，在生物膜的运行过程中需要遵循以下几个原则：① 减缓生物膜的老化进程；② 控制厌氧膜的厚度；③ 加快好氧膜的更新；④ 尽量控制使生物膜不集中脱落。

**4. 影响生物膜法污水处理效果的主要因素**

① 温度：温度是影响微生物正常代谢的重要因素之一。任何一种微生物都有一个最佳生长温度，在一定的温度范围内，大多数微生物的新陈代谢活动都会随着温度的升高而增强，随着温度的下降而减弱。好氧微生物的适宜温度范围是 10～35 ℃，一般水温低于 10 ℃会对生物处理的净化效果产生不利影响。在温度高的夏季，生物处理效果最好；而在冬季水温低的时候，生物膜的活性会受到抑制，处理效果受到影响。水温在接近细菌生长的最高生长温度时，细菌的代谢速度达到最大值，胶体基质可作为呼吸基质而被消耗，使污泥结构松散而解体，吸附能力降低，出水由于漂泥而浑浊，出水 SS 升高，出水 BOD 反而增大。温度升高还会使饱和

溶解氧降低，氧的传递速率降低，在供氧跟不上时造成溶解氧不足，污泥缺氧腐化而影响处理效果，超过最高温度时，最终会导致细菌死亡。因此，对温度高的工业废水必要时应予以降温措施。

② pH值：微生物的生长、繁殖与pH值有着密切的关系，对好氧微生物来说，pH值在6.5～8.5之间较为适宜。细菌经驯化后对pH值的适应范围可进一步提高。如印染废水进入水解酸化池时，pH值控制在9.0～10.5范围内，经长期驯化后，处理效果保持良好。一般来讲，废水中大多含有碳酸、碳酸盐类、铵盐及磷酸盐类物质，使污水具有一定的缓冲pH值的能力。在一定范围内，对酸或碱的加入能起到缓冲作用，不至于引起pH值较大的变化。一般来说，城市污水大多具有一定的缓冲能力。生物反应都是在酶的参与下进行，酶反应需要合适的pH值，因此污水的pH值对细菌的代谢活性有很大的影响。此外，pH值还会改变细菌表面电荷，从而影响细菌对营养的吸收。微生物对pH值的波动十分敏感，即使在其生长pH值范围内，pH值的突然改变也会引起细菌活性的明显下降，这是由于细菌对pH值改变的适应比对温度改变的适应过程慢得多，因此在生化系统运行过程中应尽量避免污水pH值的突然改变。

③ 水力负荷：水力负荷的大小直接关系到污水在反应器中与载体上生物膜的接触时间。微生物对有机物的降解通常需要一定的接触反应时间，以确保足够的接触和反应发生。水力负荷愈小，污水与生物膜接触时间愈长，处理效果愈好。水力负荷的大小在控制生物膜厚度和改善传质方面也起着一定的作用。水力负荷的提高，其紊流剪切作用对生物膜厚度的控制以及对传质的改善有利，但水力负荷应控制在一定的限度以内，以免因水力冲刷作用过强，造成生物膜的流失。因此，不同的生物膜法工艺应有其适宜的水力负荷。

④ 溶解氧：溶解氧是生物处理的一个重要控制因素。在生物膜法处理中，溶解氧应保持一定的水平，一般以4 mg/L左右为宜。在这种情况下，活性污泥或生物膜的结构良好，沉降、絮凝性能良好。而溶解氧的低值，一般应维持不低于2 mg/L，而且这个低值亦只是发生在反应器的局部地区，如反应器的进水口区域，有机物相对集中且较多的地方。另外，氧供应过多，反而会因代谢活动增强，营养供应不上而使污泥或生物膜自身产生氧化，促使污泥老化。

⑤ 载体表面结构与性质：生物载体对处理效果的影响主要反映在载体的表面性质上，包括载体的比表面积的大小、表面亲水性及表面电荷、表面粗糙度、载体的密度、堆积密度、孔隙率、强度等。因此载体的选择不仅决定了可供生物膜生长的比表面积的大小和生物膜量的大小，而且还影响着反应器中的水动力学状态。在正常生长环境下，微生物表面带有负电荷，如果载体表面带正电荷，将使微生物在载体表面附着、固定过程更易进行。载体表面的粗糙度有利于细菌在其表面附着、固定，粗糙的表面增加了细菌与载体间的有效接触面积，比表面积形成的孔洞、裂缝等对已附着的细菌起到屏蔽保护的作用，使其免受水力剪切的冲刷作用。

⑥ 生物膜量及活性：生物膜的厚度反映了生物量的大小，也影响着溶解氧和基质的传递。当考虑生物膜厚度时，要区分膜的总厚度与活性厚度，生物膜过厚，膜内传质阻力会限制实际参与降解基质的生物膜量。只有在膜活性厚度范围(70～100 nm)内，基质降解速度才会随膜厚度的增大而增大。当生物膜为薄层膜时，膜内传质阻力小，膜活性高。当生物膜超出活性厚度时，基质降解速度与膜厚无关。由此推知，各种生物膜法适宜的生物膜厚度应控制在150 nm以下。随生物膜厚度增大，膜内传质阻力增加，单位生物膜量的膜活性下降，已不能提高生物膜对基质的降解能力，反而会因生物膜的持续增厚，膜内层由兼性层转入厌氧状态，导致膜的大量自动脱落(超过600 nm即发生脱落)，或填料上出现积泥，或出现填料堵塞现象，

从而影响到生物膜反应池的出水水质。

⑦ 有毒物质:一般在工业废水中,存在着对微生物具有抑制和杀害作用的化学物质,这类物质称为有毒物质,如重金属离子、酚、氰等。毒物对微生物的毒害作用,主要表现在细胞的正常结构遭到破坏以及菌体内的酶变质,并失去活性。如重金属离子(砷、铅、镉、铬、铁、铜、锌等)能与细胞内的蛋白质结合,使它变质,使酶失去活性。为此,在废水生物处理中,对这些有毒物质应严加控制。不过,它们对微生物的毒害和抑制作用,有一个量的概念,即当达到一定浓度时,这个作用才显示出来。只要在允许的浓度内,微生物还是可以承受的。对生物处理来讲,废水中存在的毒物浓度的允许范围至今还未有一个统一的标准,还需通过试验不断完善。对某一种废水来说,必须根据具体情况做具体的分析,必要时通过试验,以确定生物处理对水中毒物的容许浓度。因为微生物通过适应和驯化,可能可以承受更高浓度。相对于活性污泥体系,生物膜体系对有毒物质的耐受能力和抗冲击负荷能力要强得多。因此,生物膜法较活性污泥法更适用于工业废水的处理。

⑧ 盐度:污水中的盐度对微生物维持正常的渗透压非常重要,虽然微生物对盐度有一定的驯化和适应能力,但微生物通常不能适应短时间内盐度的大幅度、突然变化,尤其是对盐度的突然降低比盐度的突然升高更加敏感,容易引起活性污泥的解体。

### 3.1.3 好氧生物处理工艺

早在20世纪四五十年代,好氧生物处理法就应用于工业废水处理。50年代末至60年代初,用好氧生物氧化法处理工业废水在美国、日本等国家得到迅速推广,基本都采用混合稀释、大量曝气充氧的活性污泥工艺模式,取得了比较好的处理效果。20世纪60年代中期至70年代中期,生化处理技术不断取得进步,出现了如纯氧曝气、塔式生物滤池、接触氧化、生物转盘、深井曝气等专门用于工业废水处理的新工艺,并在制药废水处理中进行大量应用,这些工艺在降低能耗、简化操作方面均取得了一定进展,但也存在投资较大、传质效果受限和不适宜较大规模应用等问题。我国的工业废水处理技术研究和应用始于20世纪70年代,首先采用的是以活性污泥法为代表的好氧工艺,在工程中得到广泛应用。20世纪80年代,好氧工艺主要有活性污泥法、生物接触氧化法、生物转盘法、深井曝气、氧化沟等。随着好氧生物处理系统的不断改进,尤其是活性污泥法在曝气方式上取得了重大进步,使过去供氧不足的问题得到了解决,但也伴随着大量的能耗,同时也不断受到普通活性污泥工艺自身缺陷的困扰,如污泥膨胀、操作不简便等。进入20世纪80年代以后,序批式活性污泥法(SBR)及各种变形工艺,如循环曝气活性污泥工艺(CASS)、间歇循环延时曝气活性污泥法(ICEAS)、移动床生物膜反应器(MBBR)、曝气生物滤池(BAF)、膜生物反应器(MBR)等的先后出现,较好地弥补了普通活性污泥法的缺陷,也解决了前述工艺存在的问题,并且通过采用计算机自动控制技术系统、有效地提高了工艺运行的精确性,降低了操作管理的复杂性和劳动强度,逐渐成为主流好氧处理工艺。

SBR法具有均化水质、无需污泥回流、耐冲击、污泥活性高、结构简单、操作灵活、占地少、投资省等优点,比较适合于处理间歇排放和水量水质波动大的制药废水。例如,采用SBR法处理抗生素生物制药废水,当进水COD浓度在1 180～3 061 mg/L之间变化时,出水COD均小于300 mg/L。然而,SBR法具有泥水分离时间较长的缺点,在处理高浓度废水时,容易发生高粘性污泥膨胀。因此,通常考虑在活性污泥系统中投加粉末活性炭,以达到减少曝气池的泡沫、改善污泥沉降性能、改善污泥脱水性能等目的。20世纪90年代中期,SBR、ICEAS工艺首先在江西东风制药厂和苏州第二制药厂得到应用，取得了较好的效果。90 年代末山东鲁抗集团从美国引进 CASS 技术获得了成功，从此 CASS 技术在制药废水治理中得到推广；石家庄制药集团、哈尔滨制药总厂等陆续采用 CASS 技术，取得了比较好的处理效果。20 世纪 90 年代初，氧化沟工艺曾经在合成制药、抗生素制药废水处理中得到应用，如在上海第四制药厂、济宁抗生素总厂中的应用，但是其负荷低、占地大的缺点限制了氧化沟的进一步推广。进入 21 世纪后，针对 SBR、CASS 等工艺池容利用率偏低等问题，国内研究机构和制药厂在采用类似三槽式氧化沟、交替式生物处理池（UNITANK）等工艺形式处理制药废水方面进行了不断探索和实践。近年来，用氧化沟处理污水的生化工艺逐渐在国内推广；对于制药工业，氧化沟处理法也不断得到应用。如 ORBAL 氧化沟（同心圆型氧化沟），已应用于合成制药废水，利用该型氧化沟延时曝气功能，沟内进行交替的厌氧—好氧过程。运行结果表明，ORBAL 氧化沟不仅具有出色的去除有机污染物的能力，还具有除氮功能。

在东北制药总厂建成的 80 $m^3$ 的试验用深井曝气系统，经试验得到了很好的处理效果，对制药行业的废水处理产生了很大的影响。在 20 世纪 80 年代中后期引发了一场深井曝气工艺的热潮，苏州第一、第二、第四制药厂，上海第三制药厂，湖南制药厂等相继建成深井曝气废水处理装置。据不完全统计，制药行业先后投产了 32 眼深井。之后，由于部分深井出现渗漏现象，再加之深井施工难度较大、基建费用较高等问题，深井曝气工艺又很快进入低潮。常州第三制药厂采用加压生化-生物过滤法处理合成制药废水，其中加压生化部分采用加压氧化塔的形式，塔内的压力可达 4～5 个大气压（1 个大气压＝101 kPa），水中的溶解氧浓度高达 20 mg/L 以上，结果表明加压生化不仅能够去除大部分有机物，而且能够去除大部分挥发酚、石油类与氨氮类物质，主要污染物的去除率高达 80%～90%以上。加压曝气的活性污泥法提高了溶解氧的浓度，使得供氧充足，既有利于加速生物降解，又有利于提高生物耐冲击负荷的能力。

生物接触氧化法兼有活性污泥法和生物膜法的特点，具有较高的处理负荷，适合于处理高毒性、较高浓度、容易引起污泥膨胀的有机废水。20 世纪末期，接触氧化法在制药废水处理中也得到比较广泛的应用，如在华北制药厂、河北维尔康公司中的应用。近 10 年来，在制药工业废水的处理中，常常采用接触氧化法来处理土霉素、麦迪霉素、维生素 C、洁霉素、四环素、甾体类激素、中药等制药生产废水；采用厌氧消化、酸化作为预处理，再采用生物接触氧化法进行后续处理的工艺亦较为常见，例如扑热息痛、抗生素原料药、甾体类激素等制药工业的生产废水均取得了较理想的处理效果。接触氧化法处理制药废水时，如果进水浓度高，池内易出现大量泡沫，运行时应采取防治和应对措施。在实际运行中，要保持接触氧化良好的运行效果，通常要求进水的 COD 浓度不大于 1 000 mg/L；运行负荷不宜过高，否则会导致填料结团，影响处理效果。生物流化床技术将活性污泥法和生物接触氧化法两者的优点融为一体，因而具有容积负荷高、反应速度快、占地面积小等优点，曾在麦迪霉素、四环素、卡那霉素等制药工业废水处理中得到试验研究和小规模应用。生物流化床常以工厂烟道灰等作载体，内设挡板，使流化床分为曝气区、回流区、沉淀区，处理制药废水时 COD 去除率可达 80%以上，BOD 去除率可达 95%以上。

随着环保要求的提高，一些新的处理工艺也被用于工业废水的处理。移动床生物膜反应器（MBBR）是通过向反应器中投加一定数量的悬浮载体，提高反应器中的生物量及生物种类，从而提高反应器的处理效率。由于填料密度接近于水，所以在曝气的时候，与水呈完全混合状态。载体上生物膜内层和外层具有不同的生物种类，内部生长一些厌氧菌或兼氧菌，外部为好养菌和硝化菌,厌氧反应、好氧反应、硝化反应和反硝化反应同时存在,多样的反应功能提高了MBBR的废水处理效果。载体在水中的碰撞和剪切作用,使空气气泡更加细小,增加了氧气的利用率。MBBR的核心就是增加填料,独特设计的填料在鼓风曝气的扰动下在反应池中随水流浮动,带动附着生长的生物菌群与水体中的污染物和氧气充分接触,污染物通过吸附和扩散作用进入生物膜内,被微生物降解。附着生长的微生物可以达到很高的生物量,因MBBR内生物浓度是悬浮生长活性污泥工艺的数倍,降解效率也因此成倍提高。研究者采用MBBR对Fenton混凝预处理后的农药废水进行生物处理,在MBBR内采用管屑式生物载体,鼓泡后呈流态化。在水力停留时间(HRT)为24 h、进水COD为3 000 mg/L、生物载体体积分数保持在20%以上时,COD去除率可达到85%以上;当载体体积分数降至10%时,观察到COD去除率明显下降至72%。随着Fenton预处理对生物降解性能的改善,以及流化生物载体对生物量和生物膜活性的提高,即使在37.5 g COD/$m^2$ 载体/d的高COD负荷下,生物过程仍稳定运行且能达到较高的去除效率。研究者利用实验室规模的MBBR对两种常用有机磷农药毒死蜱和马拉硫磷的生物转化性能进行了研究。通过改变水力停留时间,使反应器在不同有机负荷下运行300天。有机负荷的降低导致生物膜变薄,生物量增加,从而大大改变了生物转化过程;较低的有机负荷有利于硝化作用,在较高的有机负荷下,反硝化作用增强,是因为在较厚的生物膜中形成了缺氧区。在HRT为3 h时,马拉硫磷和毒死蜱的去除率分别为70%和55%;随着HRT的增加,去除率逐渐增大。在整个反应器运行过程中,微生物群落的组成和丰度发生了变化,较低的负荷率下有利于群落结构的多样化和均匀分布。异养菌群如*Flavobacterium*和*Acinetobacter johnsonii*,可能通过共代谢参与马拉硫磷和毒死蜱的生物转化。

膜生物反应器(MBR)是将膜分离技术与生物处理技术相结合而形成的一种新型高效废水处理技术。膜的作用是替代二沉池,将生物体截留在生物反应器中,使反应器保持高浓度(MLSS≥10 000 mg/L)的生物体。使用的膜通常为微滤膜或超滤膜,膜的类型有管式、中空纤维和平板式,其孔隙尺寸为0.1～0.3 μm。对于为从废水中去除污染物而需要较长的固体停留时间的情况,MBR是可取的生物处理工艺。

同常规工艺相比,MBR具有以下特点:

① 处理效率高。MBR工艺不仅能高效地进行固液分离,而且能有效地去除病原微生物。

② 富集的微生物浓度高。生物反应器内可以富集高浓度微生物,MLSS高于常规处理工艺。

③ 提高大分子有机物的降解率。高浓度活性污泥的吸附与长时间的接触,使分解缓慢的大分子有机物的停留时间变长,降解率提高,出水水质稳定。

④ 即使污泥膨胀亦不影响出水水质。由于过滤分离机理,即使出现污泥膨胀,依靠膜的过滤截留作用,也不影响出水水质。

⑤ 剩余污泥量少。MBR工艺实现了SRT和HRT的分离,SRT很长,污泥浓度高,生物反应器起到了污泥好氧消化池的作用,剩余污泥量少。

⑥ 实现自动控制。MBR工艺结构紧凑,易于实现一体化自动控制。

⑦ 操作灵活。MBR膜组件化设计,能够使工艺操作具有较大的灵活性和适应性。

MBR存在的主要缺点是:膜的一次投资高;运行中存在膜污染,需要对膜进行定期清洗;膜污染造成的堵塞会影响膜的使用寿命。

国内 MBR 应用于高浓度有机废水的研究，特别是制药废水的处理研究尚处于实验室探索阶段。研究者以上海市某制药厂抗生素发酵废水为对象，进行了一体式平片膜生物反应器处理抗生素废水研究，研究结果表明，膜的截留作用使反应器活性污泥的质量浓度达 15 g/L，在进水 COD 浓度为 2 500～4 000 mg/L 的情况下，COD 去除率达到 86%。试验运用 RIS 阻力模型对在线海绵擦洗的效果进行了初步研究，认为在线海绵擦洗对恢复膜通量和防止各种阻力因素的累积具有积极的实践意义。昆明理工大学的孙孝龙则采用模拟抗生素废水对 MBR 进行了研究，在 COD 进料负荷分别为 0.5 kg/($m^3$ · d)、1.0 kg/($m^3$ · d)、1.5 kg/($m^3$ · d)时，处理效果良好，出水达到相应的国家标准要求。

为进一步系统深入研究 MBR 处理抗生素废水的工艺条件和膜污染控制技术，河北省环境科学研究院与华北制药集团环境保护所合作采用中空纤维帘式膜进行了处理青霉素废水的小试和处理规模为 15 t/d 的中试研究，污泥浓度达 12 g/L，COD 进水负荷高达 8 kg/($m^3$ · d)，COD 去除率稳定在 90%以上，将 MBR 反应器卓越的处理高浓度有机废水的性能充分表现了出来；但同时也反映了 MBR 目前在高浓度有机废水处理领域应用面临的问题，即膜污染和膜寿命制约着 MBR 技术在此领域的工业化应用。由于高浓度有机废水特别是制药废水相对于城市污水而言，各种大分子有机物浓度高得多，因而处理工业废水的 MBR 就要实现对溶解性有机大分子的拦截作用，确保这些物质在生物反应器内能够被充分分解，提高出水水质，同时 MBR 通过保持高污泥浓度来提高曝气池的生化反应速度和污染物去除水平；也正是这些因素导致处理高浓度有机废水的 MBR 膜污染的速度和程度均远远高于应用于上水、中水以及城市污水处理中的膜组件，虽然通过膜材料选取、膜清洗技术的提高以及工艺控制条件的调整可以在一定程度上缓解膜污染对工艺运行的影响，但尚不足以推动 MBR 在制药废水处理领域的大规模工业化应用。

MBR 技术在制药废水处理工程中已有一些零星的探索性应用，主要用于一些原有处理设施的改造项目中，一般规模较小。浙江省某公司主要生产医药中间体——酰氯，其废水污染物浓度高，废水的水质水量变化大、COD 浓度高、pH 值波动性大，并且有一定毒性，没有排放规律，因而废水的处理有一定难度。浙江大学的白小慧等采用厌氧- MBR 工艺对其废水处理设施进行了改造，当原水 COD 浓度为 7 000～51 550 mg/L、pH 值为 4～13 时，厌氧池去除效率保持在 50%左右，MBR 处理效率保持在 80%以上，COD 等指标可以达到排放标准。浙江某生物化工公司主要产品有柱晶白霉素、农用井冈霉素、农畜两用阿维菌素，产生的废水水质、水量变化大，含有难降解有机物、毒性化合物，处理难度较大。采用以 PW 膜生物反应器为主体的工艺处理制药废水取得了成功，工艺流程详见图 3-5。

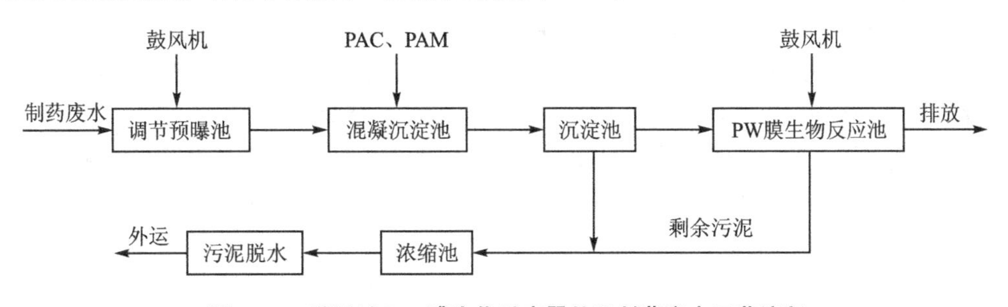


**图 3-5　采用以 PW 膜生物反应器处理制药废水工艺流程**

制药混合废水通过格栅，大颗粒可沉固体及漂浮物被拦截，进入调节池，调节水质、水量，并经预曝气后泵送至混凝反应池，分别加入适量的PAC、PAM溶液进行沉淀预处理，上清液进入PW膜生物反应器，通过微生物的好氧代谢将有机物降解，并由膜组件进行固液分离，处理后的废水可达标排放。

工艺核心装置PW膜生物反应器的HRT为4.4天，有效容积为880 $m^3$，设计容积负荷为1.4 kg $BOD_5/(m^3 \cdot d)$，结构尺寸为25.0 m×10.0 m×4.5 m。采用钢筋混凝土结构，内置日本生产的UFM424外进内出式PW膜300片，采用交叉流过滤，分离液采用丹麦进口的JPF9T抽吸泵抽吸，在PW膜分离单元下部装有微孔曝气器，气源由TSD-150型鼓风机供应。系统运行一年多的时间，出水指标一直稳定达到国家一级排放标准，虽然通过前处理、膜材料和结构的选择以及工艺条件的控制，膜未出现严重的堵塞，但随着时间的推移，膜污染不可避免地会出现。

总体上，膜污染在MBR工艺中是非常复杂且难以控制的，它是MBR工艺工程化面临的主要问题。膜污染控制技术研究应当是MBR应用于制药废水处理领域的重点突破方向，已取得的成果表明，好氧MBR中数量占绝对多数的生物絮体对膜污染起主导作用，而厌氧MBR则归结于有机质在膜表面的吸附、难溶无机物在膜表面的沉积以及微生物细胞在膜表面的粘附。因此，低成本膜材料的开发、膜材料的改性、膜寿命的延长等问题都是MBR工艺应用取得重大进展的基础条件，而通过结合高效菌种的筛选及培育，将是MBR工艺在制药废水处理中取得重大进展的方向。

## 3.2 厌氧生物处理技术

厌氧生物处理是在没有分子氧及化合态氧存在的条件下，兼氧细菌与厌氧细菌(主要是厌氧微生物)降解和稳定有机物的生物处理方法。在厌氧生物处理过程中，复杂的有机化合物被降解、转化为简单的化合物，同时释放能量。在这个过程中，有机物的转化分为三部分：一部分转化为甲烷，这是一种可回收利用的能源；还有一部分被分解为二氧化碳、水、氨、硫化氢等无机物，并为细胞合成提供能量；少量有机物则被转化、合成为新的细胞物质。由于仅有少量有机物用于合成，故相对于好氧生物处理，厌氧生物处理的污泥增长率小得多。

厌氧法不需要提供氧，但反应速度慢，处理有机物效果相对较差，出水常带有异臭及由硫化铁等形成的黑色物质，水质浑浊。当废水量较大时，设备十分庞大，基建费用也较高。从技术经济上来说，厌氧法适宜于水量小、浓度高的有机废水，以及废水处理过程中产生的有机污泥的消化。然而，厌氧过程可以通过厌氧发酵回收沼气，这是综合利用废物能源的重要途径。针对火炸药等工业废水的处理，一般利用厌氧法作为有机废水的预处理步骤，待浓度显著降低后，再进一步进行好氧处理，以节省费用及获得较好的处理效果。

厌氧生物处理是一种低成本的废水处理技术，是将废水的处理和能源的回收利用相结合的一种技术。包括中国在内的大多数国家面临严重的环境问题、能源短缺问题以及经济发展与环境治理的矛盾，需要有效、简单、费用低廉的技术。废水的厌氧生物处理技术可以同时实现能源生产和环境保护，其产物可以被积极利用而产生经济价值。例如，处理过的洁净水可被用于鱼塘养鱼、灌溉和施肥；产生的沼气可作为能源；剩余污泥可以作为肥料并用于土壤改良。因此，厌氧技术在我国工业废水处理领域大行其道，已成为特别适合我国国情的一种技术。

### 3.2.1　厌氧生物处理的一般原理

在废水的厌氧生物处理过程中，废水中的有机物经大量微生物的共同作用，最终转化为甲烷、二氧化碳、水、硫化氢。在此过程中，不同微生物的代谢过程相互影响，相互制约，形成复杂的生态系统。对复杂物料的厌氧过程的叙述，有助于我们了解这一过程的基本内容。所谓复杂物料，即指那些高分子的有机物，这些有机物在废水中以悬浮物或胶体形式存在。复杂物料的厌氧降解过程可以分为四个阶段，如图3－6所示。

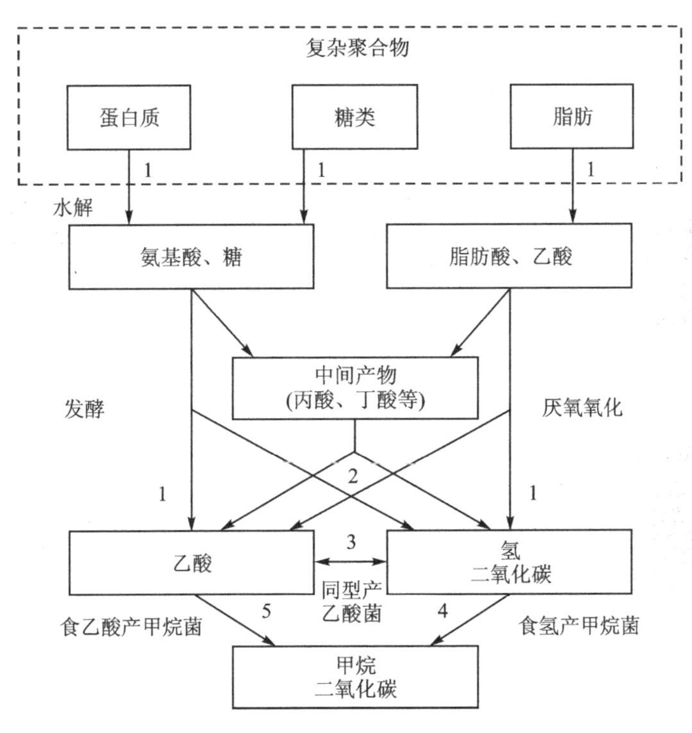


1—水解和发酵细菌；2—产酸细菌；3—同型产乙酸菌；4—食氢产甲烷菌；5—食乙酸产甲烷菌

**图3－6　厌氧消化分解有机物流程**

① 水解阶段：高分子有机物因为相对分子质量巨大，不能透过细胞膜，因此无法被细菌直接利用。它们在第一阶段被细菌分泌的各种酶分解为小分子。例如纤维素被纤维素酶水解为纤维二糖与葡萄糖，淀粉被淀粉酶水解为麦芽糖和葡萄糖，蛋白质被蛋白酶水解为短肽与氨基酸等。这些小分子的水解产物能够溶解于水并透过细胞膜被细菌所利用。

② 发酵(或酸化)阶段：在这一阶段，上述水解阶段所产生的小分子化合物在发酵细菌(即酸化菌)的细胞内转化为更为简单的化合物并分泌到细胞外。这一阶段的主要产物有挥发性脂肪酸(VFA)、醇类、乳酸、二氧化碳、氢气、氨、硫化氢等。与此同时，酸化菌也可利用部分物质合成新的细胞物质，产生剩余污泥。

③ 产乙酸阶段：在这一阶段，上一阶段的产物被进一步转化为乙酸、氢气、碳酸以及新的细胞物质。

④ 产甲烷阶段：在这一阶段，乙酸、氢气、碳酸、甲酸和甲醇等被转化为甲烷、二氧化碳，合成新的细胞物质。一般认为，在厌氧生物处理过程中约有70%的甲烷产自乙酸的分解，其余

的主要产自氢气和二氧化碳。

在以上阶段里，还包含着以下过程：水解阶段里有蛋白质水解、碳水化合物水解和脂类水解；发酵酸化阶段包含氨基酸和糖类的厌氧氧化与较高级的脂肪酸与醇类的厌氧氧化；产乙酸阶段可利用中间产物形成乙酸和氢气，可由氢气和二氧化碳形成乙酸；甲烷化阶段包括由乙酸形成甲烷，亦可利用氢气和二氧化碳形成甲烷。除以上这些过程之外，当废水含有硝酸根离子和硫酸根离子时，废水的厌氧生物处理过程还会同时伴随反硝化和硫酸盐还原等过程。需要指出的是，虽然厌氧生物过程主要分为以上四个阶段，但是在厌氧反应系统中，四个阶段是同时进行的，并保持某种程度的动态平衡，这种动态平衡一旦被 pH 值、温度、有机负荷等外加因素所破坏，首先产甲烷阶段将会受到抑制，其结果会导致低级脂肪酸的积存和厌氧进程的异常变化，甚至会导致整个厌氧消化过程停滞。

### 3.2.2 厌氧生物处理工艺

废水厌氧生物处理技术发展到今天已取得了很大的进展，已开发出的厌氧反应器种类很多。按照厌氧反应器的发展历史，一般将 20 世纪 50 年代以前开发的厌氧消化工艺称为第一代厌氧反应系统，如化粪池、稳化池、普通消化池、高速消化池、厌氧接触法等；20 世纪 60 年代以后开发的厌氧消化工艺称为第二代或现代厌氧反应器，如厌氧生物滤池、升流式厌氧污泥床反应器(UASB)、厌氧膨胀床、厌氧流化床(AFB)、厌氧生物转盘、厌氧折流板反应器(ABR)；进入 20 世纪 90 年代以后，随着以颗粒污泥为主要特点的 UASB 反应器的广泛应用，在此基础上又发展了同样以颗粒污泥为根本的颗粒污泥膨胀床(EGSB)反应器、厌氧内循环(IC)反应器和升流式固体厌氧反应器(USR)等，一般把 EGSB 和 IC 反应器称为第三代厌氧反应器。EGSB 相当于把 UASB 反应器的厌氧颗粒污泥处于流化状态。而 IC 反应器则是把两个 UASB 反应器上下叠加，利用污泥床产生的沼气作为动力来实现反应器内混合液的循环。UASB 反应器去掉三相分离器后就成了用于处理高固体废液的 USR。

按厌氧反应器的流态分类，可将厌氧生物处理系统分为活塞流型厌氧反应器和完全混合型厌氧反应器，或介于活塞流和完全混合两者之间的厌氧反应器。如化粪池、升流式厌氧滤池和活塞流式消化池接近于活塞流型。而带搅拌的普通消化池和高速消化池是典型的完全混合反应器。而升流式厌氧污泥层反应器、厌氧折流板反应器和厌氧生物转盘等是介于完全混合与活塞流之间的厌氧反应器。

按厌氧微生物在反应器内的生长情况，厌氧反应器又可分为悬浮生长厌氧反应器和附着生长厌氧反应器。如传统消化池、高速消化池、厌氧接触池和升流式厌氧污泥床反应器等，厌氧活性污泥以絮体或颗粒状悬浮于反应器液体中生长，称为悬浮生长厌氧反应器。而在厌氧滤池、厌氧膨胀床、厌氧流化床和厌氧生物转盘等反应器中，微生物附着于固定载体或流动载体上生长，称为附着生长厌氧反应器。把悬浮生长与附着生长结合在一起的厌氧反应器称为复合厌氧反应器，如 UBF，其下部是升流式污泥床，而上部是充填填料厌氧滤池，两者结合在一起，故称为升流式污泥床过滤反应器(Upflow Blanket Filter)，英文缩写为 UBF。

按厌氧消化阶段分类，可将厌氧反应器分为单相厌氧反应器和两相厌氧反应器。单相厌氧反应器是把产酸阶段与产甲烷阶段结合在同一个反应器中，而两相厌氧反应器则是把产酸阶段和产甲烷阶段分别在两个互相串联的反应器内进行。由于产酸阶段的产酸菌反应速率快，而产甲烷阶段的反应速率慢，因此两者分离，可充分发挥产酸阶段微生物的作用，从而提高系统整体反应速率。

### 3.2.3　影响厌氧生物处理效果的主要因素

① 温度:厌氧消化可在不同的操作温度下进行。其中,低温消化的操作温度为 15～25 ℃;中温消化为 30～35 ℃;高温消化为 50～55 ℃。一般认为中温消化的最适宜温度范围为 30～40 ℃。城市污泥消化以 30～35 ℃为宜,粪便的消化以 36～40 ℃为宜,工业废水则各不相同。厌氧消化系统对温度的突变十分敏感,温度的波动对去除率影响很大,如果突变过大,会导致系统停止产气。

② pH 值:厌氧反应器中的 pH 值对厌氧反应不同阶段的产物有很大影响。产甲烷的 pH 值范围在 6.5～8.0 之间,最佳的 pH 值范围在 6.5～7.5 之间;若超过此界限范围,产甲烷速率将急剧下降。而产酸菌的 pH 值范围在 4.0～7.5 之间。因此,当厌氧反应器运行的 pH 值超出甲烷菌的最佳 pH 值范围时,系统中的酸性发酵可能超过甲烷发酵,会导致反应器内呈现"酸化"现象。重碳酸盐及氨氮等是形成厌氧处理系统碱度的主要物质,碱度越高,缓冲能力越强,越有利于保持稳定的 pH 值,一般要求系统中的碱度在 2 000 mg/L 以上,氨氮浓度介于 50～200 mg/L 为宜。

③ 氧化还原电位:厌氧环境是厌氧消化赖以正常运行的重要条件,厌氧环境的保持主要以体系中的氧化还原电位来反映。不同的厌氧消化系统要求的氧化还原电位不尽相同,即使在同一系统中,不同细菌菌群所要求的氧化还原电位也不尽相同。在厌氧发酵过程中,非产甲烷细菌对氧化还原电位的要求不甚严格,甚至可在－100～＋100 mV 的兼性条件下生长。产甲烷菌对氧化还原电位的要求在－350～－400 mV。pH 值对氧化还原电位有重要影响。

④ 有毒物质:在厌氧消化过程中,某些物质(重金属、氯代有机物等)会对厌氧过程产生抑制和毒害作用,使得厌氧消化速率降低。此外,部分厌氧发酵过程的产物和中间产物(如挥发性有机酸、$H_2S$、氨氮等)也会对厌氧发酵产生抑制作用。

⑤ 水力停留时间:厌氧反应器的水力停留时间可以通过料液的过流速度来反映。加大料液流速,增加了反应器进水区的扰动,生物污泥与进水有机物之间相互接触随之增加,有利于提高去除率。但料液升流速度过高,会造成污泥流失。因而,为使系统维持足量的生物污泥,过流速度需有一定的限度。

⑥ 有机容积负荷:有机容积负荷在某种程度上反映了微生物与有机物之间的供需关系,它是影响污泥生长、污泥活性程度和生物降解过程的重要因素。有机负荷过高时,可能导致甲烷反应和酸化反应的不平衡,由于产甲烷过程速率较慢,过高的有机容积负荷容易导致系统酸化。对特定的废水而言,容积负荷与温度、废水性质及浓度有关,它不仅是厌氧反应器设计的重要参数,同时也是重要的控制参数,一般有机容积负荷的数值需要通过试验确定。

⑦ 污泥负荷:反应器单位质量的污泥在单位时间内接纳的有机物量,称为污泥负荷,单位为 kg $BOD_5$/(kg VLSS·d),采用污泥负荷比容积负荷更能从本质上反映微生物代谢同有机物的关系。在典型的工业废水中,厌氧处理采用的污泥负荷在 0.5～1.0 kg $BOD_5$/(kg VLSS·d)之间,是一般好氧处理的 2 倍。另外,厌氧容积负荷为 5～10 kg $BOD_5$/($m^3$·d),甚至可高达 50 kg $BOD_5$/($m^3$·d),是好氧处理(0.5～1.0 kg $BOD_5$/($m^3$·d))的 5～10 倍,甚至 20 倍以上。

### 3.2.4 厌氧生物处理技术的主要特点

① 相比好氧生物处理技术,厌氧生物处理技术能耗大大降低,而且可以回收生物能(甲烷)。好氧法需要消耗大量能量供氧,曝气费用随有机物浓度增加而增多,而厌氧法不需要充氧,产生的沼气还可以作为能源。废水有机物达到一定浓度后,沼气能量可以抵偿所消耗的能量。但厌氧生物处理过程所产生的气味往往较大,现场卫生条件通常难以保证。

② 相比好氧生物处理技术,厌氧生物处理技术污泥产量很低。厌氧微生物的增殖速率比好氧微生物低得多,产酸菌的产率系数 $Y$ 为 0.15~0.34 kg VSS/kg COD,产甲烷菌的产率系数 $Y$ 为 0.03 kg VSS/kg COD 左右,而好氧微生物的产率系数 Y 为 0.25~0.60 kg VSS/kg COD。厌氧生物处理系统剩余污泥产量只有好氧生物处理系统的 5%~20%。然而,正因厌氧生物增殖缓慢,所以厌氧设备启动和处理时间比好氧设备长。

③ 相比好氧生物处理技术,厌氧生物处理技术应用范围更广。由于供氧限制,好氧法一般只适用于中、低浓度的有机废水的处理,而厌氧法既适用于高浓度有机废水,也适用于中、低浓度有机废水。厌氧微生物有可能对好氧微生物不能降解的一些有机物进行降解或者部分降解。例如,火炸药废水中常见的硝基芳香族化合物由于硝基的强吸电子作用,苯环上电子云密度较低,导致苯环上的亲电子攻击受阻,好氧微生物难以对其进行氧化降解,在厌氧条件下,如果存在充足的电子供体(乙酸等小分子有机物),硝基芳香族化合物很容易被还原为氨基芳香族化合物,氨基芳香族化合物在好氧条件下的降解难度明显低于其母体硝基芳香族化合物,其生物毒性亦明显低于其母体硝基芳香族化合物。

④ 相比好氧生物处理技术,厌氧生物体系反应过程较为复杂。厌氧生物反应是由多种不同性质、不同功能的微生物协同工作的一个连续的生物过程,并保持某种程度的动态平衡。反应过程的复杂性也在一定程度上决定了厌氧生物体系废水处理功能的多样性。然而,正是因为厌氧生物处理过程中所涉及的生化反应过程较为复杂,厌氧生物过程是多种不同性质、不同功能的微生物协同作用的体系,不同种属微生物间的相互配合和平衡较难控制,因此废水厌氧处理系统的启动、运行和管理需要更高的技术要求。厌氧微生物,特别是其中的产甲烷菌对温度、pH 值等环境因素非常敏感,也使得厌氧反应系统的运行和应用受到了很多限制。

⑤ 厌氧生物处理系统的负荷通常高于好氧过程,厌氧处理工艺在处理高浓度的工业废水时常常可以达到很高的处理效率。厌氧处理采用的污泥负荷率一般为好氧处理的 2 倍,容积负荷为好氧处理的 5~10 倍,甚至高达 20 倍以上。然而,厌氧生物处理过程出水水质通常较差,一般需要利用好氧生物处理技术进行进一步的处理。

厌氧生物处理因具有成本低、污泥产量低、对有毒废水的去除率高、环境友好等优点而受到关注。研究人员采用 UASB 反应器对 1,1,2,2-四氯乙烷进行了处理,取得了满意的效果,证明了厌氧处理可以应用于农药废水的处理。作为 UASB 反应器的衍生和升级产品,EGSB 反应器可以提供更高污染物去除效率。首先,EGSB 采用外回流的方式,形成较高的上升流速,使颗粒污泥床处于膨胀状态,不仅能使进水与颗粒污泥充分接触从而提高传质效率,而且有利于基质和代谢产物在颗粒污泥内外的扩散和传质,保证了反应器在较高的容积负荷条件下正常运行。EGSB 反应器采用出水回流技术,对于常温和低负荷有机废水,回流可增加反应器的水力负荷,保证处理效果;对于超高浓度或含有毒物质的废水,回流可以稀释进入反应器内的基质浓度和有毒物质浓度,降低其对微生物的抑制和毒害,这是 EGSB 反应器区别于

UASB反应器最为突出的特点之一。

由于农药废水的高毒性、高盐分和低可生化性，传统的厌氧处理工艺对有机物的去除效率相对较低。生物电化学系统与厌氧消化(BES-AD)的耦合作用已被提出，以提高难降解污染物的降解水平。研究者以某农药生产企业现有的废水处理系统为基础，设计并运行了一套中试规模的原有水解酸化组合系统和一套中试规模的电化学辅助强化水酸化组合系统。电化学辅助水解酸化反应器出水 $BOD_5$/COD 平均值由 0.19±0.02 提高到 0.30±0.05，比原水解酸化反应器提高了 16.3%。另外，两级好氧工艺与原有上流式厌氧污泥床反应器出水 COD 最大相差达 5 696 mg/L，同时强化组合系统生物接触氧化池 COD 和 $BOD_5$ 的最佳达标率分别为85.7%和 100.0%，证明了强化组合系统的运行效果，大部分出水可达到城市污水处理厂的接收标准(COD≤300mg/L；$BOD_5$≤250 mg/L)。虽然强化联合系统的投资成本略高于原联合系统，但强化联合系统的运行成本可达到 14.1%的成本降低率，投资回收期为 10 年。

我国从 20 世纪 70 年代末期开始研究用厌氧生物方法处理抗生素废水，如东北制药总厂将磺胺多辛精制母液、四环素钙盐母液、卡那霉素菌体水洗液等 8 股废水混合后进行厌氧消化处理试验。进水 COD 浓度为 30 000 mg/L 左右，厌氧池负荷可达 22 kg COD/($m^3$·d)以上，甲烷产气量不低于 1 $m^3$/($m^3$·d)，出水 COD 浓度为 2 000 mg/L 左右，再用活性污泥法进行好氧生物处理后，出水 COD 可降至 100 mg/L 左右。华北制药厂自 20 世纪 80 年代初期就开始了采用 UASB 技术处理各种抗生素废水的试验研究，重点是对含有高浓度硫酸盐的青霉素废水进行处理，从实验室小试到反应器容积 8 $m^3$ 的中试，还进行了日处理 100 t 青霉素废水的生产性试验，证实了 UASB 工艺能够用于处理高浓度制药废水，并且具有操作简单、稳定性好、滞留时间短、有机负荷高、占地面积小等特点。据文献报道，采用 UASB 反应器处理庆大霉素废水，反应温度控制在 40～50 ℃，水力停留时间 1 天左右，有机负荷为 12～15 kg COD/($m^3$·d)，COD 去除率达到 85%～90%。

复合式厌氧反应器兼有厌氧污泥床和生物膜反应器的双重特性。反应器下部具有污泥床的特征，能够维持高浓度的微生物量，反应速度快，污泥负荷高。一方面，反应器上部挂有纤维组合填料，微生物主要以附着的生物膜形式存在；另一方面，产气的气泡上升与填料接触并附着在生物膜上，使四周纤维素浮起，当气泡变大脱离时，纤维又下垂，既可起到搅拌作用，又可稳定水流。复合式厌氧反应器对乙酰螺旋霉素生产废水的处理表明，反应器的 COD 容积负荷率为 8～13 kg COD/($m^3$·d)，可获得较好的出水水质。上流式厌氧污泥床过滤器(UASB+AF)是近年发展起来的一种新型复合式厌氧反应器，结合了 UASB 和厌氧滤池(AF)的优点，可有效地截留污泥，加速污泥颗粒化，对容积负荷、温度、pH 值的波动有较好的承受能力，使厌氧反应器的性能有了显著的改善。该复合式厌氧反应器已用来处理维生素 C、双黄连粉针剂等制药废水。ABR 反应器是另一种在制药废水处理方面颇具应用前景的厌氧技术，它是美国著名教授 Mc Carty 于 1982 年开发的一种高效节能厌氧装置。采用 ABR 反应器对发酵法饲料级金霉素生产废水进行处理，装置启动期仅用了 70 天，说明该反应器具有快速启动的优点。有机负荷、水力负荷和 pH 值是决定 ABR 反应器能否成功运行的关键性因素。目前在制药废水处理领域获得广泛工程应用的仅限于 UASB 工艺，EGSB、IC 等新一代厌氧反应器的应用仍然需要进一步探索。EGSB、IC 等高效厌氧反应器的设计、运行方面的研究基础不够，缺乏对各类制药废水成分、组分生物毒性的全面分析，尽管在处理制药生产废水方面已有大量的试验研究，但实际工程应用仍然较少。

UASB反应器具有厌氧消化效率高、结构简单等优点，是目前国内外制药废水厌氧处理应用最为广泛的工艺。而UASB能否高效和稳定运行的关键在于反应器内能否形成微生物适宜、产甲烷活性高、沉降性能良好的颗粒污泥。研究表明，各种厌氧处理工艺处理溶解性废水可实现的最大负荷率大致可按下列次序从大到小排列：颗粒污泥UASB、流化床（AFB）、固定膜膨胀床（AAFEB）、絮凝污泥UASB、上流式过滤器（AF）、下流式固定膜消化器（AFF）。虽然迄今为止各种高效系统之间尚缺乏全面的比较，但单从负荷能力这一点看，颗粒污泥UASB的高效性以及颗粒污泥对于UASB工艺的重要性可略见一斑。

因此，掌握采用制药废水培养颗粒污泥的工艺条件，是研究UASB工艺处理制药废水的技术关键。近年来，国内外研究者在这方面做了大量工作，取得了很多重要的具有指导意义的成果。国内最早报道采用制药废水直接培养颗粒污泥的是四川联合大学，在处理卡那霉素废水的UASB中成功地培养出了颗粒污泥，后来国内很多单位采用多种制药废水成功地培养出了颗粒污泥，如华北制药集团环保所与清华大学合作先后采用链毒素和洁霉素废水直接培养出颗粒污泥，河北科技大学也先后采用维生素C以及维生素$B_{12}$淀粉混合废水直接培养出颗粒污泥；还有采用土霉素、乙酰螺旋霉素、庆大霉素、阿维菌素等废水的报道，其中绝大部分是小试和中试，处理制药废水的生产性UASB污泥颗粒化成功的报道还很少。在制药废水类型上，一般也多是发酵类的制药废水，对于合成类的制药废水单独直接培养颗粒污泥，几乎未见报道，但与其他可生化性较好的废水如味精、酵母、淀粉等废水混合培养的例子是有的，而且生产性UASB往往处理的是混合废水。国内有报道显示，可在处理土霉素、庆大霉素废水的生产性UASB直接成功培养颗粒污泥，但绝大多数处理制药废水的UASB仍主要采用絮凝污泥的方式运行，仅有一小部分接种其他废水中的颗粒污泥进行启动。太原理工大学采用屠宰废水中培养的颗粒污泥接种启动中温（35 ± 1）℃ UASB反应器处理味精-卡那霉素混合废水，反应器能承受较高浓度的硫酸盐、氨氮和氯化物，当HRT为2～3 h时，容积负荷率可达35～40 kg COD/（$m^3$ · d），COD去除率为75%～80%，进水COD/$SO_4^{2-}$可低至4～5。通过从易形成颗粒污泥的废水中接种颗粒污泥来启动运行UASB反应器，可以处理含高浓度毒性抑制物的废水。这种方法能够在短时间内快速启动并使其在高负荷下稳定运行，颗粒污泥通常可在新环境下保持良好的活性和稳定性，但也有因条件控制不好而发生颗粒污泥解体的现象。这说明UASB之所以在国内外都是在形成颗粒污泥较容易的制糖、淀粉、屠宰以及食品等工业废水处理方面应用较多，而在含有较多抑制物的制药废水处理领域应用相对较少，主要原因在于颗粒污泥培养的难度比较大。

经过长期的试验研究和工程实践，人们逐渐摸索出直接以含有较多的生物抑制性物质的制药废水作为基质来培养颗粒污泥的工艺控制条件。

首先，选择活性高的接种污泥和适当的污泥接种量。为尽快实现污泥颗粒化，最好能够接种处理同类废水的厌氧污泥，这样可以缩短驯化培养的时间，如不具备条件，可以接种城市污水厂厌氧消化污泥或其他工业废水处理厂的厌氧污泥，不一定非选择价格昂贵的颗粒污泥，有时即使接种颗粒污泥，也可能在驯化过程中解体，关键是需要接种污泥厌氧生化活性尽量好，菌群种类尽量丰富，接种量以8～10 g VSS/L为宜。在颗粒污泥培养过程中，制药废水中一般含有一定浓度的$Ca^{2+}$、$Mg^{2+}$和$CO_3^{2-}$、$SO_4^{2-}$等离子，而且硫酸盐还原产生的$S^{2-}$与金属离子结合形成的颗粒能够满足污泥颗粒化初期对惰性颗粒物的需求，不需投加粘土、活性炭粉末等惰性物。投加过多的惰性颗粒会在水力冲刷和沼气搅拌下相互撞击、摩擦，造成强烈的剪切作用，阻碍初成体的聚集和粘结，对于颗粒污泥的成长有害而无益。

其次，低浓度进水结合较高水力负荷的连续运行方式对于制药废水是更为适宜的，这种运行方法的优点如下：① 由于有机物的酸化速度较快，而甲烷化速度较慢，该运行方法既可满足厌氧菌的营养需求，又可使反应器中有机酸保持较低的浓度，避免“酸败”现象的发生。② 适宜的水力负荷可改善污泥床层的水流状态，增强水流对污泥床层的搅拌，有利于颗粒污泥的形成和生长。③ 连续运行有利于反应器温度的稳定控制。研究发现，低浓度进水中污泥颗粒化更快，原因在于这种方式可以有效避免抑制性生化物质的过快和过度积累，同时较高的水力负荷可加强水力筛分作用。如在采用单相中温 UASB 处理链霉素废水试验中，废水中含有的链霉素、草酸、甲醛、$Cl^-$ 和硫酸盐等物质，或直接对微生物造成毒害作用，或经还原为 $S^{2-}$ 抑制厌氧细菌的活性。因此，在颗粒污泥成熟前，进水 COD 浓度控制在 3 000 mg/L 以下，相应的进水 $SO_4^{2-}$ 浓度一般在 500 mg/L 以下，同时废水中其他生物抑制性物质的浓度也较低。当污泥出现颗粒化后，尽早将上升流速提高到 0.25 m/h 以上，达到 0.3 m/h 时，颗粒化加快，污泥床层逐步形成。因此，这种运行方式是成功培养颗粒污泥的关键之一。

另外，碱度的控制方式有独特之处。一般认为，对于以碳水化合物为主的废水，进水碱度∶COD>1∶3是必要的。但对于含较高有机氮和硫酸盐的大多数制药废水，碱度的控制方式有所不同，在厌氧过程中，废水中的硫酸盐被还原 1 mol 就会生成 2 mol 碱度，见以下化学方程式：

$$CH_3COO^- + SO_4^{2-} \longrightarrow 2HCO_3^- + HS^- \tag{3-1}$$

试验表明，控制出水碱度在 1 000 mg $CaCO_3$/L 以上能成功地培养出颗粒污泥。颗粒污泥成熟以后，对进水碱度要求并不高，在 500～600 mg $CaCO_3$/L 以上即可满足需要。

颗粒污泥的类型多种多样，在不同基质中或不同操作条件下培养出的颗粒污泥在外形、组成菌群、密实程度等方面均有所不同。以制药废水培养出的颗粒污泥表面类似蜂窝状，凹凸不平，颗粒表面大多是长短不一的丝状、杆状菌相互缠绕而形成的网状结构，还可以发现单球菌、八叠球菌、棒状菌和少量弧菌等菌群，有的还可以明显地看到惰性物质和不明性质的卵状物镶嵌于丝状、杆状细菌缠绕构成的网络之中，在某一局部会存在某一形态的菌种的富集生长，整个颗粒就像一个比表面巨大的多孔丸，使其中的微生物更有利于同基质接触、吸附和降解。

对于含硫制药废水，硫酸盐的存在与颗粒污泥的形成和特征不无关系。相当数量的制药废水都含有一定浓度的硫酸盐或亚硫酸盐，它们在厌氧过程中被还原为硫化物，与某些金属离子形成不溶性颗粒，为颗粒污泥的形成提供原始核心，这说明适量硫酸盐的存在对于颗粒污泥的形成有一定积极作用；另外，在菌体与惰性物质之间的粘结过程中，胞外多聚物可能起到了一定作用。同时在菌体以及小的生物聚集体之间的相互结合过程中，丝状菌的缠绕、“架桥”作用尤为重要。

目前，颗粒污泥形成的机理、实质等尚不十分清楚，就实际的试验研究和生物运行而言，成功地培养颗粒污泥的关键在于控制适当的工艺条件，为反应器中的微生物创造适当的生存环境，首先是适宜其中优势菌群大量生长繁殖的条件，包括温度、酸碱度、抑制物浓度、营养比例、污泥负荷等，使生物量得以不断增长，并使整个微生物生态系统达到动态平衡；其次为微生物的聚集生长提供条件。实际上，高浓度生物量本身就会产生集团化的趋势，为微生物的聚集生长提供一些条件，如惰性核心、适当表面水力负荷的筛分以及产气负荷的搅拌等，颗粒污泥的形成便会水到渠成。

结合了UASB与AFB的颗粒污泥膨胀床反应器EGSB是第三代厌氧反应器的代表，研究人员在其基础上又研发了厌氧升流式流化床(UFB BIOBED)、厌氧内循环反应器(IC)等。EGSB的设计思想是通过部分出水回流和反应器更高的高径比，使颗粒污泥床在高上升流速(6~12 m/h)下膨胀起来，使废水与颗粒污泥接触得更好，从而强化了混合和传质，消除死区，反应器的处理效率大大提高。同时，这一特点正适宜处理含有大量抑制物的制药废水，通过高比例的回流将高浓度废水稀释，同时高水力负荷和上升流速将大大提高混合效果、强化传质过程，并有效避免抑制物的积累，因而在制药废水厌氧处理领域有广阔的应用前景。

国内开展EGSB处理制药废水的研究也取得了一些进展。华北制药集团环保所利用原有厌氧流化床设备进行了EGSB处理链霉素废水生产性试验，试验规模为日处理200 t，COD去除率可达70%以上，容积负荷可达10 kg COD/($m^3$·d)，最高为15.8 kg COD/($m^3$·d)，结果令人鼓舞。实际上，世界上最早用EGSB处理抗生素废水的Biothane公司的BIOBED也是由原来的厌氧流化床改造而来的，并取得了巨大的成功。

IC反应器作为目前世界上最高效的厌氧技术在制药废水处理中的应用前景也被人们广为看好，国内多家科研单位着手进行应用研究，如河北科技大学进行了IC反应器处理生物农药阿维菌素生产废水的中试研究，取得了一定成果。总体上看，应用IC反应器处理制药废水的研究、探索和实践，在未来将会有令人瞩目的进展。

当然，第三代厌氧反应器应用于制药废水处理也是有一定要求的。首先它们对废水中的悬浮固体去除效果很差，与UASB一样，甚至更差，因此必须更严格地控制废水中的悬浮物。据报道，在采用UASB法处理庆大霉素、金霉素、卡那霉素、洁霉素、链霉素、谷氨酸、维生素$B_{12}$等制药生产废水时，通常要求SS不能过高，要保证COD去除率在85%~90%以上，进水SS一般不超过2 000 mg/L。如采用EGSB或IC反应器，要求则会更高。另外，根据国外的经验，如果没有比较成熟的UASB设计、运行的经验，没有成熟的工业化培养颗粒污泥的技术，没有足够的可用于接种的颗粒污泥，第三代厌氧反应器的大规模推广应用是不可能的。因此，国内第三代厌氧反应器应用于制药废水处理的前提条件是UASB技术应用的不断成熟和采用制药废水直接培养颗粒污泥技术的完善，以及工业化颗粒污泥生产技术的建设。将颗粒污泥的培养工业化、商品化，也将大大推动UASB技术在我国的应用和运行水平的提高。

## 3.3 功能菌株生物强化技术

近年来，采用降解功能微生物强化传统生物处理系统的方法受到越来越多的关注。自然界中微生物具有生物多样性，在污染物的长期驯化下，可以诱导出具有污染物降解功能的微生物。将自然界中筛选的优势菌或基因工程构建的高效工程菌等投加到废水生物处理系统中，可增强某一种或某一类有害物质的处理效果。这种生物强化技术能够充分发挥微生物的潜力，提高废水生物处理系统的处理能力和稳定性。工程菌亦称特异菌，同样条件下比通过自然驯化培养的细菌活性要高，摄取营养物质的能力和对废水的适应性要强，同时特异菌还可有针对性地去除废水中某些难降解的有机物，从而提高处理效果。广义上的工程菌包括从某种特殊环境专门培养出的具有某种特定功能的菌种或菌群、从一般环境中筛选并扩大培养的某菌种或菌群以及通过基因工程构建的菌种。目前在工业废水处理研究和应用中，采用比较多的是前两种。

南京理工大学沈锦优团队以杀菌剂生产废水为研究对象，从长期受到三氮唑污染的土壤和污泥中筛选出的三氮唑降解功能菌株 NJUST26，可以利用三氮唑为唯一碳源与氮源生长，鉴定分析显示其属于申氏杆菌属，命名为 *Shinella* sp. NJUST26。从驯化的活性污泥中筛选出的三环唑降解功能菌株可以利用三环唑为唯一碳源与氮源生长，鉴定分析显示其属于鞘氨醇单胞菌属，命名为 *Sphingomonas* sp. NJUST37。在活性污泥反应器中接种 NJUST26 与 NJUST37 后，三氮唑和三环唑的去除率由接种前的 10%～14%与 10%～15%分别显著增加到接种后的 98%以上与 95%以上，COD 与 TOC 的去除率和废水的毒性削减也显著提高，生物强化后的系统可以长期保持稳定高效的状态，中试的结果证实了 NJUST26 与 NJUST37 应用于强化处理三唑类杀真菌剂废水的可行性。

研究人员利用有机磷农药废水作为培养介质，从有机磷农药生产企业污水处理池的活性污泥中驯化、分离了 52 株具有有机磷农药降解能力的菌种，建立了菌种资源库。基于菌种资源库进行了有机磷农药高效降解菌的筛选，获得 14 株可在 72 h 内实现 COD 去除率大于 60%的菌株。10 株细菌分属于假单胞菌属(*Pesudomonas*)、不动菌属(*Acinetobacter*)、芽孢杆菌属(*Bacillus*)、副球菌属 (*Paracoccus*)；4 株真菌分属于丝孢酵母属(*Trichosporon*)、曲霉属(*Aspergillus*)、木霉属(*Trichoderma*)、青霉属(*Piniciellum*)。在此基础上，选择降解率高的 5 株菌进行复配和培养，筛选了 6 组可在 72 h 内实现 COD 去除率大于 70%的高效降解菌群组合。

在拟除虫菊酯合成杀虫剂降解功能菌株研究方面，已报道 *Micrococcus* sp. CPN 1、*Sphingobium* sp. JZ-1、*Ochrobactrum lupini* DG-S-01、*Pseudomonas aeruginosa* CH7、*Clostridium* sp. ZP3 和 *Ochrobactrum anthropi* YZ-1 等均能够降解拟除虫菊酯合成杀虫剂的功能菌株。研究者等从活性污泥中分离得到一株新菌株金黄色短杆菌 DG-12，可以在矿物培养基中利用氟氯氰菊酯作为生长基质进行生长；采用响应面法对培养条件进行了优化，使 50 mg/L 氟氯氰菊酯在 5 天内降解率达到 88.6%。除了氟氯氰菊酯之外，该菌株可降解其他多种拟除虫菊酯杀虫剂(见表 3-1)。

**表 3-1　金黄色短杆菌 DG-12 对多种拟除虫菊酯杀虫剂的降解动力学参数**

| 拟除虫菊酯处理 | 回归方程 | $k/d^{-1}$ | $t_{1/2}/d$ | $R^2$ |
|---|---|---|---|---|
| 氟氯氰菊酯 | $C_t=50.3678e^{-0.5429t}$ | 0.542 9 | 1.3 | 0.984 0 |
| 氯氟氰菊酯 | $C_t=49.7516e^{-0.6799t}$ | 0.679 9 | 1.0 | 0.984 3 |
| 芬普罗帕特林 | $C_t=51.2181e^{-0.4686t}$ | 0.468 6 | 1.5 | 0.972 7 |
| 溴氰菊酯 | $C_t=49.6136e^{-0.4191t}$ | 0.419 1 | 1.7 | 0.985 0 |
| 联苯菊酯 | $C_t=50.9551e^{-0.3660t}$ | 0.366 0 | 1.9 | 0.989 1 |
| β-氯氰菊酯 | $C_t=49.9721e^{-0.3718t}$ | 0.371 8 | 1.9 | 0.985 9 |

研究证明，微生物强化处理洁霉素生产废水是可行的，且效果明显。经过强化后的活性微生物的数量、种类、质量都有很大提高，同时污泥的沉降性能也有明显改善。中国环境科学研究院采用水解-好氧生化工艺研究了优势复合工程菌对土霉素废水有机质的降解能力，并进行了处理条件试验研究，探讨了预处理、生化温度、pH 值、水力停留时间、进水有机物浓度等因素对生化处理工艺的影响。试验结果表明，在选定的条件下，水解单元 COD 的降解率达 71.9%。好氧单元 COD 的降解率达 62.9%，总去除率达 98.5%。

光合细菌(PSB)中红假单胞菌属的许多菌株能以小分子有机物作为供氢体和碳源,具有分解和去除有机物的能力。因此,光合细菌处理法可用来处理某些食品加工、化工和发酵等行业的废水。PSB可在好氧、微好氧和厌氧条件下代谢有机物,采用厌氧酸化预处理可以提高PSB的处理效果。PSB处理工艺具有如下优点:① 可承受较高的有机负荷,高浓度有机废水经稀释后即可处理,而且负荷越高,处理效果越好;② 不产生沼气,受温度影响小;③ 系统有除氮能力,可处理含有高盐分、油脂和环状化合物的废水;④ 设备占地面积小,动力消耗少,投资低,可作为其他低负荷处理工序的前处理步骤;⑤ 处理过程中产生的菌体回收后可加以综合利用,如作为饲料和肥料,不会产生二次污染。北京工业大学的试验表明,驯化后光合细菌对非抗生素废水可以较快适应,通过静态试验发现COD去除效果较好。他们利用显微镜对处理过程中的优势菌种进行了计数观测,发现废水的降解是多种光合细菌共同作用的结果,其中以沼泽红假单胞菌和球形红假单胞菌为主。他们根据试验结果提出了以光合细菌为主体的生物处理工艺,即厌氧酸化-半微氧半黑暗两级光合细菌处理工艺。北方设计研究院环保所和华北制药集团环保所进行的光合细菌处理青霉素、洁霉素、四环素等抗生素废水试验发现,采用光合细菌处理抗生素废水效果不理想,原因在于光合细菌对于废水中残留的抗生素及其同类物、降解物比较敏感,生化过程受到抑制。因此,对某些非抗生素类制药废水,可考虑采用光合细菌处理法与其他物化或生物处理技术相结合的工艺进行处理。

在生产运行当中,尤其是在采用生物膜工艺时,如接触氧化、生物滤池等常采用投加优势菌种挂膜的方式提高工艺效率,有报道采用投菌生物接触氧化法来处理洁霉素生产废水,可在高进水COD浓度(超过3 500 mg/L)和高负荷下运转,其COD去除率可高达88%~90%,且挂膜时间短。

采用基因工程构建工程菌是指利用基因工程技术,对微生物菌株进行遗传改造,通过调整其代谢途径和基因表达,使其具有更好的废水处理性能和适应性,以实现长期稳定的废水处理效果。有学者进行了构建多功能降解性工程菌对高浓度制药废水进行处理的研究,其工程菌$LEY_6$是以乙酸钙不动杆菌$T_3$株(*Acinetobactercalcoaceticns* $T_3$)为受体,恶臭假单胞菌$T_{6-81}$株(*Pseudomonasputida* $T_{6-81}$)、节杆菌4#株(*Arthrobactersp* 4#)为供体,采用多基因转化受体原生质球构建而成。废水处理采用以接触氧化工艺为主,物化预处理、工程菌深度处理的工艺路线,进水COD浓度约为40 000 mg/L,出水COD浓度在200 mg/L以下。投入工程应用后,经过一年的运行发现工程菌稳定、高效并具有较高耐盐能力(1%)。生化系统去除每千克COD的运行费用为0.70元左右,低于传统工艺。工程菌在制药废水处理中的成功应用,是基因工程技术应用于环境保护的一个突破。

## 3.4 厌氧-好氧联合处理技术

好氧生物处理就是在充分供氧或者供气的条件下,借助好氧微生物(主要是好氧细菌)或兼性好氧微生物,将污水中有机物氧化分解成较稳定的无机物的处理过程。处理过程中,废水中的一部分有机物在细菌生命活动过程中被同化、吸收,转化成增殖的细菌菌体部分,另一部分有机物则被氧化分解成简单的无机物(如二氧化碳、水、硝酸根离子等),并释放能量供细菌等微生物生命活动的需要。厌氧生物处理法是在断绝氧气的条件下,利用厌氧微生物和兼性厌氧微生物的作用,将废水中的各种复杂有机物转化成比较简单的有机物(如甲烷)或无机物

(如二氧化碳)的处理过程。

如前所述,与好氧生化法相比,厌氧生化法具有应用范围广、能耗低、负荷高、剩余污泥数量少、氮磷的营养需要量较少等优点。此外,厌氧处理过程有一定的杀菌作用,可以杀死废水和污泥中的寄生虫卵、病毒等。厌氧活化污泥可以长期贮存,与好氧生化法相比,厌氧反应器可以季节性或间歇性运转,在停止运行一段时间后,能较迅速启动。针对工业废水的处理,厌氧生物处理技术已被证明对火炸药废水中有机污染的去除更有效,经济性更好,明显优于好氧生物处理技术。但是,厌氧生物处理法也存在一些缺点:第一,厌氧微生物增殖缓慢,因而厌氧设备启动和处理时间比好氧设备长;第二,出水往往达不到排放标准,需要做进一步处理,故一般厌氧处理后再串联好氧处理;第三,厌氧处理系统操作控制因素较为复杂。然而在采取厌氧与其他工艺组合的条件下,厌氧生物处理在工业废水处理中一定会发挥出重要作用。实际生产应用中,由于好氧生物处理技术和厌氧生物处理技术都有一定的缺点和优势,一般是将两种技术组合在一起来进行废水处理应用。组合工艺可把两者的优点有机地结合起来,处理效果可大幅度提高。

孙国亮等报道了江苏某农药化工厂生产废水处理站,采用“MVR 蒸发器+氨氮分离膜+溶气气浮+Fenton 氧化+混凝沉淀”组合工艺预处理后,再利用“两级 EGSB+缺氧池+好氧池”组合工艺处理农药生产废水。采用两级 EGSB 作为厌氧生物处理工艺,当进水 COD 负荷高时,两座 EGSB 反应器串联使用;当进水 COD 负荷较低、水量较大时,两座 EGSB 反应器并联使用。由于氨氮和 COD 较高,通过两级 EGSB 削减 COD 负荷后,采用缺氧池-好氧池作为后续生化处理工艺,以进一步去除 COD 和总氮。在缺氧-好氧组合工艺运行的过程中,缺氧池反硝化细菌利用废水中的可生化有机物作为碳源和电子供体,以好氧池回流混合液中的硝态氮和亚硝氮作为电子受体,发生脱氮反应,将硝态氮和亚硝态氮还原为 $N_2$,实现了 COD 和氨氮的高效降解。申华楠等针对北方某农药厂产生的农药废水采用悬浮陶粒厌氧-好氧工艺进行中试,研究在不同气水比的条件下悬浮陶粒曝气流化反应器处理农药废水的情况。在保持悬浮陶粒曝气流化反应器滤速 8 m/h、回流体积比 100%的工况条件下,研究气水体积比分别为 1∶1、2∶1、3∶1、4∶1时反应器去除农药废水中 COD、$NH_3-N$ 和 TP 的效果。结果表明,气水体积比 2∶1为宜,此时悬浮陶粒曝气流化反应器对 COD、$NH_3-N$ 和 TP 的平均去除率分别达到 83.1%、80.0%和 33.6%。

### 3.4.1　组合生化法处理装药厂 TNT 废水

早在 20 世纪 40 年代,国外就已经开始探索装药厂 TNT 废水生化处理的可行性。当时的研究认为,TNT 在自然界中难以生物降解。后来由于分离和筛选出了能转化和降解 TNT 的微生物,使生化处理 TNT 废水的研究得以继续进行。装药厂弹体装药废水主要是冲洗工房地面、设备工具的废水以及水溶除尘器的排水,废水中含 TNT 20～92 mg/L,含二硝基萘 3～5 mg/L,除了溶解的药物之外,还有未溶解的浮药、颗粒药及少量油污、泥灰等杂物。从长期被 TNT 粉尘及废水污染的土壤和生活污水中取出的样品,经过培养、分离和筛选可以获得以 TNT 为碳源和氮源而生长的好氧、厌氧及兼氧细菌,这些细菌中有的能将浓度为 100 mg/L 的 TNT 废水在 24 h 内转化 90%以上,有的菌种转化 TNT 的最高浓度可达 190 mg/L。经过鉴定,这些菌种分别属于柠檬杆菌属、肠杆菌属、芽孢杆菌属、埃希氏菌属、克氏杆菌属以及假单胞菌属。其中,假单胞菌属转化 TNT 的条件比其他几个菌属的要苛刻,营养条件要求更丰富一些。

生化法处理 TNT 废水的工艺流程如图 3 - 7 所示。含 TNT 的废水由车间排出后，先经车间排出口的沉淀池进行初步沉淀，再经地下管路自流到处理站沉淀池，然后进入营养投配池，根据废水量按比例投加营养。营养投配池中的废水用泵不定期地送入储水池内，储水池供调节处理水量用。另外，在调节池内接入菌种，使废水同时获得静置、生化效果。储水池内的废水经转子流量计用泵送到接触生化塔顶部的溢流槽，经连通管引向生化塔底部后在塔内均匀上升，水层通过以焦炭为填料的生物膜进行生化处理后，从塔顶溢流槽自流到沉淀吸附塔的顶部配水槽，在连通管作用下，废水由沉淀吸附塔底部均匀上升，分别经过焦炭填料层和活性炭填料层，进行吸附、生化反应、脱色后，获得净化的废水最后从沉淀吸附塔顶溢流排入下水道。经过该过程处理后的废水中 TNT、二硝基萘含量以及 COD、BOD 等都可达到国家工业"三废"排放试行标准的要求。

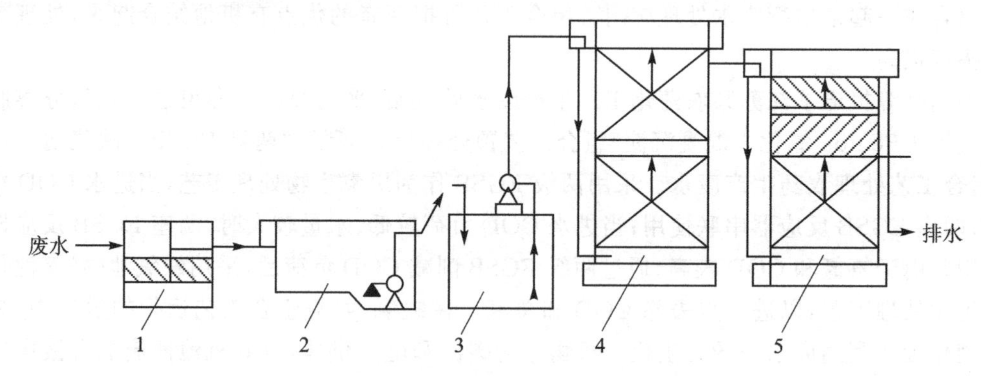


1—沉淀池；2—营养投配池；3—储水池(静置生化池)；4—接触生化塔；5—沉淀吸附塔

**图 3 - 7　生化法处理 TNT 废水工艺流程**

## 3.4.2　两步生化法处理 TNT 和黑索金混合废水

装药厂弹体装药(黑索金- TNT)废水中通常含 TNT 30～50 mg/L、黑索金 17～34 mg/L，pH 值为 6.5～7.0。生化法处理含 TNT 和黑索金混合废水时采用厌氧活性污泥法，因为经研究认为好氧活性污泥法对去除黑索金基本无效。TNT 与黑索金虽然同为含硝基的化合物，但黑索金为饱和的杂环化合物，其—C—N—结构稳定，难以生物降解，而 TNT 则较易生物降解。所以在处理 TNT -黑索金混合废水时，微生物首先利用的是 TNT，这就干扰了反应系统去除黑索金的能力。为此，对于含 TNT -黑索金的混合废水要采用两步生化法处理，即先经过静态槽进行兼性好氧处理，去除其中大部分 TNT，然后再接触生化柱内处理黑索金。

从受黑索金污染的土壤中采集样品，经过培养、分离，筛选出能降解黑索金的细菌(主要是棒状杆菌属)，再将种菌接种于含黑索金的肉汁斜面上，活化约 24 h，待菌苔很厚时，接种于装有 200 mL 黑索金培养基的三角瓶中，在 28 ℃摇床上振荡培养 48 h，将菌液与等体积的含黑索金培养基混合后，充满接触氧化柱，通气培养两昼夜，使微生物一边繁殖一边附着在软性填料上，然后停止通气，沉降 2 h，去掉一半上清液，再加入新培养菌液和培养基，继续通气培养 2 d。当填料上有菌膜时，加入低浓度的黑索金废水进行驯化，连续进水，待菌膜长到一定程度(4～5 d)，即可正常加入混合废水进行处理。

两步生化法处理 TNT -黑索金废水的试验工艺流程如图 3 - 8 所示。混合废水先在 10 L

的静态生化槽停留 24 h(静态生化槽也接种降解黑索金的菌种，并加入 0.02%的葡萄糖液作营养)，去除大部分 TNT 后，进入 10 L 的高位槽补加营养液(葡萄糖 0.07%，磷酸氢二钠 0.005%和磷酸二氢钾 0.005%)，然后自下而上进入串联的两级接触生化柱(柱高 75 cm，直径 7.5 cm，内装软性纤维填料)，压缩空气与水流方向相同，同时从柱底进入。废水和纤维填料上的微生物充分接触，以去除黑索金和剩余的 TNT。在 28～35 ℃下试验连续运行 40 d，效果稳定(见表 3-2)。

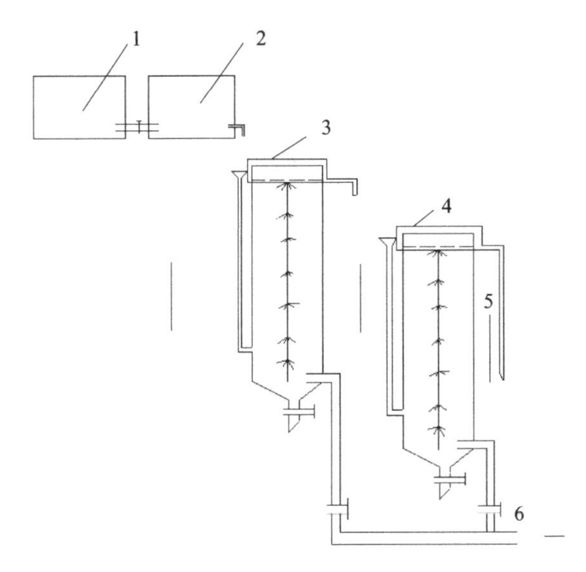


1—静态生化槽；2—高位槽；3—第一级生化柱；4—第二级生化柱；5—出水；6—压缩空气与水

**图 3-8　两步生化法处理 TNT-黑索金废水试验工艺流程**

**表 3-2　两步生化法处理 TNT-黑索金废水动态试验结果**

| 分析项目 | 进水浓度/(mg·L$^{-1}$) | | 出水浓度/(mg·L$^{-1}$) | | 平均去除率/% |
|---|---|---|---|---|---|
| | 范　围 | 平均值 | 范　围 | 平均值 | |
| TNT | 29～50.5 | 42.3 | 0～2 | 0.4 | 99.0 |
| RDX | 16.5～34.4 | 21.3 | 0～4.8 | 2.8 | 86.7 |
| COD | 320～660 | 517.2 | 36～74 | 57.3 | 88.9 |
| BOD | 435～595 | 529 | 23.3～57 | 38.7 | 92.7 |
| $NO_3^-$-N | 0.31～2.7 | 1.3 | 0～0.24 | 0.06 | 95.3 |
| $NO_2^-$-N | 0.17～0.82 | 0.4 | 0～0.2 | 0.02 | 95.5 |
| $NH_4^+$-N | — | — | 1～9.4 | 4.3 | — |

## 3.4.3　好氧-缺氧组合生化法处理起爆药生产废水

在兵器工业废水中，K·D、二硝基重氮酚、D·S 共沉淀、硝酸肼镍等各种起爆药生产废水除含有高浓度 COD、硝基酚类化合物之外，通常还含有某些重金属(如铅、汞、镍、镉)离子，有的还含有叠氮化物，污染因子多，具有很大的治理难度。北方工程设计研究院的王玉龙等提出采用“化学沉淀-化学氧化-序批式活性污泥-深度化学氧化”组合工艺处理起爆药废水，但序批式活性污泥系统污泥流失和失活等问题无法解决，过量氧化剂的投加造成废水处理成本偏高。某起爆药生产企业采用“Fenton 氧化法-化学沉淀”工艺对起爆药废水进行预处理，可有效去除废水中的硝基酚类物质及 $Pb^{2+}$ 离子，但预处理系统出水生物毒性仍然较高，难以达到生化进水要求。因此，适合起爆药生产废水水质的微生物的培养和驯化尤为重要。

K·D 起爆药是由南京理工大学开发研究的一种新型起爆药。该起爆药性能优良，其主要成分为碱式苦味酸铅和叠氮化铅，兼有三硝基间苯二酚铅火焰感度高和叠氮化铅起爆能力强、耐压性好等优点，使火雷管的装配被大幅简化，在工业雷管乃至军用火工品中的应用前景十分广阔。K·D 起爆药生产废水中主要有毒污染物为 $Pb^{2+}$ 和 2,4,6-三硝基苯酚(俗称苦味酸)。此外，K·D 起爆药生产废水中还含有高浓度的硝酸盐氮。硝酸盐氮的排放可引起水体富营养化，硝酸盐进入人体会还原为致癌的亚硝酸盐，导致婴幼儿高铁血红蛋白症。如果 K·D 起爆药生产废水不经处理直接排放，将会对环境造成严重污染。针对 K·D 起爆药生产废水的处理，一般采用传统的化学沉淀-活性炭吸附-化学沉淀组合工艺，即用 $NaNO_2$ 和 $H_2SO_4$ 溶液进行销爆除铅，经过沉淀和分离，将 $Pb^{2+}$ 以 $PbSO_4$ 沉淀的形式分离出来，然后加入活性炭吸附，去除苦味酸，最后投加石灰石或碳酸钠进一步中和除铅。该工艺在运行过程中需要不断投加化学药品和活性炭以保证处理效果，运行费用较高，给企业造成了沉重的经济负担。活性炭消耗较大，吸附饱和后无法再生，只能采取焚烧的处理手段，且活性炭在焚烧过程中会产生二次污染和安全问题。此外，出水并未进行脱氮处理，仍然含有高浓度的硝态氮。

南京理工大学沈锦优等利用以苦味酸为唯一碳源、氮源和能源的培养基，从长期受到苦味酸污染的工厂排污口土样中，筛选得到可以苦味酸为唯一碳源、氮源和能源生长，实现苦味酸完全矿化的菌株，命名为 *Rhodococcus* sp. NJUST16。在此基础上开发出了“销爆-化学沉淀除铅-曝气生物滤池去除苦味酸-缺氧反硝化/好氧膜生物反应器”全流程组合处理工艺，该工艺的核心为“曝气生物滤池→A/O-膜生物反应器”的两级生化工艺，工艺流程如图 3-9 所示，各工段出水效果如表 3-3 所列。

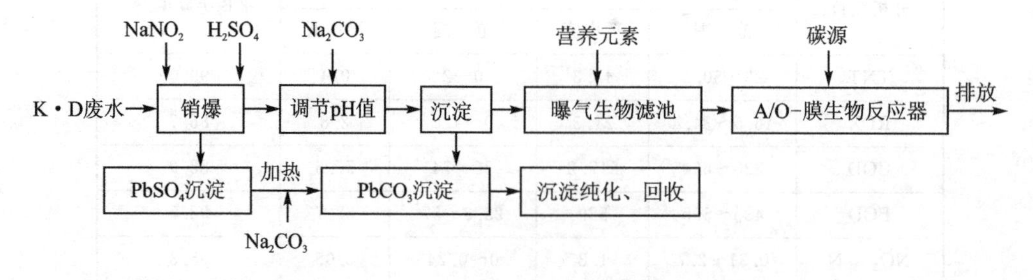


**图 3-9　K·D 起爆药生产废水处理工艺流程**

可见，经化学沉淀处理后，废水中 $Pb^{2+}$ 可降低至排放标准以下。苦味酸等有机物以及色度的去除主要发生在曝气生物滤池工段，该工段出水 COD 和 BOD 分别在 125 mg·$L^{-1}$ 和 20 mg·$L^{-1}$ 以下，色度低于 110，苦味酸浓度在 3 mg·$L^{-1}$ 以下。硝态氮的去除主要发生在缺氧/好氧-膜生物反应器工段，该工段出水中硝态氮几乎可完全去除且未出现亚硝酸盐氮的积累，出水 COD 和 BOD 分别控制在 120 mg·$L^{-1}$ 和 30 mg·$L^{-1}$ 以下，由于膜的截流作用使得出水微生物浓度和浊度较低。K·D 起爆药生产废水经过“销爆-化学沉淀-曝气生物滤池-缺氧/好氧膜生物反应器”的全工艺流程处理，出水水质已经满足了《兵器工业水污染物排放标准——火工药剂》(GB 14470.2—2002)所要求的标准,废水中主要污染因子得到了有效控制。该废水处理工艺效果稳定可靠,过程经济高效,操作简便,二次污染小。

表 3-3　K·D 起爆药生产废水处理工艺运行效果

| 工段<br>指标 | 销爆后 | 化学沉淀出水 | 滤池出水 | A/O-膜生物反应器出水 | 排放标准 |
|---|---|---|---|---|---|
| 苦味酸/($mg \cdot L^{-1}$) | 1 190～1 210 | 1 160～1 180 | 2.1～3 | 1～2.5 | 3 |
| COD/($mg \cdot L^{-1}$) | 3 100～3 300 | 3 050～3 200 | 105～125 | 90～120 | 150 |
| BOD/($mg \cdot L^{-1}$) | — | — | 16～20 | 20～30 | 30 |
| $Pb^{2+}$/($mg \cdot L^{-1}$) | 15～23 | <1 | <1 | <1 | 1 |
| $NO_3^-$-N/($mg \cdot L^{-1}$) | 3 400～3 600 | 3 500～3 700 | 3 500～3 700 | <1 | 无 |
| 色度(稀释倍数) | 1 400～1 500 | 1 400～1 500 | 90～110 | 90～110 | 120 |
| pH 值 | 1～2 | 7.8～8.1 | 6.9～7.2 | 7～8 | 6～9 |

在 *Rhodococcus* sp. NJUST16 等功能菌剂的基础上,南京理工大学沈锦优和王连军教授团队开发出了适合于混合起爆药废水厌氧/缺氧生物处理的复合菌剂 NJUST-S1 以及适合于混合起爆药废水好氧生物处理的复合菌剂 NJUST-S2。经过“内电解-Fenton-混凝沉淀”组合工艺预处理后的混合起爆药废水泵入投加了复合菌剂 NJUST-S1 的缺氧池,在缺氧池内投加酸以及生物降解所必需的营养物,利用废水中含有高浓度硝态氮的特点进行反硝化反应脱除 COD,缺氧池出水进入投加了复合菌剂 NJUST-S2 的曝气生物滤池好氧生物处理工段,实现生物难降解残余物的生物降解,进一步降低废水 COD,出水达到《兵器工业水污染物排放标准——火工药剂》(GB 14470.2—2002)所要求的水质标准,稳定实现达标排放。

生物处理技术由于具有技术成熟、运行成本低、操作管理简单、降解彻底、二次污染小等优点,适用于处理大水量、中低浓度废水,目前已成为有机废水处理工艺的核心技术。农药生产废水在经过物化预处理后,达到生化处理条件,可进入生物处理系统进行后续处理。农药生产废水的生物处理技术的开发和应用是实现农药生产废水无害化的根本途径。生物对农药的代谢可能涉及三个阶段:在第一阶段的代谢中,母体化合物通过氧化、还原或水解等反应转化为水溶性较强或者毒性较低的化合物;在第二阶段中,农药或者其代谢物与糖、氨基酸或者谷胱甘肽结合,此过程产生的代谢物水溶性强,一般低毒或无毒;第三阶段是将第二阶段的代谢物转变为次级代谢物。而微生物降解过程中发生的一系列生化反应实质上是通过许多不同的酶来实现的,如水解酶、植酸酶、脱氢酶、细胞色素 P450 酶、单加氧酶、糖基转移酶等。

### 3.4.4　水解酸化-厌氧-好氧组合工艺处理制药废水

厌氧处理是一个连续的微生物过程,由多种不同性质和功能的微生物协同工作完成,厌氧微生物有可能可以对好氧微生物不能降解的一些有机物进行降解或部分降解。由于厌氧过程无需供氧,避免了氧传质的限制,适用于高浓度有机废水的处理。一般而言,经厌氧法处理后的废水 COD、氨氮等指标仍然较高,仍需好氧后处理才能达到废水排放标准。好氧法由于以氧气作为氢接受体,有机物的分解比较彻底,释放的能量多,故有机物转化速率快,废水能在较短的停留时间内获得高的 COD 去除率。好氧法受供氧限制,一般只适用于中、低浓度有机废水的处理。因此,“水解酸化-厌氧-好氧”组合工艺已成为制药废水等高浓度有机废水的主流处理工艺路线。

与单一的厌氧法、水解法和好氧法相比,组合工艺具有以下主要优势:水解酸化-厌氧工艺可以去除废水中大量的有机物和悬浮物,使后续的好氧工艺有机负荷减小,好氧污泥产量也相应降低;水解酸化-厌氧工艺作为前处理工艺能起到均衡作用,减少后续好氧工艺负荷的波动,使好氧工艺的需氧量大为减少且较为稳定,既节约能源又方便实际操作;水解酸化-厌氧工艺作为前处理工艺,可以明显改善废水的可生化性,以便于更好地发挥好氧生物处理过程的优点;好氧处理过程对水解酸化-厌氧代谢物的降解可有效推动有机物水解酸化、厌氧处理过程的进行。对于总氮浓度高、有机物浓度高的废水,通过水解酸化-厌氧-好氧组合工艺可以达到脱氮的目的,还可通过好氧硝化、硝化液回流反硝化等手段达到脱氮的目的。

(1) 水解酸化

水解酸化处理是厌氧产甲烷处理的前期阶段,作用是为混合厌氧消化过程的甲烷发酵提供底物。水解是指有机物进入微生物细胞前,在胞外进行的生物化学反应,微生物通过释放胞外自由酶或连接在细胞外壁上的固定酶来完成生物催化反应,主要目的是将原有废水中的非溶解性有机物转变为溶解性有机物。酸化是典型的发酵过程,微生物的代谢产物主要是各种有机酸。根据产甲烷微生物与水解产酸微生物生长条件的不同,将厌氧处理控制在含有大量水解细菌、酸化菌的条件下,利用水解菌、酸化菌将水中不溶性有机物水解为溶解性有机物,将难生物降解的大分子物质转化为易生物降解的小分子物质,从而改善废水的可生化性,为后续生化处理提供良好的水质环境。除了降解生物抑制物质、提高废水可生化性的作用外,水解酸化工段还起到调节和稳定水质水量的作用,进而为改善厌氧工段的效能创造条件。

(2) 厌氧处理

进行厌氧处理的目的是利用高效厌氧工艺容积负荷高、COD去除效率高、耐冲击负荷等优点,减少稀释水量并且能较大幅度地削减COD浓度,以降低基建、设备投资和运行费用,并回收沼气。此外,厌氧段还有脱色作用,这对高色度抗生素废水的处理意义较大。优先采用的厌氧工艺仍应是UASB以及UASB+AF复合反应器,当缺乏国内外已较成熟的高效反应器设计经验时,也可考虑采用普通厌氧消化工艺,但基建投资和占地面积均会增加。针对抗生素工业废水一般都含有高浓度硫酸盐及生物抑制物的特点,厌氧段应考虑采用一相工艺,以利用水解酸化或硫酸盐还原的生物作用达到去除抑制物或硫酸盐的目的。

(3) 好氧处理

进行好氧处理的目的是保证厌氧出水中有机物的进一步降解,好氧处理系统的进水COD浓度一般需要控制在3 000 mg/L以下。如考虑硝化功能,可设置两段式好氧处理工艺,前置好氧工艺主要考虑去除有机物的功能,后置好氧工艺主要考虑硝化功能;硝化液可回流至前序的缺氧-厌氧工艺进行反硝化脱氮,亦可通过后序的反硝化工艺进行脱氮处理。好氧处理推荐优先采用生物接触氧化工艺,其优点是基建投资和占地面积小,运行稳定,抗冲击负荷;其次为好氧流化床和序批式间歇反应器等工艺。

水解酸化-厌氧-好氧组合工艺在国内制药废水等高浓度有机废水治理工程中有着广泛的应用。发酵制药例如青霉素、链霉素、土霉素、螺旋霉素、维生素C、维生素$B_{12}$、阿维菌素,以及一些合成、半合成的氯霉素、磺胺类、头孢系列的废水处理均可采用此工艺,植物提取类即中药废水的处理也可采用此工艺。一般情况下,对于含悬浮物较多的发酵和中药废水在生化处理前，需要进行适当的物化预处理，如采用混凝沉淀、混凝气浮或气浮工艺，以去除制药废水中的悬浮物和不溶性物质。据文献报道，在对青霉素、四环素、利福平以及螺旋霉素混合生产废水采用厌氧-好氧工艺处理时，可借助混凝方法对废水进行预处理，废水经过预处理后生物抑制性显著下降，确保了单相厌氧消化反应器内能够形成性能良好的颗粒污泥，厌氧出水COD去除率达到60%以上。采用厌氧-好氧工艺处理四环素结晶母液时，可先用物化法从废水中回收草酸，出水再稀释5倍并将pH值调节至约8.5后进入厌氧、好氧反应器，厌氧段和好氧段的HRT分别为24 h和6 h，废水经过这样的处理后出水能够达到制药行业废水排放标准。采用两相厌氧-生物接触氧化工艺处理四环素废水，在进水COD浓度小于3 500 mg/L的情况下，产酸相具有稳定的水解有机物和分解四环素的功能，相应的去除率分别为20%和68%，有效地改善了废水的可生化性，为产甲烷菌创造适宜的生长环境；废水经过两相厌氧处理以后，COD和土霉素的去除率分别为70%和90%，继续经过一级好氧接触氧化反应器的处理，对COD的总去除率达到93%，出水COD浓度可低于230 mg/L。

对于总氮浓度较高的制药废水，可通过水解酸化-厌氧-缺氧-好氧组合工艺进行处理，以达到去除总氮的目的。由于制药废水中$SO_4^{2-}$及氨氮浓度对产甲烷生物种群的抑制，厌氧产甲烷的过程沼气产量低、利用价值小，近年来开始尝试以厌氧水解酸化替代厌氧发酵，或许能够减少厌氧工艺的使用。据文献报道，有些有机物在好氧条件下较难被微生物降解，但经水解酸化预处理可以改变难降解有机物的化学结构，使其好氧生物降解性能提高。经过水解酸化，废水的COD去除率虽然较低，但废水中大量难降解有机物转化为易降解有机物，提高了废水的可生化性，利于后续好氧生物降解。产酸菌的世代周期短，对温度以及有机负荷的适应性都强于产甲烷菌，能保证水解反应的高效率稳定运行。厌氧水解酸化工艺考虑到产甲烷菌与水解产酸菌生长速率、底物利用速率的差异，在反应器中利用水力淘洗作用抑制甲烷菌在反应器中繁殖，将厌氧处理控制在水解酸化阶段。厌氧水解酸化可以作为厌氧-好氧生化处理的预处理工艺使用，可提高污水的可生化性，有效降低废水处理运行成本。表3-4汇总了国内外部分抗生素生产废水水解酸化-好氧生物处理工艺及其主要运行参数。

**表3-4 抗生素生产废水水解酸化-好氧生物处理工艺及运行参数**

| 废水类型 | 水力停留时间/h | | 处理规模/($m^3 \cdot d^{-1}$) | COD | | COD容积负荷/[$kg \cdot (m^3 \cdot d)^{-1}$] | 备注 |
|---|---|---|---|---|---|---|---|
| | 水解酸化 | 好氧工艺 | | 进水/($mg \cdot L^{-1}$) | 去除率/% | | |
| 四环素、林可霉素、克林霉素 | — | — | — | 4 000 | 92 | — | 两段接触氧化 |
| 洁霉素 | 7 | 5/5 | 中试 | 5 000 | 95 | — | 投菌两段接触氧化 |
| 强力霉素 | 11.3 | 10 | 小试 | 1 500 | 89 | 1.32 | — |
| 利福平、氧氟杀星、环丙沙星 | 91 | 86 | 450 | 18 000 | — | — | 接触氧化 |
| 青霉素、庆大霉素 | 17 | 14.3 | 2 700 | 5 273 | — | 4.93 | — |
| 乙酰螺旋霉素 | 14.4 | — | 2 000 | ≤12 000 | 90 | — | — |

**续表 3-4**

| 废水类型 | 水力停留时间/h | | 处理规模/($m^3 \cdot d^{-1}$) | COD | | COD容积负荷/[$kg \cdot (m^3 \cdot d)^{-1}$] | 备注 |
|---|---|---|---|---|---|---|---|
| | 水解酸化 | 好氧工艺 | | 进水/($mg \cdot L^{-1}$) | 去除率/% | | |
| 洁霉素、土霉素 | 12 | 4 | 小试 | 2 500 | 92 | — | 接触氧化 |
| 阿维霉素 | 10 | 6 | 小试 | 6 000 | 90 | 16.2 | 两段接触氧化 |
| 卡那霉素 | — | — | 小试 | 2 000 | 92.9 | — | 两级膜化A/O |

此外，水解酸化工艺不需设置气体分离和收集系统，无需封闭；生物产气量低，二次污染小；耐冲击负荷，污泥产率低；造价低且便于维修。由表3-4可见，好氧工艺基本采用生物接触氧化工艺，该工艺具有处理效率高、占地面积小、运行管理方便、污泥产量低、耐冲击负荷等优点。

# 第4章　工业废水的深度处理方法

二级处理后的工业废水出水中通常仍然含有氮、磷、微量难降解有机物、细菌、病毒、重金属以及影响回用的溶解性矿物质等，为了降低城市污水排放的总量，减轻对城市生态环境的危害，使废水作为水资源回用于生产或生活，需对二级处理后的废水进行深度处理以达到一定的回用水标准。在废水再生利用时，不同的利用目的对水质的要求有所不同。我国已经颁布的城市污水再生利用水质标准有《城市污水再生利用分类》(GB/T 18919—2002)、《城市污水再生利用　城市杂用水水质》(GB/T 18920—2020)、《城市污水再生利用　景观环境用水水质》(GB/T 18921—2019)、《城市污水再生利用　地下水回灌水质》(GB/T 19772—2005)、《城市污水再生利用　工业用水水质》(GB/T 19923—2005)、《城市污水再生利用　农田灌溉用水水质》(GB 20922—2007)、《城市污水再生利用　绿地灌溉水质》(GB/T 25499—2010)等。在实施工业废水再生利用时，根据不同的利用目的，必须符合相应的再生利用水水质标准的要求。工业废水再生利用为城市杂质水、景观环境用水或农田灌溉用水时，可参照城市污水再生利用的相应用水水质要求。目前，我国尚未建立工业废水生产回用水质系列标准，一般工业废水生产回用时，再生回用水水质参照相应的生产工艺用水水质要求，经技术经济比较后确定。

工业废水深度处理及回用是城市环境可持续循环发展的重要因素之一，在城市环境治理脚步不断加快的背景下，工业废水深度处理及回用技术也在不断发展及优化。经过长期实践，工业废水处理技术取得了一定的成效。目前，国内外废水深度处理技术主要有混凝、过滤、活性炭吸附、臭氧高级氧化、膜分离等物理化学法，以及人工湿地、生物接触氧化、曝气生物滤池(BAF)、膜生物反应器(MBR)等生物法。工业废水深度处理工艺是废水处理工程设计的关键，它不仅会影响出水的处理效果、水质，还会影响工程的基建投资大小、运行是否可靠、运行费用高低、管理操作的复杂程度、占地面积大小等各个方面。要实现污染物的深度减排与回用目标，单一工艺往往难以满足，通常需要寻求多种工艺的组合，发挥各自的技术优势，以提高废水处理效果，降低处理成本。因此，必须综合实际情况，针对工业废水的水质水量特点，因地制宜，慎重选择处理技术与工艺组合，以实现废水深度处理达标排放或回用的目标。

## 4.1　单元处理技术

### 4.1.1　混凝法

除了用于工业废水预处理过程，混凝法也可用在生化处理单元之后的深度处理工艺中。它是一种常用的废水深度处理技术，通过添加混凝剂使废水中的悬浮物、胶体物质和溶解有机物凝聚成较大的团聚体，从而方便后续的固液分离或进一步处理。混凝法在废水深度处理中具有以下优点：

① 悬浮物去除效果好：混凝法能够有效去除废水中的悬浮物、胶体物质和浑浊物质，使废水的悬浮物浓度和浊度显著降低，从而提高水质。

② 处理效果稳定:混凝法对废水中的各种污染物都有较好的去除效果,对温度变化不敏感,适用范围广,出水水质稳定,易于监测与控制。

③ 前处理效果显著:混凝法常用作废水深度处理的前处理步骤,它可以降低后续处理单元的负荷,减少有机物质和颗粒物的干扰,提高后续处理的效果和稳定性。

④ 操作简单,投资和运行成本相对较低:混凝法的操作简单,混凝剂相对便宜,技术要求相对较低,不需要复杂的设备和高级技术,占地面积小,维护方便,投资和运行成本相对较低。

混凝法是一种简单高效的深度处理方法,但单独应用难以达到深度处理的目的。它更适用于与其他工艺如砂滤法、生化法、膜分离法等组合,发挥工艺的协同作用,通过系统配置实现废水达标排放与回用。

### 4.1.2 活性炭吸附法

活性炭是一种广泛应用于废水深度处理的材料,它具有优异的吸附性能和化学稳定性,可以有效地去除水中的有机物、异味、颜色和一些难以处理的污染物。活性炭吸附法易于自动控制,对水量、水质、水温变化适应性强,饱和碳还可再生使用,目前在废水深度处理领域已经有了很多应用和研究。

目前,活性炭在废水深度处理中的应用主要集中在以下几个方面:

① 去除有机物:活性炭具有较强的吸附能力,可以去除水中的有机物,如苯、酚、酸、醛、酮、胺、酯等,使水质达到国家排放标准。

② 去除异味:活性炭对水中的异味具有良好的去除效果,可以去除污水中的臭味、腐味、霉味等,提高水质的可接受度。

③ 去除颜色:活性炭对水中的颜色具有良好的去除效果,可以去除污水中的色度,使水质清澈透明。

④ 去除难降解有机物:活性炭可以去除一些难以降解的有机物,如农药、药品、染料、有机磷等,提高污水深度处理的效果。

此外,活性炭也可以与其他膜分离技术结合使用,如与微滤、超滤和反渗透等技术结合,以提高污水深度处理的效果和经济效益。

总之,活性炭吸附法是一种高效广谱的深度处理技术,能去除各类有机物与无机物污染,产水质量高,非常适宜于工业废水的再生与回用,但其同时也存在着一些问题。如何进一步降低活性炭废水深度处理工艺的基建投资和运行费用,提高处理效果,降低活性炭再生成本将成为今后研究和分析的重点。

### 4.1.3 臭氧氧化法

臭氧氧化法是一种常用于废水深度处理的高级氧化技术,它可以通过将臭氧与水中的污染物接触,产生一系列的自由基反应,从而将污染物分解成低分子化合物和无害物质。臭氧具有极强的氧化性,可与许多有机物或官能团发生反应,在废水深度处理过程中具有良好的脱色效果及消毒杀菌作用,能够有效地改善二级出水水质。臭氧氧化法在废水深度处理中具有以下优点:

① 适用范围广:臭氧氧化法可以去除废水中的有机物、无机物、重金属离子等多种污染物,对不易降解的难处理废水有良好的处理效果。

② 处理效率高：臭氧氧化法处理速度快、效率高，处理后的水质优良，可以达到较高的处理标准。

③ 操作方便：臭氧氧化法操作简单，可自动化程度高，可以在废水深度处理中实现自动化控制。

④ 二次污染小：臭氧氧化法处理过程中不会产生二次污染，不会对环境造成不良影响。

目前，臭氧氧化法在废水深度处理中已经得到一定的应用和研究。随着技术的不断发展，臭氧氧化法的处理效率和适用范围也在不断提高，例如利用臭氧与紫外光结合的技术，可以提高处理效率，降低能耗。此外，还有一些新型的臭氧氧化法，如电子束臭氧氧化法、等离子体臭氧氧化法等，目前仍在不断探索和发展中。

臭氧氧化法在制药、造纸等废水深度处理中具有广泛的应用前景，但因臭氧自身易分解、不易储存的特性，对其使用时需现场制取。臭氧工艺在实际运行当中，多采用均相催化或非均相催化，提高臭氧分解速率，从而增强去除污物的能力。我国多数污水厂利用臭氧接触池深度处理时常采用三段式投加法，并且三段投加量逐渐减少，接触时间多数在 30～40 min。均相采用溶气装置，非均相采用曝气盘或微孔曝气方式，尾气需高温催化破坏后排放。由于目前存在臭氧氧化剂的制备、回收和再利用以及臭氧氧化工艺运行成本高等问题，臭氧氧化法的推广尚有难度，仍需要进行深入研究。

### 4.1.4　膜分离法

膜分离法是利用物质透过或被截留于膜过程的一种方法，可用于回收废水中的重金属和盐类，削减废水排放量，提高废水回用率。因其存在工艺简单、回收效率高、污染程度小等优点，所以比一般的分离技术(如蒸发、萃取等)应用更加广泛。根据分离膜种类的不同，膜分离技术分为微滤、超滤、纳滤和反渗透。微滤和超滤一般与其他废水处理工艺联用，主要针对工业废水中的低浓度磷酸盐、大分子有机物处理和重金属回收利用；反渗透适用于无机盐、有机物和微生物的处理及废水浓缩和电镀液回收；纳滤具有操作压力低、水通量大等优点，易实现 90%以上的废水纯化和高倍重金属浓缩。电渗析法适宜处理含多种重金属的电镀工业漂洗水，其中，含镍废水处理技术最为成熟。这些膜通常组合使用，如超滤/纳滤、超滤/反渗透、纳滤/反渗透这三种双膜工艺在工业废水深度处理工程中有较多应用，以实现不同目标的深度净化。

该法的主要优点如下：

① 处理效果好，对于相对分子质量较大的有机污染物，膜分离技术处理截留率比较高，可产出各类高纯净水，满足工业高端用水标准。

② 系统密闭，对二次污染有较强的抗性，水质稳定。

③ 除臭效果较好，不改变水的原始 pH 值与主要离子类型。

④ 除少量污泥外基本无副产物，降低污泥处理难度。

⑤ 处理速度快，可处理含高浓度无机物或有机物的脉冲废水。

⑥ 占地面积小，可随流量变化调节处理能力，灵活性强。

尽管膜处理法操作简单、设备占地面积小、无二次污染，且能够实现重金属回收利用和出水回用，但该法对进水水质及膜材料要求较高，因此处理成本偏高。目前，大部分纳滤膜、反渗透膜仍然需要从国外引进，造成膜分离技术的投资成本高，且截留的派缩废水需要进一步处理。膜分离技术只适宜成分简单、悬浮物含量较少的简单废水的处理，不适宜处理复杂废水，也不适宜直接作为废水生化处理后的深度处理，因为后两种废水中含有大量的纳米级生物胶体物质，易使膜受到污染，大大缩短膜的使用寿命，增大运行成本。开发制造高强度、长寿命、抗污染、高通量的膜材料，着重解决膜污染、浓差极化及清洗等关键问题是今后研究的重点。

### 4.1.5 人工湿地

湿地是指由地球上水陆相互作用而形成的具有多种独特功能的生态系统，是生物重要的赖以生存的环境和最富生物多样性的自然界生态景观。它在改善气候环境、维持区域性生态平衡、调节径流、抵御洪水、保护生物多样性和珍稀物种资源、控制污染、补充地下水、控制土壤侵蚀、美化环境和维护区城生态平衡等方面具有其他系统所不可替代的作用，被誉为“地球之肾”。人工湿地是在自然湿地降解污水的基础上发展起来的污水处理生态工程技术，是一种由人工建造和监督控制的、工程化的与沼泽地类似的地面。国内已经建设了大量的人工湿地，例如北京奥运会的鸟巢人工湿地、上海世博会的湿地展区等。根据系统布水方式或水流方式的不同，人工湿地通常可分为表面流人工湿地、水平潜流人工湿地和垂直流人工湿地三类。

① 表面流人工湿地是指污水在人工湿地的土壤等基质表层流动，依靠植物根茎与表层土壤的拦截作用以及根茎上生成的生物膜的降解作用，使污水得以净化的人工湿地形式。因表面流人工湿地与污水接触面积大、停留时间长，使得表面流人工湿地对悬浮物、有机质的去除效果较好；但这种类型人工湿地占地面积较大，水力负荷率较小，去污能力有限，而且系统运行受气候影响较大，水面冬季易结冰，夏季易生蚊蝇，散发臭气。

② 水平潜流人工湿地指污水从人工湿地的一端进入，在人工湿地床表面下以近水平流方式流动，最后流向出口，使污水得以净化的人工湿地形式。水平潜流人工湿地由一个或多个填料床组成，床体填充基质，床体设有防渗层，污水从湿地一端水平流过填料床。与表面流人工湿地相比较，其水力负荷与污染负荷较大，氧源于植物根传输，对污染物去除效果好，很少出现恶臭及蚊蝇滋生的现象。但是水平潜流人工湿地的控制相对复杂，对氮有较好的去除效果，但除磷效果欠佳，易产生堵塞现象。

③ 垂直流人工湿地是指污水从人工湿地表面垂直向下流过基质床的底部或从底部垂直向上流向表面，使污水得以净化的人工湿地形式。垂直流人工湿地可分为上行流、下行流和潮汐流三种，水流处于系统表面以下。所谓上行流是指进水口在湿地底部，水由下向上涨起，湿地填料表面为一排水管，下钻小孔用来收集出水。下行流与上行流水流方向相反，通过在湿地表面设置配水系统，使污水从湿地表面纵向流向填料床底部，系统底部排水。潮汐流人工湿地是一种间歇式进水的新型湿地生态系统，其原理是利用潮汐运行过程中床体浸润面的变化产生的空隙吸力将大气氧吸入湿地基质或者土壤空隙，从而提高人工湿地的溶解氧含量，使得湿地可以保证氨氮发生硝化作用所需的氧气，从而加快氨氮的去除。垂直潜流人工湿地的硝化能力高于水平潜流人工湿地，可用于处理氨氮含量较高的水；但其构造比较复染，且对废水中固体悬浮物去除率不高，所以在实际废水处理工艺中常在垂直流人工湿地后连接水平流人工湿地。

人工湿地的净化机制主要依靠湿地植物的吸收和微生物的分解作用。湿地植物吸收废水中的氮、磷等营养物，并通过蒸腾作用吸收一定量的水分。微生物如硝化菌、反硝化菌、脱氮菌等降解水中的有机物质和无机污染物。同时，湿地底质也对污染物具有一定的吸附作用。

该法的主要优点如下：

① 净化效果好，出水水质可达地表水或生活污水排放标准。对总氮、总磷有较好的去除效果。

② 运行成本低，无需外源能源，基本无化学药剂的使用。

③ 湿地具有天然的生态系统功能，能吸引许多生物种类，具有较高的生态和景观价值。

④ 出水水质稳定，具有较好的抗冲击负荷的能力。

⑤ 长期运转稳定，使用寿命长。

工业尾水有排放量大且集中的特点，以人工湿地系统为核心的工艺，能够利用土壤、人工介质、植物，以及微生物的物理、化学、生物三重协同作用来实现废水净化，因此具有处理效果较好、基建投资及运行费用低、运行维护简单和景观性强等优点，得到了日益广泛的应用。同时，人工湿地技术也在不断发展，研究人员正在探索如何利用微生物群落的多样性和功能性，提高废水处理效率和稳定性；如何利用新型人工湿地材料，如填充材料、支撑材料等，来提高处理效率和降低能耗。解决人工湿地废水深度处理过程中存在的占地面积大、易堵塞、基质吸附易饱和等关键问题将是今后研究的重点。

### 4.1.6 生物接触氧化法

生物接触氧化法是一种介于活性污泥法与生物滤池之间的生物膜法工艺，由浸没于污水中的填料、填料表面的生物膜、曝气系统和池体构成。其特点是在池内设置填料，池底曝气对污水进行充氧，并使池体内污水处于流动状态，以保证污水与固着在填料表面的生物膜充分接触，通过生物降解作用去除污水中的有机物、营养盐等，使污水得到净化。实践表明，生物接触氧化法具有BOD负荷高的优点，因此，是一种有发展前途的处理方法。

生物接触氧化法具有以下优点：

① 处理效果好、时间短：对于废水中的有机物质有很好的去除效果，可使COD和BOD等污染指标得到明显降低。

② 工艺简单：设备和工艺相对简单，操作方便，维护成本较低。

③ 适用范围广：可适用于各种不同类型的废水处理，如生活污水、工业废水等。

④ 投资成本低：相对于其他一些废水处理技术，具有占地面积小、不需污泥回流、不产生污泥膨胀、运转比较灵活、维护管理方便等一系列优点，使得投资成本较低，适用于一些中小型污水处理厂。

目前，生物接触氧化法兼有生物滤池法和活性污泥法的特点，在废水深度处理中得到了广泛的应用和研究。但同时，该方法也存在一些问题，如曝气设备的能耗和维护、处理后的水质不稳定、生物接触氧化法后需设二沉池进行泥水分离等。研究人员也在不断探索和改进生物接触氧化法，如采用不同的生物载体、改进曝气设备等，以提高废水处理效率和降低能耗。

### 4.1.7 曝气生物滤池(BAF)

曝气生物滤池(Biological Aerated Filter,BAF)，是20世纪80年代末在欧美发展起来的一种生物膜法污水处理工艺，最初用作废水深度处理，现已逐渐发展成直接用于二级处理。曝气生物滤池借鉴了生物接触氧化法和滤池的设计思路，将生物氧化分解与吸附过滤截留综合运用到一个工艺单元中，其原理是通过填料表面微生物氧化分解作用、填料及生物膜的吸附截留作用和沿水流方向形成的食物链分级捕食作用,实现去除水中污染物的目的,同时利用生物膜内部微环境和厌氧段的反硝化作用,达到脱氮除磷的功能。BAF 工艺运行一段时间后通过周期性地对滤料进行反冲洗,清除滤料上的截留物和老化的生物膜,可使滤池在短期内恢复工作能力,实现滤池的周期运行。曝气生物滤池具有以下优点:

① 抗冲击负荷能力强、占地面积小:曝气生物滤池采用的是粗糙多孔的球状滤料,为微生物提供了较佳的生长环境,易于挂膜及稳定运行,可在滤料表面和滤料间保持较多的生物量,单位体积微生物量远远大于活性污泥法中的微生物量,因此抗冲击负荷能力强,无污泥膨胀问题;高微生物量使得 BAF 的容积负荷增大,进而减少了池容积和占地面积,使基建费用大大降低。

② 工艺简单、出水水质好:滤料的机械截留作用以及滤料表面微生物及其代谢中产生的粘性物质形成的吸附作用,使得脱氮效果较好,且出水的 SS 很低,可省去二沉池,进而降低基建费用。

③ 氧传输效率高:曝气生物滤池中氧的利用率可达 20%～30%,曝气量明显低于一般生物处理。其主要原因是:滤料粒径小,气泡在上升过程中不断被切割成小气泡,增加了气液接触面积,提高了氧的利用率;气泡在上升过程中,由于滤料的阻挡和分割作用,使气泡必须经过滤料的缝隙,延长了其停留时间,同样有利于氧的传质;理论研究表明,BAF 中氧气可直接渗入生物膜,因而加快了氧气的传输速度,减少了曝气量。

④ 运行管理简单:BAF 易挂膜、启动快,一般只需 7～12 天,而且不需接种污泥,可以采用自然挂膜驯化。微生物生长在粗糙多孔的滤料表面,不易流失,使其运行管理简单。BAF 在短时间内不使用的情况下可关闭运行,一旦通水并曝气,可在很短的时间内恢复正常运行,适用于一些水量变化大的地区的污水处理。

⑤ 构筑物模块化、自动化程度高:曝气生物滤池单元为模块化结构,可较好地满足城市污水处理厂分期建设的要求。由于相关工业技术的发展,一些先进的自动化设备如液位传感器、在线溶氧测定仪、定时器、变频器及微电脑等产品的出现,使得曝气生物滤池系统运行管理自动化得以顺利实现。曝气生物滤池系统可以对进水水质、水量以及污水中溶解氧浓度进行在线检测,并通过 PLC 控制系统便捷调整曝气时间的长短,控制风机的供氧量,做到优化运行,PLC 系统还可控制滤池进行自动反冲洗。

国内外的专家学者对 BAF 的滤料、运行方式、运行控制和反冲洗特性等方面进行了大量探索研究,积累了许多 BAF 用于污水处理的宝贵经验,为 BAF 的发展和推广应用奠定了坚实的基础。然而,BAF 法也存在一些局限性,如对进水 SS 要求高、反冲洗用水量较大、滤池表面容易出现泡沫、生物除磷效果差等,需要进一步研究和改进。

### 4.1.8 膜生物反应器(MBR)

膜生物反应器(Membrane Bio - Reactor,MBR)是一种将膜分离与生物降解结合的废水深度处理技术。MBR 工艺一般由膜分离组件和生物反应器组成,由膜分离组件代替二次沉淀池进行固液分离。截流的污泥回流至生物反应器中,通过水外排。由于膜能将全部的生物量截留在反应器内,可以获得长泥龄和高悬浮固体浓度,有利于生长缓慢的固氮菌和硝化菌的增殖,不需延长曝气就能实现同步硝化和反硝化,成功脱氮,从而强化了活性污泥的硝化能力。膜分离还能维持较低的剩余污泥产率,且系统运行更加灵活和稳定。与传统活性污泥工艺相比较，MBR 技术具有以下优点：

① 设备结构紧凑，占地面积小，为活性污泥工艺的 1/5～1/3；

② 实现水力停留时间与活性污泥泥龄的分离，有利于微生物富集，优化了传统活性污泥法中的污泥膨胀问题；

③ 出水水质较好且稳定，尤其对 COD 与浊度的去除率高，有利于硝化，出水微生物含量低；

④ MLSS 浓度高，剩余污泥量少，抗冲击负荷能力强；

⑤ 自动化程度高，现场工作人员操作少。

目前，MBR 技术已经在废水深度处理中得到了广泛的应用和研究，但其也存在一些局限性，如膜污染、膜寿命短等。研究人员也在不断探索和改进 MBR 技术，如通过探索新型膜材料、优化系统结构等手段，提高废水处理效率和降低能耗。

## 4.2　深度处理组合工艺

### 4.2.1　混凝-过滤组合工艺

在废水回用的深度处理中，一般采用混凝-过滤联用技术来提高出水水质。该方法主要通过向污水中投加特定的化学药剂（聚铝、硫酸铝及聚丙烯酰胺复配的混凝剂等），使水体中的悬浮颗粒及胶体脱稳凝聚，并进一步产生絮凝体；接着通过滤料介质层（石英砂、煤渣等）的作用，截留这些固体颗粒，将这些污染物从水中去除，从而让水体达到澄清。这种联用技术工艺简单、经济、效果好，可以有效降低水体的色度和浊度，在水处理中得到了广泛应用。混凝-过滤技术具有以下优点：

① 成熟稳定：混凝-过滤是一种成熟的废水处理技术，工艺流程相对简单、成熟、稳定，可适用于各种不同类型的废水深度处理，包括镍电池工业废水回用、印染废水回用等。

② 效果显著：混凝-过滤能够有效去除废水中的悬浮物、胶体和溶解性物质，使废水的水质得到明显改善。

③ 操作简便：混凝-过滤设备和工艺相对简单，操作方便，维护成本较低。

④ 安全环保：混凝-过滤过程中不需要添加大量的化学药剂，对环境污染较小，安全可靠。

目前，混凝-过滤技术已经得到了广泛的应用和研究。许多国家的工业企业已经采用混凝-过滤技术处理废水，如美国、日本、德国等。同时，研究人员也在不断探索和改进混凝-过滤技术，如改进混凝剂的种类和用量、采用高效过滤器等，以提高废水处理效率和降低能耗。目前，有一种新型技术称为微絮凝-直接过滤法，其工艺主要是在污水进入滤池前加入絮凝剂，然后利用水体自身在滤柱内产生的微漩涡同步进行反应、沉淀和截留。这种改进技术相比传统的混凝沉淀工艺可以减小 80%的构筑物体积。

总的来说，混凝-过滤是一种成熟、效果显著的废水深度处理组合工艺，具有广泛的应用前景。但同时，混凝-过滤也存在一些问题，如混凝剂的用量和回收、过滤器的堵塞和维护等，需要进一步研究和改进。

### 4.2.2 臭氧氧化法-曝气生物滤池组合工艺

臭氧氧化法-曝气生物滤池组合工艺常用于废水中污染物的深度减排过程,对各类有机物均具有较高的去除率。该组合工艺首先采用臭氧发生器产生臭氧,使其与废水充分接触,迅速降解大部分有机物。然后通过生物滤池内的生物膜作用,去除臭氧氧化工艺产生的中间产物与剩余有机物,实现废水的深度生化处理。净水池收集处理后的出水,达标后可进行再生使用或排放。臭氧氧化法-曝气生物滤池组合工艺具有以下优点:

① 处理效果好,可实现多种有机物与氨氮的深度去除,出水水质高;

② 系统自动化程度高,能够连续运行,抗冲击负荷能力强,处理能力强;

③ 二次污染物少,出水安全性好;

④ 生物膜具有一定的缓冲作用,对水质变化不敏感,易于维护;

⑤ 剩余污泥产量少,节约处理成本,便于日常维护与管理。

臭氧氧化-生物滤池组合工艺是一种高效的深度处理技术,其综合两种工艺的优势实现有机物的高效去除与深度生化处理,出水水质好,产生的剩余污泥量少,处理系统自动化程度高,抗冲击负荷能力强,产水量大,且易于维护与管理。目前,该工艺已成功应用于化工废水、医疗废水、造纸废水、城镇生活污水及垃圾渗滤液等的深度处理,是一种高效的废水深度处理技术手段,值得推广应用。但该工艺投资、运行成本高,占地面积较大,需要根据具体废水的性质与处理目标进行选择。在应用时需考虑经济性与管理风险,采取措施防止臭氧后续产物的二次污染,保证系统的安全、稳定运行。

### 4.2.3 砂滤法-膜分离法组合工艺

砂滤法-膜分离法组合工艺是以物理分离技术为主的处理工艺,减少了化学药剂的投加,常被应用于化工废水深度处理及回用。砂滤法作为深度处理过程的预处理工艺,可以去除较大的悬浮物和颗粒物,减轻膜的负担,延长膜的使用寿命。膜分离技术则进一步去除砂滤法无法去除的微小颗粒、溶解物质和微生物,提高出水质量。目前,与砂滤法联用的膜分离系统通常为超滤膜工艺,砂滤能够有效控制原水的浊度和有机物含量,以确保超滤系统的稳定运行。该组合工艺具有以下优点:

① 出水水质高,二次污染少;

② 系统稳定,能够连续运行,处理效能大,抗冲击能力强;

③ 工艺相对独立,各自易于管理与控制;

④ 水量回收率高,污泥产生少;

⑤ 温度影响小,适用范围广。

砂滤法-膜分离法组合工艺是一种物理深度处理技术,它综合了两种工艺的优势,实现对水中颗粒物与微生物的大范围高效去除,产水水质好。目前,砂滤法和膜分离组合工艺在废水深度处理与回用领域得到了广泛应用。特别是在一些对出水水质要求较高的场合,如电子工业废水处理、制药废水处理等领域,该组合工艺可以有效去除有害物质,保障出水质量的安全性,出水还可实现再生使用,比如用于冷却水补充、洗涤用水、景观水循环等。然而,该组合工艺也需要综合考虑工艺设计、操作控制和设备维护等方面的要求,以确保整个系统的稳定运行和处理效果。特别是膜分离技术的应用需要注意膜污染和膜清洗等问题,以保证膜的长期稳定运行。此外,砂滤法-膜分离组合工艺运行成本较高,占地面积相对较大,需要根据具体废水的性质与目标来选择。

### 4.2.4 MBR-RO组合工艺

MBR-RO组合工艺是一种常用于废水深度处理的技术手段。MBR工艺结合了生物反应器和膜分离技术,能够高效地去除悬浮物、生物污染物和溶解物质。RO工艺则能够利用反渗透膜的选择透过性,进一步去除水中的溶解性离子、有机物和微量污染物,从而实现废水的深度处理和回用。MBR系统主要包括膜池和MBR膜组件;RO系统主要包括增压泵、保安过滤器、高压泵以及RO膜组件,经过RO膜组件处理后的水可被直接排放。MBR-RO组合工艺具有以下优点:

① 出水水质稳定:输入RO系统的水经过MBR工艺的初步处理和固液分离,具有较低的浊度和悬浮物含量。这有助于保护RO膜的性能,减少膜污染和堵塞,从而提供稳定的出水水质。

② 出水水质高:MBR-RO组合工艺可以将废水处理成高质量的水资源,适用于工业回用、灌溉和环境保护等领域。这有助于节约淡水资源,实现废水的资源化利用。

③ 工艺流程简单、占地面积小:相比传统的废水深度处理工艺,MBR-RO组合工艺减少了许多处理步骤和设备,如过滤和沉淀池等,从而简化了工艺处理流程,减小了设备占地面积。

目前,经过MBR-RO组合工艺深度处理的工业废水,可用于工业回用、灌溉、绿化和景观水等方面。综合来说,MBR-RO组合工艺在废水深度处理方面具有出水水质高、出水水质稳定和工艺流程简单等优点。然而,它也面临一些挑战,如污水泵送、曝气系统和RO系统的高压泵等对能源的需求较大,MBR和RO系统还需要定期地维护和清洗,以保持膜的性能和寿命,在一定程度上增加了运营和维护成本。此外,MBR和RO系统的操作和控制需要一定的专业知识和技术,对操作人员要求较高。因此,在实际应用中,需要根据具体的废水特性、处理要求和目标来设计和优化MBR-RO组合工艺,以确保废水得到高效、经济的深度处理。

### 4.2.5 曝气生物滤池-人工湿地组合工艺

人工湿地以其有效的污水净化效果、良好的景观及经济效益等优点越来越受到人们的关注。它具有处理效果好、氮磷去除能力强、运行维护管理方便、工程建设和运行费用低以及对负荷变化适应能力强等优点,因此人工湿地适合于土地资源丰富的废水深度处理项目。作为一种占地面积较小、耐冲击性强、流程简单的污水处理工艺,曝气生物滤池被广泛用于污水的脱氮处理。因此,曝气生物滤池-人工湿地组合工艺能够高效、经济地去除二级出水中的氮磷,实现废水回用。该组合工艺具有以下优点:

① 低能耗和低运营成本:曝气生物滤池和人工湿地技术相对于其他高能耗的废水处理工艺都具有较低的能耗和运营成本。曝气生物滤池中的曝气设备耗能较低,而人工湿地主要依靠自然通风和湿地植物的生态系统服务功能,不需要大量能源供给。

② 可持续性强和环境友好:曝气生物滤池和人工湿地技术是一种自然、生态友好的废水处理方法。它们利用微生物和湿地植物的自然能力进行废水处理,减少了对化学药剂的需求,对环境的影响较小。此外,人工湿地还具有良好的景观效果和生态功能,可以提供生态服务和保护生物多样性。

③ 可回用性:通过曝气生物滤池-人工湿地组合工艺处理后的水质达到一定标准,可以用于灌溉、景观水、冷却水等非饮用用途。这有助于节约淡水资源,实现废水的资源化利用。

曝气生物滤池-人工湿地组合工艺目前已被广泛应用于纺织废水、印染废水等工业废水深度处理中,经过处理达标的尾水可以被用作公园景观湖补水和绿化用水,在解决工业尾水带来的环境污染问题的同时,也实现了水的循环利用。但该组合工艺在实际应用中也面临着一些问题,如占地面积较大,这在城市环境等空间有限的区域可能存在挑战。此外,曝气生物滤池-人工湿地组合工艺的处理效率受温度和季节变化的影响,还需要定期维护和管理,包括清理污泥、修剪植物、检查和更换滤材等。尽管该组合工艺存在一些缺点,但在适当的情况下仍然是一种经济、有效的废水深度处理技术,在制定废水深度处理方案时,需要根据具体的废水特性、处理要求和经济可行性进行综合考虑和评估。

# 第 5 章　火炸药废水的处理

## 5.1　火炸药废水的来源

含能材料通常俗称为火炸药，是含有爆炸性基团或含有氧化剂和可燃物，能独立地进行化学反应并输出能量的化合物或混合物，主要包括炸药(单质炸药、混合炸药)、发射药和固体推进剂等。火炸药可以作为武器的发射、推进与毁伤能源，对武器威力起着重要的基础支撑与保证作用，因此可称之为“武器能源”，亦可作为热源、气源、信号源。火炸药生产企业的发展和进步对兵器工业乃至整个国防工业和国民经济的发展都具有十分重要的意义。在军事方面，火炸药工业是兵器工业的重要组成部分，火炸药是兵器的能源，炮弹、导弹、航弹、鱼雷、水雷、地雷、火工品以及爆破药包等都要装填火炸药。在民用方面，火炸药广泛应用于矿石、煤炭、石油和天然气开采，应用于开山筑路、拦河筑坝、疏浚河道、地震探矿、爆炸加工、控制爆破等方面，以及卫星发射和航天工程等领域。

典型的火炸药主要有：梯恩梯(trinitrotoluene，代号 TNT)、黑索金(hexogen，代号 RDX)、地恩梯(dinitro toluene，代号 DNT)、硝化棉、精制棉、硝化甘油、太安、B 炸药、混合炸药、含铝炸药等；民用的火炸药产品主要有：一硝基甲苯、间二硝基甲苯、硝基二甲苯、硝基苯、苯胺、二苯胺、邻甲苯胺、铵梯炸药、乳化炸药、水胶炸药等。火炸药工业的生产工艺与一般化学工业，如染料工业、制药工业和高分子化工等相类似，包括流体输送、传热、过滤、混合、粉碎、蒸馏、吸收、结晶、干燥等化工过程。在生产工艺中，要通过反复的转晶、溶剂精制、洗涤等方法，去除残留的酸及杂质，在此过程中将产生高浓度有机废水，如处理不当将造成严重的环境污染。火药厂排出的污染物主要为硝化棉废水、精制棉废水、硝化甘油和吸收药废水、硝基胍废水等。炸药厂排出的污染物主要有酸性废水、碱性废水。火工品厂排出的污染物主要为起爆药生产过程化合、洗涤、抽滤和容器清洗、产品洗涤等工段产生的含有铅和硝基酚的生产废水。装药厂排出的污染物主要是含有火炸药的冲洗废水。重点治理火炸药生产企业的生产废水问题，促进企业的发展和进步，对兵器工业乃至国防科技工业可持续发展都具有十分重要的意义。

然而，由于火炸药生产工艺落后，在设计上采用的是高物耗、高能耗、高污染排放的工艺，以及部分火炸药工业经济效益较差，在环保设备投入上严重不足，造成了大量火炸药工业环境污染历史遗留问题。此外，环保研发投入不足，清洁生产工艺技术研究及环保技术方面的研发薄弱，没有成熟的技术为污染治理提供支持，也是历史遗留环境问题长期以来没有得到根本解决的原因之一。

## 5.2　火炸药废水处理的主要原则

火炸药生产过程中产生的污染性废水主要来自火炸药的制造和装药工序，根据产品性质和工艺不同，废水中有害物质的种类及含量也不同。各国制定的火炸药水体环境质量标准也有所不同(见表5-1)。我国目前火炸药生产废水的排放主要执行《兵器工业水污染物排放标准——火炸药》(GB 14470.1);火工药剂生产废水的排放主要执行《兵器工业水污染物排放标准——火工药剂》(GB 14470.2)。

**表5-1 火炸药的水体环境质量标准**

| 废水名称 | 污染物 | 最高允许排放速率/(mg·L$^{-1}$) | | | 依 据 |
|---|---|---|---|---|---|
| | | 中 国 | 美 国 | 日 本 | |
| TNT生产废水(冷凝水) | 2,4-DNT | — | 0.025 | 0.5 | 对哺乳动物、水生生物,以及水域无毒性作用 |
| TNT包装装药废水(粉红水) | TNT | 0.05 | 0.05 | — | |
| 黑索金废水 | 黑索金 | 0.5 | 0.25 | 0.1 | |
| 奥克托今废水 | 奥克托今 | — | 0.25 | — | |
| 硝化甘油废水 | 硝化甘油 | — | 0.04 | — | |

在单质炸药生产中,TNT生产过程中产生的废水包括黄水(用水洗涤粗制TNT后的酸性废水)、红水(用亚硫酸钠溶液洗涤TNT后的废水)、湿法洗涤含TNT粉尘气体的废水、废酸处理中的酸性废水以及冲洗设备和地面的废水(粉红水)。此外,若生产中发生硝化不正常等事故时,全部物料放入安全槽,会产生大量的废水。这些废水若长期存放在废水池中,容易造成对池体周围土壤的污染。DNT的生产中排放出一定量的酸性废水、碱性废水以及冲洗设备和地面的中性废水。废水中的污染物主要是DNT,还有一硝基甲苯和其他硝化物。对于硝化棉的生产而言,据统计,每制造1 t硝化棉,要产生约300 t的废水,其中酸性废水和碱性废水约各占一半。酸性废水的特征是酸度高、COD高、硫酸根和硝酸根含量高;碱性煮洗、漂洗、混同、脱水过程的废水特征是固体含量高,其中含有大量悬浮硝化棉细颗粒,因此造成产品的大量损失。在无烟火药的生产过程中,采用溶剂压伸法时产生的工艺废水主要有两种:一种是浸水废水,另一种是蒸馏酒精的废水。此外,还有冷却水、冲洗工房及洗刷设备和工具的废水。浸水废水中含有较多的有机物(乙醇、中定剂和塑料剂等),因此,其需氧量和有机碳的含量较高。采用无溶剂压伸法制造双基药时产生的工艺废水较少,主要是冷却水和冲洗水,但工艺废水中的污染物浓度较高,且含有铅盐,必须对这种废水进行处理。整体而言,火炸药行业排放的废水具有排放量大、成分复杂、污染物浓度高、色度大、毒性强等特点,处理非常困难。若此类废水处理不当或直接排放到环境当中,势必会对土壤、水体等造成极大的危害,并通过生物链威胁到人类的健康和生存。火炸药废水对环境的污染危害主要有:

① 污染水体。火炸药废水中所含有的大量有毒污染物质,如TNT、RDX、HMX等在水中的含量较高;此外,还含有大量的硫酸根和硝酸根等盐分,因此极易污染水源。

② 污染土壤。火炸药废水中含有的大量硝基化合物极易在土壤中积存下来,造成对土壤的严重污染。目前废弃的火炸药生产场地的污染土壤亟需被修复。

③ 危害人体。植物的根部极易吸收储存炸药废水中的有毒物质,人类能够通过食物链摄入这些有毒物质,最终将影响人体的健康。在火炸药生产过程中,由于人体吸收,TNT等产品容易对操作工人的身体健康造成严重危害。

## 5.3　火炸药废水的特点与处理难点

火炸药生产废水处理技术难度高，工程实施难度大，环保投入大，是关系到火炸药工业能否持续、快速、高质量发展的突破口。只有实施环境优先战略，坚持环境保护与行业发展并重，环境保护与经济发展同步，努力做到不欠新账，多还旧账，才能彻底改变火炸药工业的废水污染现状。通过统筹规划，按照“近期解决紧迫问题，中期加强整体治理，长期通过科研开发，从源头减少污染物排放，解决末端治理的难点问题”的思路，才能彻底解决火炸药生产企业的环境污染问题。

随着先进的治理技术不断涌现，人们对环境质量要求日益严格，火炸药工业和企业对废水处理技术的先进性、可靠性和经济性，也提出了更高的要求。“十二五”以来，节能减排已上升为国家战略需求，兵器工业提出了工业万元产值用水量每年削减 3%的目标。因此，火炸药废水的污染防治工作是一项急迫而长远的重要工作。

为了适应火炸药生产废水中有用物质的回收和深度处理的需要，一些投资低、见效快的初级处理技术，得到了改进和发展。例如，美国雷德福德陆军弹药厂的硝化甘油废水采用沉淀截留法，沉积在底部的油状液体主要是硝化甘油、甘油二硝酸酯和甘油-硝酸酯，可重新返回硝化系统；美国巴杰尔陆军弹药厂则采用砂滤法处理硝化甘油废水，效果良好。国内硝化棉废水采用斜面筛过滤，可回收废水中的硝化棉约 80%；一些旋液分离和高速分离技术也得到了相应的发展。生物处理法是利用微生物酶的催化作用，在有氧或缺氧的条件下，使废水中的有机物氧化分解。生物法处理火炸药废水经历了几十年的漫长曲折历程，由于专性菌种的筛选和分离技术的发展，近年来已陆续用于处理各种火炸药废水。废水经过初级处理、回收部分有用物质后，产生低浓度废水；生化处理后的废水常在难降解污染物、色度和无机氮等组分方面达不到水质要求，需要采用物理化学法进行深度处理。除了活性炭吸附、化学沉淀法等传统技术以外，聚合树脂吸附、混凝气浮、反渗透、表面活性剂法和臭氧紫外光解等新技术，在火炸药废水处理上也得到了广泛的尝试和研究。

## 5.4　典型火炸药生产废水中的污染物及其特征

### 5.4.1　TNT 生产废水

TNT 由 J・威尔勃兰德发明，是三硝基甲苯的简称，代号 TNT，学名 2,4,6 -三硝基甲苯或 α -三硝基甲苯，结构式如图 5 - 1 所示。

TNT 呈黄色粉末或鱼鳞片状，难溶于水，熔点较低，理化性能较稳定。由于其爆炸威力大，爆炸性能良好，生产成本低廉，常被用来做副起爆药。其爆炸后呈负氧状态，产生有毒气体。目前 TNT 已成为最常用的一种单体炸药。然而 TNT 也有明显的缺点，由于其毒性效应，在生产和使用过程中有职业中毒的危害，在生产、装药以及 TNT 混合炸药的生产与使用中对环境污染比较严重。工业上常采用硝硫混酸硝化甲苯制造 TNT。粗制 TNT 中含有多种杂质，大多采用亚硫酸钠法进行精制，然后进行干燥、制片或制成颗粒或制成块状。TNT 制造工艺流程如图 5 - 2 所示。制造工艺有连续和间断两种流程。连续工艺具有参数稳定、生产

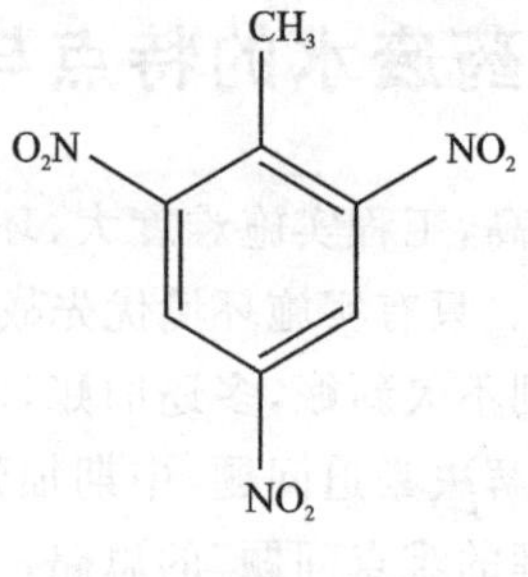

图 5-1 TNT 结构式

效率较高、产品得率高、环境污染较少、容易实现控制和自动化等优点；间断工艺不断被连续工艺所取代。但到目前为止，在国际上仍是两种工艺并存。相比其他单质炸药，TNT 生产过程中产生的污染物较多，造成的环境污染也最为严重。

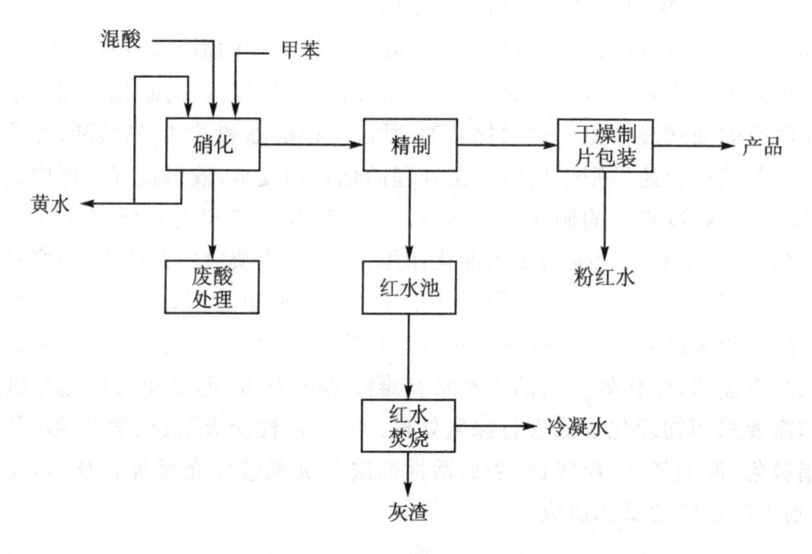


图 5-2 TNT 制造工艺流程

TNT 生产废水主要来源于硝化、精制和干燥制片包装等三个工段。硝化工段采用发烟硫酸作脱水剂，采用浓硝酸作硝化剂，产生的废水主要包括黄水、冲洗地面和设备的废水；精制的目的是去除粗制 TNT 的杂质和酸，主要采用亚硫酸钠法，在除酸洗涤工段产生酸性的黄水，在亚硫酸钠洗涤分离后产生碱性的红水；干燥制片包装工段，干燥器排出的含 TNT 的蒸汽和室内排风管排出的带 TNT 粉尘的空气，一般采用湿法洗涤，TNT 粉尘进入水中，形成粉红水。各种废水的主要性质如下：

① 黄水：呈黄色、酸性，废水量和废水中硝化物的浓度随工艺条件而变。黄水中含有多种有机物，除 TNT 和 DNT 外，还有三硝基苯甲酸、二硝基甲酚、三硝基苯、二硝基酚和四硝基甲烷等，以及一些未知物。

② 红水：呈碱性，红水的颜色根据废水中所含盐的种类和浓度的不同而从粉红至深红变化。红水溶解的有机物浓度高、毒性大，处理困难。此外，红水中的污染物绝大部分含硝基，难以生物降解或不可生物降解，极易污染水体和土壤，对动物和微生物有较大的毒害。

③ 粉红水：呈中性，产生于含 TNT 粉尘的空气的湿法洗涤。此外，设备和地面的冲洗废水含 TNT，开始是浅黄色，受阳光照射后变成粉红色，又称作中性废水。

综上可知，TNT 生产废水类型多样，是含有 DNT 和 TNT 等多种带硝基和苯环的污染物，这些污染物的转化非常复杂，毒性与危害都比较大，尤其是 TNT 红水的治理，浓度高、碱性大，已成为世界性难题，国内外均无有效的治理技术。

## 5.4.2 黑索金生产废水

黑索金学名为 1,3,5－三硝基－1,3,5－三氮杂环己烷或 1,3,5－三硝基六氢化均三嗪，又称环三亚甲基三硝胺，代号 RDX，结构式如图 5－3 所示。

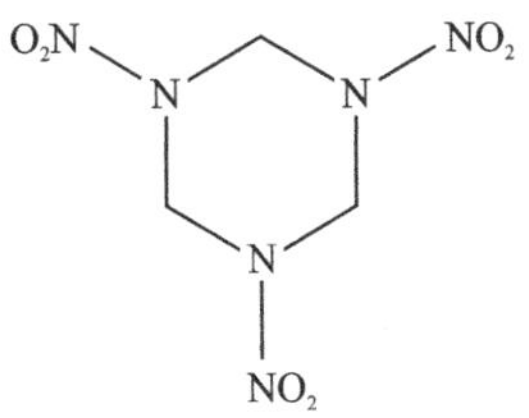

$O_2N$ N N $NO_2$ N $NO_2$

**图 5－3　RDX 结构式**

黑索金是无色晶体，不溶于水，微溶于乙醚和乙醇。其化学性质比较稳定，遇明火、高温、震动、撞击、摩擦能引起燃烧爆炸。黑索金作为爆炸力极强大的烈性炸药，具有作用功能大、爆速高、安定性好、机械感度低等特点。目前黑索金已被广泛用于制造军用和民用混合炸药，也用于雷管的第二装药，在单质炸药中，消耗量仅次于 TNT，爆炸当量相当于 TNT 的 1.5 倍。黑索金对人的神经系统有害，吸入或误食黑索金会导致中毒，严重时可导致死亡，同时其对水生生物及植物都有不同程度的损害。

世界各国生产黑索金的方法主要是乙酐法和直接硝解法，这两种工艺已达到生产现代化和封闭循环水平。我国黑索金生产主要采用直接硝解法，工艺流程如图 5－4 所示。直接硝解法的主要原料是六亚甲基四胺（俗称乌洛托品）和浓硝酸，投入的乌洛托品只有 80%左右参加反应，其余的 20%被氧化分解掉。

黑索金生产废水主要来源于乌洛托品的准备、驱酸、煮洗等工段。在乌洛托品的准备阶段，干燥尾气经带式过滤器过滤和水洗后放空，尾气的洗涤水及冲洗工房的废水中均含有乌洛托品。在驱酸与煮洗工段，用抽滤法使黑索金与废酸分离，滤饼依次用煮洗废水和清水冲洗，然后在煮洗机内用热水洗涤，去除残酸。若制钝化产品，再用钝化剂进行钝化，最后在中性过滤器内使废水与黑索金分开。驱酸与煮洗工段的废水有冲洗设备和地面的废水、水环真空泵的排水、多余的洗涤水。根据分析，废水中的硝化物除黑索金外，尚有少量的奥克托今、3,5－二硝基－3,5－二氮杂－1－氧杂环己烷（俗称氧化黑索金）和未知物。

综上所述，直接硝解法制造黑索金排出的废水中含有乌洛托品、黑索金、奥克托今、氧化黑索金、硝酸和一些未知物。硝化、干燥、筛选工房的废水沉淀池也可清理出一些黑索金。

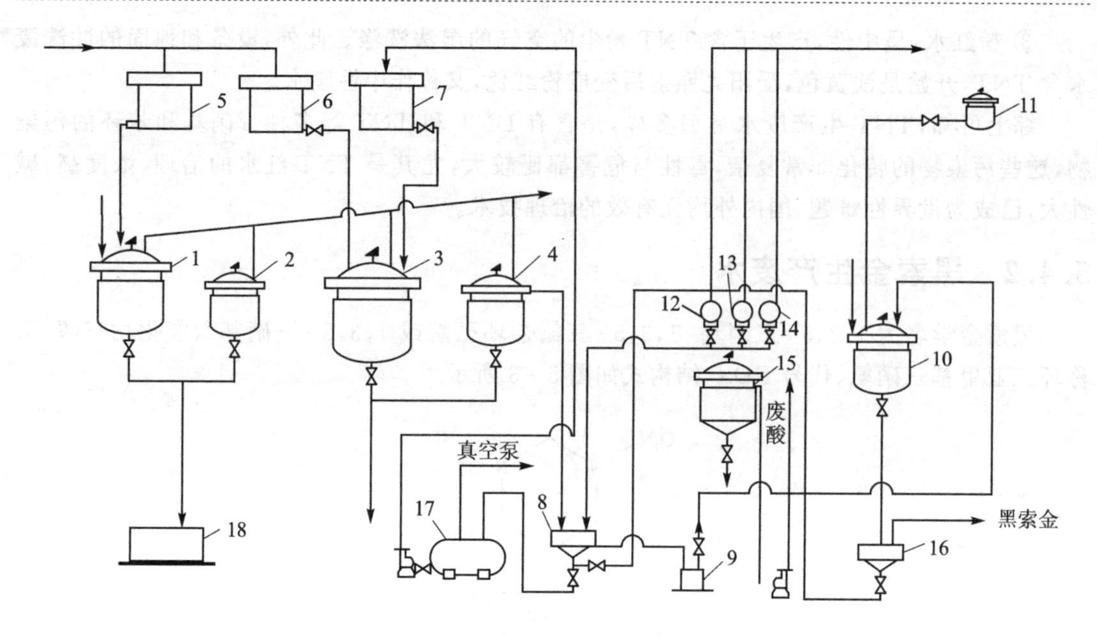


1—硝化机；2—成熟机；3—结晶机；4—冷却机；5，6—废酸高位槽；
7—废水高位槽；8—酸性过滤器；9—喷射器；10—煮洗机；11—熔合机；
12—废酸接收槽；13—废水接收槽；14—钝化废水接收槽；15—废酸沉淀槽；
16—中性过滤器；17—酸水接收槽；18—安全槽

**图 5-4　直接硝解法的工艺流程**

## 5.4.3　奥克托今生产废水

奥克托今学名为1,3,5,7-四硝基八氢化均四嗪或1,3,5,7-四硝基-1,3,5,7-四氮杂环辛烷，也称环四亚甲基四硝胺，代号HMX，结构式如图5-5所示。

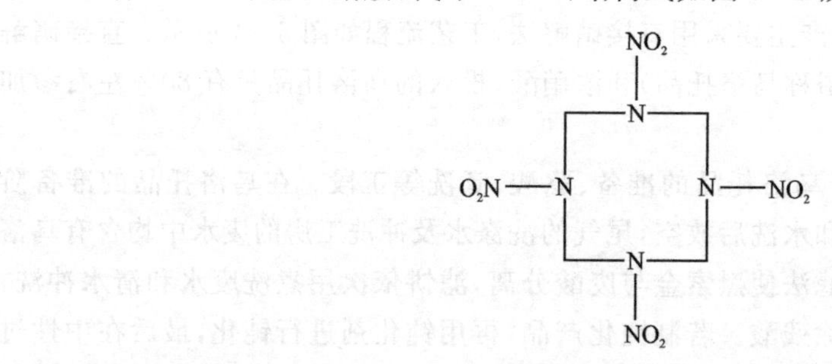


**图 5-5　HMX 结构式**

奥克托今可以看作黑索金的同系物，常温下为白色粒状晶体，纯品熔点为278 ℃，工业产品的熔点应不低于273 ℃，密度为1.96 g/cm³。黑索金有α、β、γ、δ四种晶型，但实际应用的均为常温稳定的β型。同黑索金相比，奥克托今具有不吸湿、爆速快、热稳定性和化学稳定性好等特点，是目前单质猛性炸药中爆炸性能最好的一种。然而，奥克托今机械感度比黑索金高，熔点高，且生产成本昂贵，难以单独使用。其目前仅用于少数导弹战斗部装药、反坦克装药、火箭推进剂的添加剂和作为引爆核武器的爆破药柱。

工业上普遍采用乙酐法生产奥克托今，适当改变料比和工艺条件，也可生产黑索金或奥克托今与黑索金的混合物。乙酐法生产工艺的主要原料为乌洛托品、硝酸、硝酸铵、乙酸、乙酐和溶剂，主要的生产工艺流程如图 5-6 所示。

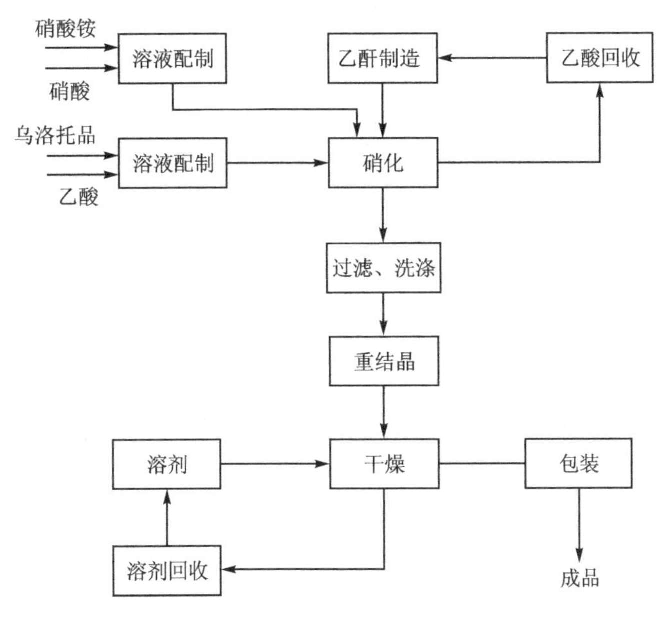


**图 5-6　乙酐法生产奥克托今的主要工艺流程**

奥克托今生产废水主要来源于溶液配制、硝化、废酸处理、乙酸浓缩、乙酐制造等工段。溶液配制工段产生的废水主要是冲洗设备及地面的废水，主要的有害物是乌洛托品、硝酸铵、硝酸和乙酸。硝化阶段产生的废水包括抽空设备（水环真空泵或蒸汽喷射泵）的排水、含硝化物和酸或溶剂的冲洗水和洗涤水。废酸处理工段产生的废水包括稀氨气提塔排出的废液（污染物浓度较高，含乌洛托品、氨、甲醛、甲胺、二甲胺、二甲基亚硝胺等）、真空系统的污染水和冲洗工房的废水（含有少量乙酸和硝基化合物）。乙酸浓缩工段产生的废水来自闪蒸塔排出的废水，其中含有乙酸正丙酯和乙酸。乙酐制造工段产生的废水主要为大气冷凝器的含酸废水以及冲洗设备及地面的含酸废水。

综上可知，乙酐法制造奥克托今排出的废水中含有乌洛托品、硝酸铵、硝酸、乙酸、甲醛、甲胺、二甲胺等，相比 TNT 红水等生产废水，处理难度相对较小。

### 5.4.4　精制棉和硝化棉生产废水

硝化纤维素是制造发射药的主要原料，可用于制造喷漆、软片、塑料等民用制品。制造硝化纤维素的主要原料是纤维素，其广泛存在于各种植物纤维之中，如棉花、木材、果壳以及其他植物的茎、皮和杆，以棉花的 α-纤维素含量为最高，因此工业上广泛用棉花纤维作为制造硝化纤维素的原料，故硝化纤维素简称为硝化棉。精制的木浆纤维也可作为制造硝化纤维素的原料，硝化棉通常以精制棉作为原料进行规模化生产。

**1. 精制棉生产废水**

在成熟的棉纤维中，α-纤维素的含量在 90%以上，所含的杂质为多缩戊糖、统称为蛋白质的含氮物质、蜡质和脂肪、单宁、木质素和灰分等。α-纤维素为白色物质，密度为 1.50～1.56 g/cm$^3$。其不溶于水和一般的有机溶剂，但可溶于铜氨溶液、铜-乙二胺溶液以及某些盐类(如氯化锌)的浓溶液中。精制棉结构式如图 5-7 所示。

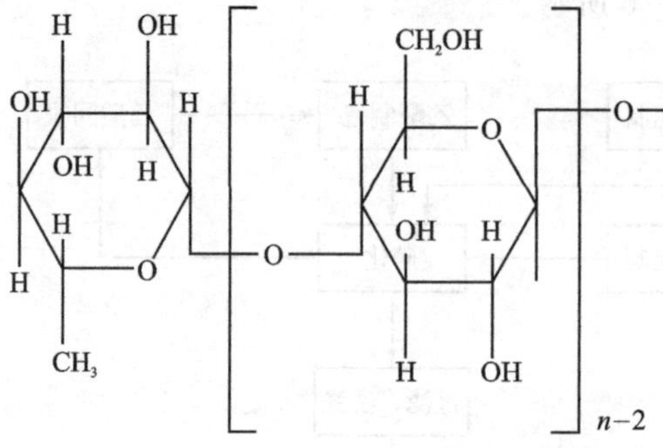

图 5-7 精制棉结构式

精制棉是均匀疏松且无木屑、竹屑、泥沙、油污、金属物等杂质的白色絮状物,其原料为棉短绒,主要化学成分是 α-纤维素、木质素和半纤维素。精制棉主要是由碳、氢、氧三种元素组成的,其组成的质量比是:碳 44.44%、氢 6.17%、氧 49.39%,密度为 1.50~1.56 g/cm$^3$,比热容为 1.30~1.40 kJ/(kg·℃),可溶于铜氨溶液中,具有很好的亲水性和良好的吸附性。精制棉的通式为$(C_6H_{10}O_5)_n$,$n$ 表示纤维素的聚合度。该通式说明了组成纤维素大分子中重复的基本单元为葡萄糖残基,在纤维素大分子中所含葡萄糖残基的数目称纤维素的聚合度,棉纤维的聚合度一般为 10 000~15 000。棉短绒中所含的多缩戊糖、蛋白质、蜡质和脂肪、灰分、单宁、木质素等杂质,对于硝化反应和硝化棉的安定性都是有害的,必须去除。精制的方法是用碱液蒸煮硝化棉,使其中的多缩戊糖、脂肪、单宁、木质素、果胶质和蛋白质等水解成溶于碱液的物质。由于碱液不能溶化蜡质,可在其中加入乳化剂(如松香皂)去除蜡质。精制棉生产工艺如图 5-8 所示。

由于单宁等杂质在水解过程中会产生有色物质,回收的碱液颜色很深,俗称为黑液。黑液中污染物的浓度很高,毒性很大。蒸煮后的棉短绒要用大量水洗涤干净,所以消耗水量很大。蒸煮后的棉短绒经上述洗涤过程之后,带有褐色或灰色,故用于制造民用产品的精制棉还要进行漂白。常用的漂白剂为次氯酸钠溶液,可在酸性条件下进行漂白,但也可在碱性条件下进行漂白。

精制棉生产因其传统的高温高碱蒸煮和含氯漂白工艺产生的废水主要由蒸煮黑液、粗洗漂洗水、精洗漂洗水三股废水构成。产生的碱性蒸煮黑液含有大量的棉短绒等杂质以及棉短绒属木质素类物质,可生化性差、成分复杂。黑液有机物浓度大,$COD_{Cr}$ 可达 $5\times10^4$ mg/L 以上,蒸煮黑液中有机物含量占总有机物排放量的 90%,是精制棉生产的主要污染源。漂白液中含有三氯甲烷、氯代酚类化合物、二恶英和呋喃等有毒、致畸、致突变和难降解的有机氯化物。

综上所述,精制棉生产废水碱性较高,有机污染较为严重,COD、BOD 浓度较高,如果直接排放,将会对周边水体和农作物产生危害,其排放的锅炉烟气也会对大气环境产生一定的影响。

**2. 硝化棉生产废水**

硝化纤维素是纤维素的硝酸酯,代号为 NC,工业上用硝硫混酸硝化棉纤维或木浆纤维制成。由于纤维素不溶于硝化剂中,酸向纤维素分子内的扩散速度小于酯化速度,故硝化产物不

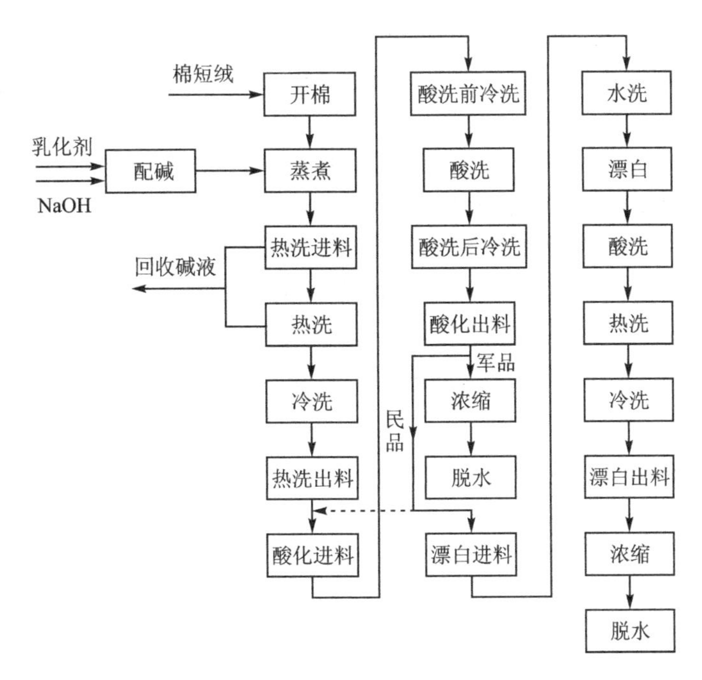


图 5-8 精制棉生产工艺

是均匀的。硝化棉纯品为白色或微黄色，呈棉絮状或纤维状，无臭无味，熔点为 160～170 ℃，不溶于水，溶于酯、丙酮。硝化棉的结构复杂，分子式是 $C_6H_7O_2(ONO_2)_a(OH)_{3-an}$，其中 $a$ 为酯化度，$n$ 为聚合度，习惯上用含氮量百分数代表酯化程度。硝化棉具有高度可燃性和爆炸性，其危险程度根据硝化程度而定，含氮量在 12.5%以上的硝化棉危险性极大，遇火即燃烧。在温度超过 40 ℃时能加速其分解而自燃。含氮量不足 12.5%的硝化棉虽然比较稳定，但受热或储存日久，逐渐分解而放出酸，降低着火点，亦有自燃自爆的可能。

用硝硫混酸硝化棉纤维或木浆纤维可以制得硝化纤维素。由精制棉制造火药用硝化棉的生产过程如图 5-9 所示。

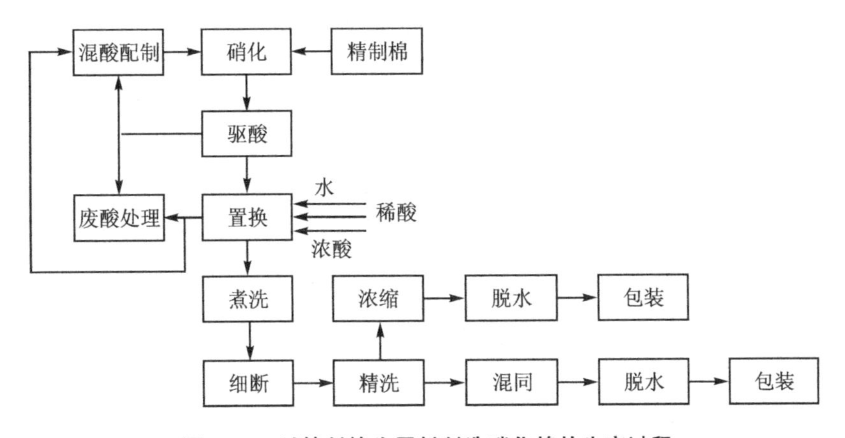


图 5-9 以精制棉为原料制造硝化棉的生产过程

由精制棉制造硝化棉的生产废水主要来源于安定处理工段。精制棉硝化工段会产生纤维素的硫酸酯和硝酸硫酸混合酯、木质素和多缩戊糖的硝酸酯、夹带的游离酸。这些杂质都会降低硝化纤维素的安定性,必须设法去除。安定处理包括酸煮洗、碱煮洗、细断和精洗,具体工艺条件与产品的硝化度及原料的品种、质量等有关。安定处理工段产生的废水主要来自煮洗,包括酸性煮洗废水和碱性煮洗废水。酸性废水的特征是酸度高、COD 高、硫酸根和硝酸根含量高。碱性煮洗、漂洗、混同、脱水的废水特征是固体含量高,含有大量悬浮硝化纤维素细颗粒,造成产品的大量流失;可溶固体是硝化纤维素的水解和降解产物。

煮洗废水对环境的危害最大,占整个硝化棉生产过程产生废水的 85%以上。在化学和物理因素的作用下,硝化纤维素分子发生部分降解和脱硝,再加上杂质的水解,故煮洗废水中含有多种有机物和无机化合物,如草酸、苹果酸、甲酸、乙醇酸、丁酸、丙二酸、酒石酸、三羟基戊二酸、二羟基丁酸、羟基丙酮酸、糖质酸、羟基丙二酸、氰化物、硝酸盐和亚硝酸盐等,其中氰化物是一种剧毒物,含量一般在 10 mg/L 以下。

## 5.4.5 硝化甘油生产废水

硝化甘油学名为丙三醇三硝酸酯,代号 NG,是甘油与硝酸发生酯化反应的产物,是一种应用相当广泛的爆炸物,感度、威力都比一般的爆炸物大。NG 结构式如图 5-10 所示。

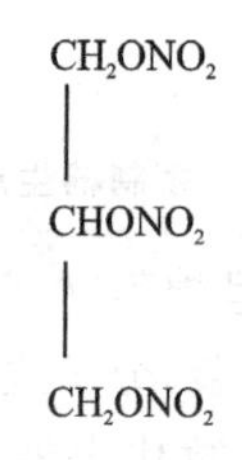


**图 5-10 NG 结构式**

硝化甘油纯品常温下为无色透明油状液体,15 ℃时的密度为 1.600 g/mL。工业品为淡黄色至褐色的液体。由于硝化甘油在水中有一定的溶解度(约 1.25 g/L),其在环境中的转化有相当大部分是在水中进行的,因此研究其在水中的反应具有实际意义。硝化甘油的常用生产工艺如图 5-11 所示,硝化采用的混酸组成为硫酸 50%、硝酸 50%,混酸与甘油的比例为 5∶1。其生产方法有间断法和连续法,目前大多采用连续法。物料间的混合有用压缩空气搅拌、机械搅拌和喷射器等混合方法,由于压缩空气搅拌会造成大气污染,故一般采用后两种方法。含酸产品的洗涤先采用水洗涤,再采用碱液洗涤,也有直接采用碱液洗涤的。

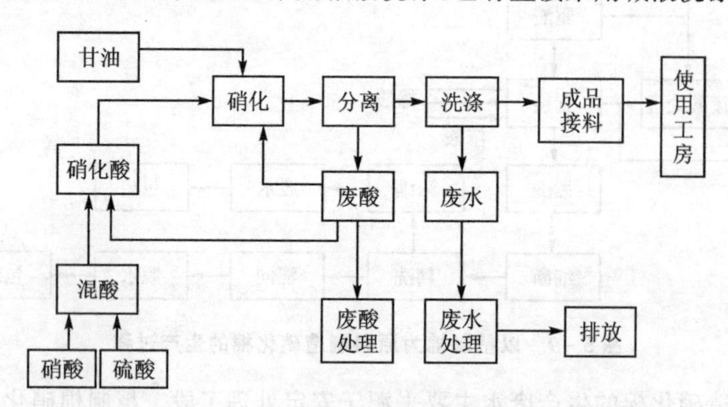


**图 5-11 硝化甘油的常用生产工艺**

硝化甘油生产废水主要来源于含酸硝化甘油的洗涤工段。从离心机分离出的酸性硝化甘油流经预洗喷射器，分别进入第一洗涤塔和第一油水分离器进行洗涤和分离，然后进入第二洗涤塔用热水洗涤后到第二油水分离器分离，再进入第三洗涤塔用碱水洗涤。洗涤工段产生的废水包括洗涤废水、冷却水、冲洗工房及设备的废水。

综上所述，硝化甘油工艺废水的特征是硝酸根、硫酸根和钠离子的浓度高，酸度高，含有相当数量的硝化甘油和甘油二硝酸酯，COD 较高。

### 5.4.6　硝基胍生产废水

硝基胍是硝化纤维火药、硝化甘油火药以及二甘醇二硝酸酯的掺合剂，是固体火箭推进剂的重要组分，也是一种较有发展前途的低感度炸药。其目前主要用于三基无烟火药的制造，以降低感度和增大比冲。硝基胍代号 NGu，以两种异构体形式存在，结构式如图 5－12 所示。

**图 5－12　NGu 结构式**

硝基胍在 pH 值为 2～12 的介质中，主要以形式(1)存在；当介质的 pH 值大于 12 时，主要以形式(2)存在。硝基胍为无色晶体，在 232 ℃熔化并被分解；对撞击、摩擦和热的感度很低，爆热也比较低，但爆速比较高，爆容大，爆温低。

用浓硫酸处理硝酸胍可以得到硝基胍。硝酸胍的制造工艺有两种，一种是氰氨化钙法，另一种是尿素法。其中氰氨化钙法应用最为广泛，工艺流程如图 5－13 所示，其生产废水主要来自于硝酸胍结晶过滤后的滤饼洗涤工段，废水中主要污染物为硝酸铵和硝酸胍。

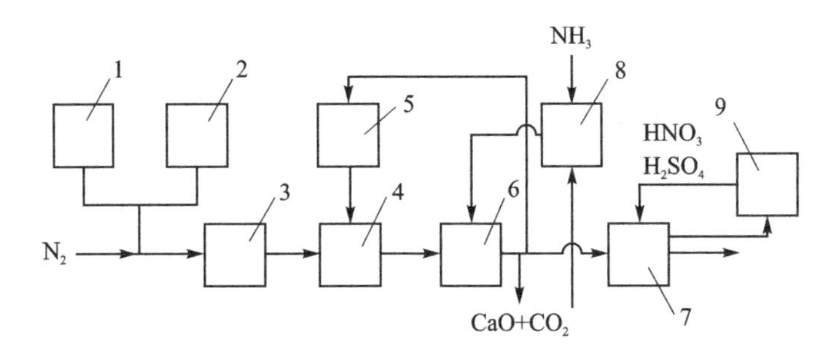


1—氟化钙槽；2—碳化钙槽；3—氰氨化钙窖；4—硝酸胍合成槽；5—硝酸铵槽；
6—硝酸胍分离；7—硝酸胍制造；8—碳化器；9—硫酸浓缩

**图 5－13　氰氨化钙法制造硝酸胍的工艺流程**

制备得到的硝酸胍与浓硫酸按 1∶2.5 的质量比连续加入第一台硝化机中，硝化后的物料流入稀释机中，用洗涤水稀释至浓硫酸浓度为 20%左右，然后流入 4 台串联结晶机中，结晶机流出的浆料经过滤后，浓缩废酸，用水洗涤滤饼，洗涤后的晶体用热水重结晶，最后干燥，得到的产品即可用于制造三基无烟火药。结晶母液可以循环使用 20～40 次，最后弃去，废母液中约含 4%的硫酸和 1%的硝基胍。图 5－14 为采用硝酸胍作为原料制造硝基胍的工艺流程。废水主要是滤饼洗涤水和废母液，主要含有硫酸和硝基胍；硝基胍对人和生物有致癌性，一般难以生物降解，对环境和生态有很大的破坏作用。

综上所述，生产硝酸胍和硝基胍的废水主要含有的特征污染物是硝酸铵、硝基胍和硝酸胍，处理难度较大，对环境危害较大。

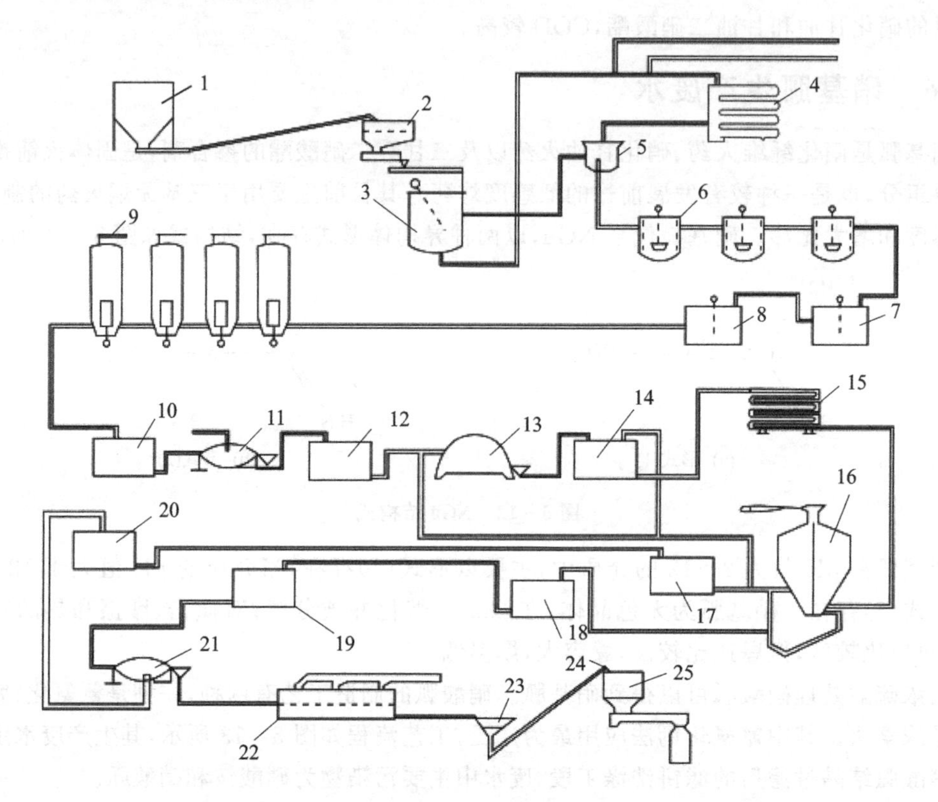


1—硝酸胍贮槽；2—料斗；3—硝化机；4—冷却器；5—分配槽；6—成熟机；
7—预混机；8—稀释槽；9—结晶机；10—贮槽；11—过滤器；12—打浆槽；
13—过滤器；14—给料槽；15—溶解槽；16—结晶器；17—滤液槽；18—贮槽；
19—给料槽；20—滤液受槽；21—过滤器；22—干燥器；23—振动输送机；
24—皮带输送机；25—包装机

**图 5－14　硝酸胍制造硝基胍的工艺流程**

# 5.5　火炸药废水处理工程实例

火炸药工业产生的工业废水是重要的污染源之一，火炸药工业是国家重点治理的环境污染行业。在火炸药的加工、制造、生产和销毁过程中会产生大量的废水，这些废水中可能含有TNT、黑索金（RDX）、奥克托今、硝化甘油等多种硝基化合物，这类化合物化学性质稳定且复杂，很难被一般的微生物所降解，同时它们又具有较强的毒性、致癌性、致畸性和致突变性。例如，TNT 可通过皮肤或呼吸作用被人和哺乳动物吸收，造成急性或慢性中毒，损害肝脏、肾脏、眼睛等器官，严重时甚至危及生命；常温下 TNT 在水中的溶解度为 130 mg/L，微量溶于水时就会对水生动植物产生极大的危害；RDX 具有剧毒性和较强的致癌性，可对人体的中枢神经系统造成危害。

火炸药行业排放的废水具有浓度高、盐分高、成分复杂等特点。例如 TNT 精制废水为深红色不透明液体，色度高达 $1.0\times10^5$ 倍，COD 一般约高于 $1.0\times10^5$ mg/L，其中 2,4 -二硝基-5 -磺酸甲苯钠含量为 2.7%～6.8%，2,4 -二硝基- 3 -磺酸甲苯钠含量为 1.2%～4.0%，TNT 大约为 3 200 mg/L，还有二硝基甲苯（DNT）与亚硫酸钠的反应产物等。RDX 生产废水的 COD 浓度高达 27 000 mg/L，其中 RDX 浓度约为 95 mg/L，乙酸乙酯浓度约为 13 900 mg/L。二硝基重氮酚（DDNP）废水的 COD 浓度高达 15 000～39 000 mg/L，色度高达 19 000～356 000 倍。火炸药工业排放废水中的污染物绝大部分都含硝基，一般被认为难以生物降解甚至不可生物降解，因此其在自然界中难以通过水体自净作用实现自然净化。若此类废水直接排放到环境当中或处理不当，势必会对土壤、水体等造成极大的危害，并通过生物链威胁到人类的健康和生存。由此可见，火炸药废水必须进行有效的处理才能外排。

长期以来如何处理火炸药生产废水一直是人们所关注的热点问题。然而，目前火炸药生产废水，特别是高浓度废水，尚未出现良好的实用治理方法。例如采用焚烧法处理 TNT 精制废水，虽然实现了 TNT 红水的零排放，但存在安全隐患大、焚烧炉的使用寿命短、尾气净化困难、炉渣处理难度大、费用高及二次污染严重等一系列问题。近年来，火炸药生产废水的有效净化、无害化治理和资源化利用备受人们的关注。因此，开展火炸药废水的处理方法研究，提出一系列相对实用的处理技术，将有利于火炸药工业的健康发展，有利于提高火炸药工业的环保水平。国内外对火炸药废水处理技术主要分为物理法、化学法和生物法三大类，其工艺方式和特点千差万别，废水处理的效率和可重复利用率也有待进一步提高。因此，有必要根据不同的使用环境和条件，针对火炸药废水的特点及其处理技术进行深入研究，这对于我国军事工业及国民经济的可持续发展具有重大的战略意义。

## 5.5.1　硝化甘油吸收药废水处理——厌氧-好氧组合工艺

**1. 废水水质概况**

某工厂硝化甘油吸收药废水由硝化甘油各工序产生的废水、吸收药制造及火药成型生产各工序产生的含危险品药渣废水组成。硝化甘油生产废水主要包括硝化甘油洗涤排水、脉冲输送排水、溢流水及冲洗设备和地面用水。硝化甘油废水在生产期间水量平均为 9.6 t/h，流量相对稳定，折合每生产 1 t 硝化甘油产生废水 18.3 t。每吨产品吸收药废水量为 13 t。硝化甘油吸收药废水经销爆工房处理后，仍含有一定量的硝化甘油和二硝基甲苯（DNT），有机污染物浓度较高。销爆后的硝化甘油吸收药废水具体水质指标如表 5 - 2 所列。

硝化甘油各生产工序产生的废水，经管道收集后，由升液井内的升液器提升进入销爆处理工房的曲道器，去除废水中部分硝化甘油后，流入蒸煮槽，采用氢氧化钠中和废水中的酸性物质，并采用蒸煮工艺，分解硝化甘油，最后经沉淀处理后排入废水处理站。吸收药制造及火药成型生产驱水工序产生的含危险品药渣废水，用管道收集后，进入销爆处理工房含渣废水收集槽，一小部分废水用泵输送到蒸煮槽，与硝化甘油废水一道进行蒸煮处理，其余大部分废水用泵输送到沉淀池，经沉淀处理后排入废水处理站。

**表 5-2 硝化甘油吸收药废水具体水质指标**

| 序号 | 项目 | 污染物指标 | 排放标准 |
|---|---|---|---|
| 1 | $COD_{Cr}/(mg\cdot L^{-1})$ | 1 000～1 400 | 100 |
| 2 | $SS/(mg\cdot L^{-1})$ | 80～100 | 70 |
| 3 | pH值 | 8～9 | 6～9 |
| 4 | 氨氮/$(mg\cdot L^{-1})$ | 6.01～7.49 | 15 |
| 5 | 石油类/$(mg\cdot L^{-1})$ | 0.143～0.345 | 5 |
| 6 | 色度/倍 | 232～268 | 50 |
| 7 | 硝化甘油/$(mg\cdot L^{-1})$ | 50～80 | 80 |
| 8 | $DNT/(mg\cdot L^{-1})$ | 0.045～0.05 | 3.0 |
| 9 | $Pb/(mg\cdot L^{-1})$ | 0.57～1.14 | 1.0 |

**2. 废水处理工艺流程及简要说明**

硝化甘油吸收药废水处理工艺流程见图 5-15。来自硝化甘油吸收药生产线的废水(经销爆处理后)，经过机械格栅去除大块悬浮物后进入废水集水井，用一次提升泵打入废水调节池，在池内调节水质、均衡水量后用二次提升泵定量抽送到 pH 值调节混凝反应池，pH 值调节后端加入聚合氯化铝(PAC)和聚丙烯酰胺(PAM)反应充分后自流入废水初沉池，初沉池内的污泥利用重力的作用沉降至污泥斗内，由潜水泵抽送至污泥储池。开启蒸汽加热设施，保持水温在 15 ℃以上，通过厌氧菌的厌氧消化分解作用，将厌氧池废水中的大分子污染物质分解为易进行好氧生化反应的小分子物质，并消耗部分污染物作为自身能源。厌氧处理出水自流到好氧池，在好氧池内通过好氧菌的作用，将污染物进行氧化分解，并利用风机向池底鼓入空气，为好氧菌提供氧气。好氧池出水在空气搅拌的作用下，加入 PAC 和 PAM 后进入二沉池，经

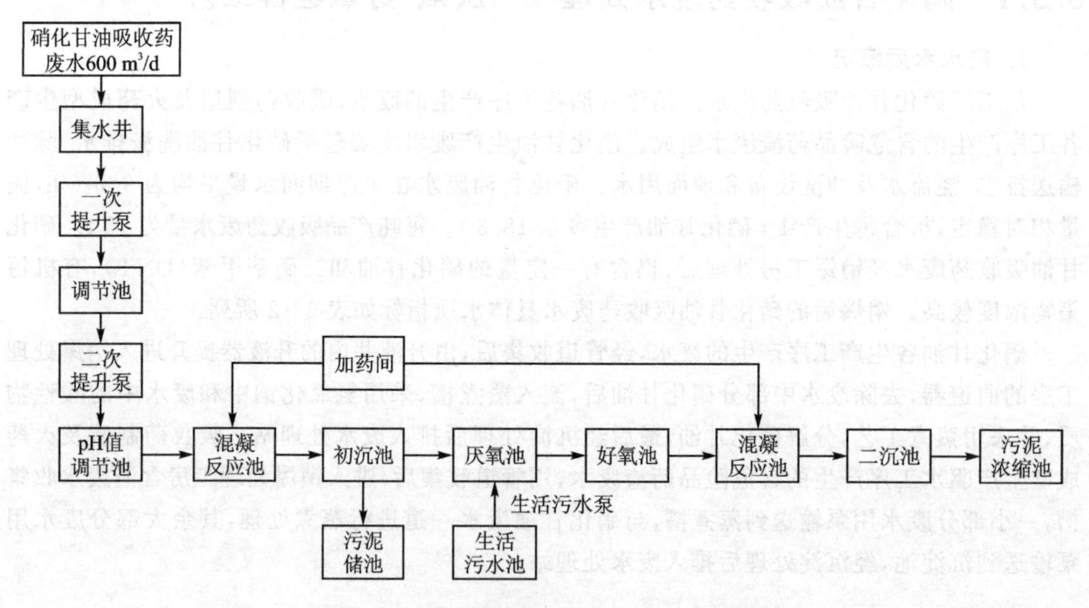


图 5-15 硝化甘油吸收药废水处理工艺流程

混凝沉淀作用后，污泥下沉，上清液经溢流堰出水排放。硝化甘油吸收药废水处理系统设计处理能力为 600 $m^3/d$。

**3. 主要废水处理单元**

主要废水处理单元及其设计参数如表 5-3 所列。

**表 5-3　主要废水处理单元及其设计参数**

| 序　号 | 构筑物名称 | 单　位 | 数　量 | 水力停留时间/h |
|---|---|---|---|---|
| 1 | 集水井 | 座 | 1 | 1.5 |
| 2 | 一次提升泵房 | 座 | 1 | — |
| 3 | 调节池 | 座 | 1 | 92 |
| 4 | 二次提升泵房 | 座 | 1 | — |
| 5 | pH 值调节池 | 座 | 1 | 0.24 |
| 6 | 混凝反应池 | 座 | 1 | 0.5 |
| 7 | 初沉池 | 座 | 2 | — |
| 8 | 厌氧池 | 座 | 1 | 23 |
| 9 | 好氧池 | 座 | 1 | 18 |
| 10 | 混凝反应池 | 库 | 1 | 1.4 |
| 11 | 二沉池 | 座 | 2 | 3.0 |
| 12 | 污泥储池 | 座 | 2 | — |
| 13 | 风机房 | 座 | 1 | — |
| 14 | 生活污水泵房 | 座 | 1 | — |
| 15 | 生活污水池 | 座 | 1 | — |
| 16 | 污泥浓缩池 | 座 | 2 | — |

**4. 工程主要构筑物及设备实物照片**

工程主要构筑物及设备实物照片如图 5-16 所示。

(a) 废水物化处理水池

(b) 生化处理水池

**图 5-16　工程主要构筑物及设备实物照片(1)**

(c) 二沉池

(d) 加药装置

**图 5-16 工程主要构筑物及设备实物照片(1)(续)**

**5. 废水处理技术经济指标**

硝化甘油吸收药废水处理系统(处理能力为 600 t/d),总投资约为 2 000 万元。废水处理中心总占地面积为 6 247 $m^2$。硝化甘油吸收药废水处理设备装机容量为 90 kW。经过上述处理工艺,硝化甘油吸收药废水基本可以达标排放,吨水处理成本(不含折旧)为 3.77 元。处理后的硝化甘油吸收药废水达到《污水综合排放标准》(GB 8978—1996)第二类污染物一级标准和《兵器工业水污染物排放标准——火炸药》(GB 14470.1—2002)中新建项目一级标准。

## 5.5.2 DNT、TNT 生产混合废水处理——内电解-Fenton-厌氧-好氧-吸附组合工艺

**1. 废水水质概况**

某工厂废水主要来源于 DNT 生产线精制过程产生的碱性红水、低浓度 TNT 生产废水、清洗水、清下水和生活污水等。高浓度有机碱性废水预处理工艺设计处理规模为 10 万吨/年,实际废水处理量约为 5.5 万吨/年;生化二级处理及深度处理工艺设计处理规模为 180 万吨/年,实际废水处理量约为 68 万吨/年。

高浓度有机碱性废水主要污染物有:COD 约 4 000 mg/L,硝基苯类约 600 mg/L。废水排放执行《污水综合排放标准》(GB 8979—1996)第二类污染物一级标准,pH 值和硝基苯类物质排放标准限值分别为 6～9 和 2.0 mg/L,COD 的排放要求低于 50 mg/L。

**2. 废水处理工艺流程及简要说明**

(1) 高浓度有机碱性废水预处理工艺流程及简要说明

高浓度有机碱性废水的处理采用酸析-内电解-Fenton-混凝-沉淀组合工艺。高浓度有机碱性废水用泵输送至调节池后,用清水或低浓度污水(视生产情况而定)调节水质,调节后废水 COD 为 3 000 mg/L 左右、硝基化合物为 800 mg/L 左右。再将调节池中的废水输送至酸析池,用酸将废水 pH 值调至 2～3 之间(酸析操作也可在调节池中进行,调节时需预先测定所用酸的浓度,然后与废水按一定比例混合调节),酸性废水在酸析池静置一段时间后,自流至硝基水池中。利用硝基水池泵将酸性废水输送至装有铁铜填料的微电解池中,同时向微电解池加入一定量的双氧水进行 Fenton 氧化反应,待完全反应之后,废水自流至中和反应池,加碱中和后进入反应混凝池,投加絮凝剂、助凝剂进行进一步的混凝。混凝后的污水自流注满沉淀池后,经沉淀池进入涡凹气浮装置,去除悬浮物后,废水送污水处理生化车间进行生化处理。当

沉淀池中污泥量较大时，开启污泥压滤机，将沉淀中的污水与污泥通过污泥泵输送至压滤机，压滤后的污水送污水处理生化车间，压滤后的污泥进行集中清理。具体工艺流程如图 5-17 所示。

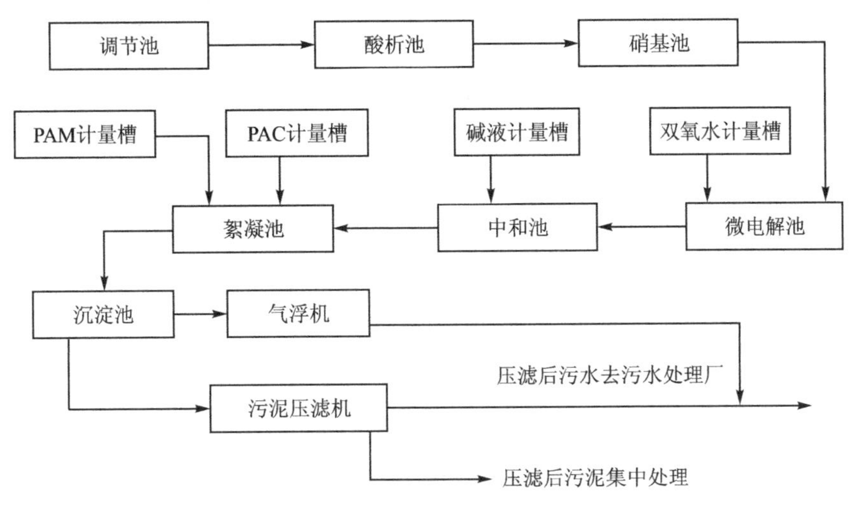


**图 5-17　高浓度有机废水预处理工艺流程**

(2) 达标处理和深度处理工艺流程及简要说明

达标处理和深度处理采用"微电解预处理＋固定化微生物生化技术＋活性炭吸附技术"组合工艺技术，即采用微电解还原技术进行预处理，把废水中的难降解不可生化物质转化为可生化降解的物质，提高废水的可生化性。废水经过预处理后，再采用生物法对其进行生化处理，去除水中的有机物质。生化处理后采用活性炭吸附对生化处理的出水进行深度处理，进一步去除水中的有机物质，使废水全部达标排放。具体工艺流程如图 5-18 所示。

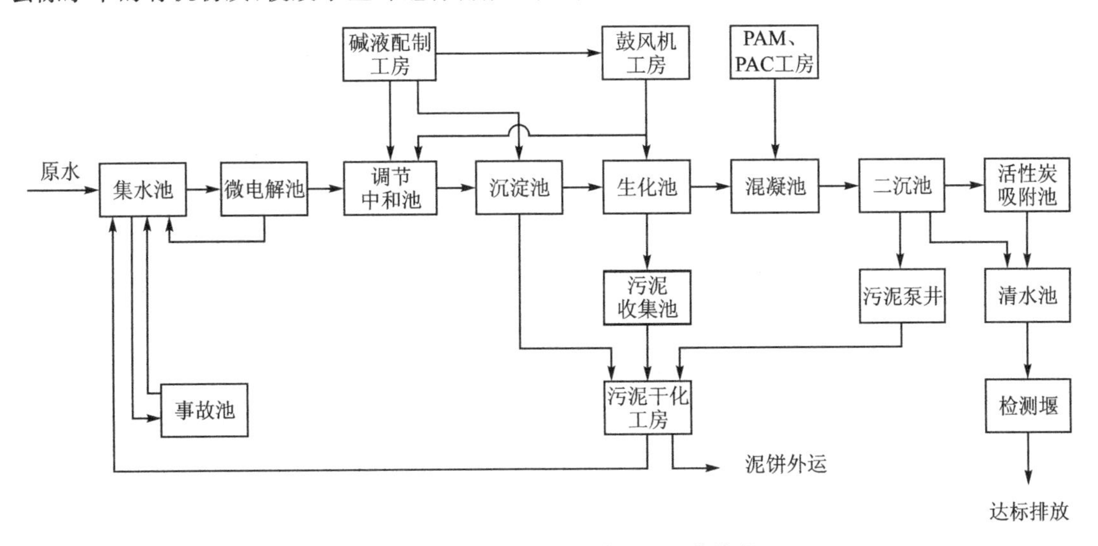


**图 5-18　达标处理和深度处理工艺流程**

### 3. 主要废水处理单元

(1) 高浓度有机碱性废水预处理系统

高浓度有机碱性废水预处理系统主要处理单元如表 5-4 所列。

**表 5-4　高浓度有机碱性废水预处理系统主要处理单元**

| 序　号 | 构筑物名称 | 单　位 | 数　量 | 备　注 |
|---|---|---|---|---|
| 1 | 调节池 | 座 | 1 | 就地(防腐)、新建 |
| 2 | 酸析池 | 座 | 1 | 就地(防腐)、新建 |
| 3 | 硝基池 | 座 | 1 | 就地(防腐)、新建 |
| 4 | 微电解池 | 座 | 1 | 就地(防腐)、新建 |
| 5 | 中和池 | 座 | 1 | 就地(防腐)、新建 |
| 6 | 絮凝池 | 座 | 1 | 就地(防腐)、新建 |
| 7 | 沉淀池 | 座 | 1 | 就地(防腐)、新建 |

(2) 达标处理及深度处理系统

达标处理及深度处理系统主要处理单元如表 5-5 所列。

**表 5-5　达标处理及深度处理系统主要处理单元**

| 序　号 | 名　称 | | 单　位 | 数　量 | 备　注 |
|---|---|---|---|---|---|
| 1 | 集水池 | 稀酸生产线 | 座 | 2 | 地上为砖混结构，渠道为钢筋混凝土结构 |
| | | TNT 生产线 | 座 | 2 | |
| | | 硝化棉生产线 | 座 | 2 | |
| | | 苯胺生产线 | 座 | 2 | |
| | | 一硝基甲苯生产线 | 座 | 2 | |
| | | 间二硝基苯生产线 | 座 | 2 | |
| | | 生活污水池 | 座 | 2 | |
| 2 | 内电解反应池 | | 座 | 2 | 全部为钢筋混凝土结构 |
| 3 | 絮凝沉淀池 | | 座 | 4 | 钢筋混凝土结构 |
| 4 | 调节池 | | 座 | 4 | 钢筋混凝土结构 |
| 5 | 接触氧化池 | | 座 | 8 | 钢筋混凝土结构 |
| 6 | 二沉池 | | 座 | 8 | 钢筋混凝土结构 |
| 7 | 吸附池 | | 座 | 8 | 钢筋混凝土结构 |
| 8 | 污泥浓缩池 | | 座 | 1 | 钢筋混凝土结构 |
| 9 | 鼓风机房 | | 座 | 1 | 钢筋混凝土排架结构 |
| 10 | 污泥脱水间 | | 座 | 1 | 钢筋混凝土排架结构 |
| 11 | 污泥干化池 | | 座 | 4 | 钢筋混凝土结构 |
| 12 | 污水泵房 | | 座 | 1 | 钢筋混凝土结构 |
| 13 | 综合楼 | | $m^2$ | 1 200 | 砖混结构 |
| 14 | 配电房 | | $m^2$ | 110 | 砖混结构 |

**4. 工程主要构筑物及设备实物照片**

工程主要构筑物及设备实物照片如图 5-19 所示。

(a) 双氧水工房

(b) 微电解池+加药池+絮凝池

(c) 碱　槽

(d) 中和池

(e) 初沉池

(f) 生化工房

**图 5－19　工程主要构筑物及设备实物照片(2)**

(g) 生化池

(h) 二沉池

图 5-19 工程主要构筑物及设备实物照片(2)(续)

**5. 废水处理技术经济指标**

废水达标处理和深度处理系统总投资 6 699 万元，占地面积 50 000 $m^2$。高浓度有机碱性废水预处理系统总投资 1 900 万元，占地面积 10 000 $m^2$。经过上述处理工艺，TNT、DNT 废水基本可以达标排放。高浓度有机碱性废水预处理吨水处理成本（不含折旧）约 220 元，达标处理和深度处理吨水处理成本（不含折旧）约 13.5 元。

## 5.5.3 TNT 红水处理焚烧法

**1. 废水水质概况**

废水来源于某工厂 TNT 生产线精制过程中产生的红水。按满负荷生产计，红水产生量约 4.2 万吨/年，其主要污染物有：COD 80 000～100 000 mg/L，硝基苯类 3 000～4 000 mg/L。废水排放标准执行《危险废物焚烧污染控制标准》（GB 18484—2001）中规定的污染物排放限值。

**2. 废水处理工艺流程及简要说明**

首先，用稀红水泵将贮水池中的稀红水打入高位槽，然后自流入鼓泡器。在鼓泡器内，稀红水的密度被焚烧炉排出的高温烟道气浓缩成密度为 1.25～1.30 $g/cm^3$（60 ℃）后，由出口管流入浓红水转手槽，然后用槽内的液下泵，将浓红水送至焚烧炉前，通过高压雾化水枪喷入焚烧炉内，与渣油同时焚烧。焚烧过程所需的空气由鼓风机送入炉内。焚烧炉中所产生的高温烟道气经鼓泡器，由烟囱排入大气中。焚烧后的无机盐残渣在熔融状态下，每隔一定时间从焚烧炉后的排渣口排出。排出的残渣（芒硝）冷却后，经捣碎、称量、包装后送入库房或运出。废水焚烧炉设计处理能力为 16.2 万吨/年。具体工艺流程如图 5-20 所示。

**3. 主要废水处理单元**

各工序主要生产设备一览表如表 5-6 所列。

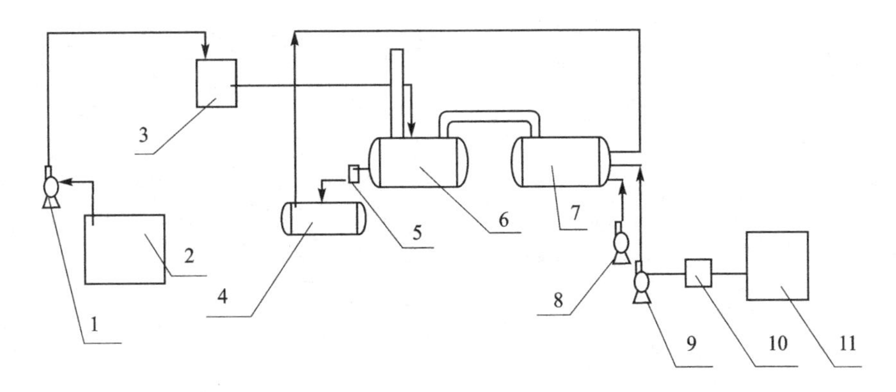


1—稀红水泵；2—沉淀池；3—稀红水高位槽；4—浓红水转手槽；5—浓红水测定槽；
6—鼓泡器；7—焚烧炉；8—鼓风机；9—油泵；10—过滤槽；11—油贮槽

**图 5-20　碱性废水处理工艺流程示意图**

**表 5-6　各工序主要生产设备一览表**

| 序　号 | 工序名称 | 设备名称 | 单　位 | 数　量 | 材　质 | 备　注 |
| --- | --- | --- | --- | --- | --- | --- |
| 1 | 浓红水焚烧 | 鼓风机 | 台 | 2 | 铸铁 | — |
| 2 | 浓红水焚烧 | 焚烧炉 | 台 | 3 | 碳钢、砖砌 | — |
| 3 | 重油收发 | 重油槽 | 个 | 2 | 碳钢 | — |
| 4 | 重油收发 | 重油泵 | 台 | 2 | 铸铁 | — |
| 5 | 稀红水浓缩 | 鼓泡器 | 台 | 3 | 碳钢 | — |
| 6 | 红水输送 | 稀红水贮水池 | 个 | 1 | 钢筋混凝土 | 地下式 |
| 7 | 红水输送 | 稀红水泵 | 台 | 2 | 碳钢 | — |
| 8 | 红水输送 | 稀红水高位槽 | 个 | 1 | 碳钢 | — |
| 9 | 红水输送 | 浓红水转手槽 | 个 | 2 | 碳钢 | 卧式 |
| 10 | 红水输送 | 浓红水泵 | 台 | 2 | 碳钢 | — |

**4. 工程主要构筑物及设备实物照片**

工程主要构筑物及设备实物照片如图 5-21 所示。

**5. 废水处理技术经济指标**

工程占地面积 5 000 $m^2$，然而由于其建设时间早、工艺设备落后、处理成本高，现吨水处理成本(不含折旧)约 700 元，同时在处理过程中产生二次污染(排放的大气中二恶英超标)，后续须酌情对该工程设施进行改造，降低吨水处理成本，进一步处理焚烧产生的尾气，使尾气达标排放。

(a) 焚烧炉

(b) 浓红水槽

(c) 焚烧工房

**图 5-21　工程主要构筑物及设备实物照片(3)**

### 5.5.4　黑索金、太安、奥克托今等硝胺类炸药废水——活性炭吸附-厌氧-好氧-BAF 法

**1. 废水水质概况**

某工厂主要生产黑索金、奥克托今、太安炸药等产品,所产生的废水可简称为硝胺类废水。该工厂硝胺类废水年产量约为 20 万吨,废水处理系统设计处理能力为 76 万吨/年。该硝胺类废水中主要含有 RDX、丙酮、硝酸铵、硝酸醋酸、乙酸乙酯、丙酮和少量的树脂胶状物等副产物,废水中含有的有机物大多为可生化有机物,来水硝基化合物浓度一般在 40～100 mg/L,但来水酸度较高,一般在 0.6%～1.5%(以 $HNO_3$ 计)。废水排放指标执行《污水综合排放标准》(GB 8978—1996)、《兵器工业水污染物排放标准》(GB 14470.1—2002)。废水水质情况以及排放要求如表 5-7 所列。

**2. 废水处理工艺流程及简要说明**

本工艺采用以物理化学预处理结合生物处理工艺为主的处理方案。按硝基苯类和硝胺类两大处理系统分别设置。RDX废水处理系统由以下几个主要工序构成，具体工艺流程如图5-22所示。

表5-7 废水水质指标及排放要求

| 项　目 | 水质指标 | 排放要求 |
| --- | --- | --- |
| pH值 | 1～3 | 6～9 |
| 悬浮物SS/($mg \cdot L^{-1}$) | 200 | ≤70 |
| 化学需氧量$COD_{Cr}$/($mg \cdot L^{-1}$) | 3 000 | ≤100 |
| 氨氮/($mg \cdot L^{-1}$) | 200～250 | ≤15 |
| 硝基化合物/($mg \cdot L^{-1}$) | 40～100 | ≤2.0 |

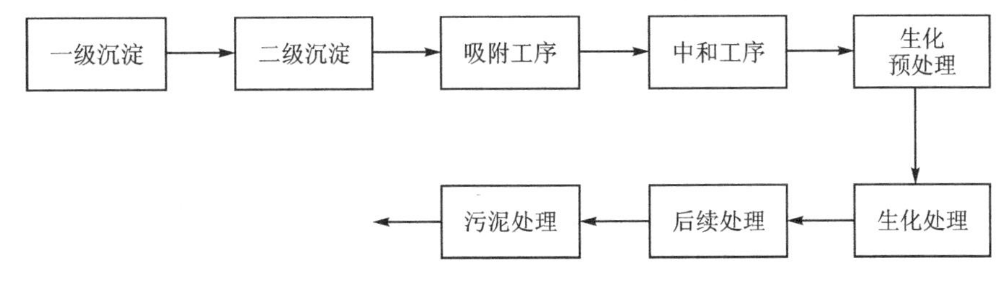


图5-22 RDX废水处理系统工艺流程

一级沉淀工序和二级沉淀工序主要负责废水的收集、沉淀、调节和输送。在一级泵站调节池均衡调节废水水量和水质，在二级泵站调节池调节废水后，通过提升泵将其送入吸附工序。吸附工序的主要作用是用活性炭吸附废水中的硝化物，降低其含量并达到工业废水排放标准。本工艺系统由5台吸附柱组成，其中4台分两组并联(每组2台串联)，1台备用，视水质水量，可采用单台吸附、多台并联的方式。中和工序主要是通过在中和滚筒投加石灰石的方式来降低废水中的酸度，并调节水质。接收Ⅲ级泵站输送的硝胺类废水，对经过吸附、中和处理的废水进行加碱中和，提高其pH值，降低废水中的悬浮物含量，保证后续生化处理的要求。值得注意的是，项目原先拟采用微电解还原技术预处理还原RXD废水，然而由于废水中富含乙酸乙酯及其他树脂胶状物，此类物质易包裹于零价铁材料表面，并导致其表面钝化，进而影响微电解效果，故预处理工艺未采用微电解还原技术。通过厌氧+好氧工艺，并利用微生物进行生化，对预处理工序出水中含有的硝胺类废水进行处理。厌氧段，采用UASB/AF处理工艺，分解去除部分有机物；好氧处理系统采用活性污泥法+BAF处理工艺，可将废水中的硝胺类污染物等物质氧化，后续的BAF处理工艺将降解生化过程中产生的氨氮、硝酸盐氮、亚硝酸盐氮及少量有机污染物。该工序的合格废水将进入后序处理工序进行深度处理。将生化处理工序的出水采用“氧化、絮凝→过滤→活性炭吸附”的处理工艺，以去除废水中剩余的微量污染物及色度，确保废水的达标排放。将预处理工艺中产生的无机污泥及生化处理工艺中产生的有机污泥进行浓缩、压滤处理后，以泥饼形式外运处理。

**3. 主要废水处理单元**

废水处理单元及设计参数如表5-8所列。

表 5-8 废水处理单元及设计参数(1)

| 序号 | 名称 | 单位 | 数量 | 停留时间/h |
|---|---|---|---|---|
| 1 | 一级泵站调节池 | 座 | 1 | 80 |
| 2 | 二级泵站 | 座 | 1 | — |
| 3 | 曝气池 | 座 | 1 | 2 |
| 4 | 立式沉淀塔 | 座 | 1 | 2 |
| 5 | 卧式沉淀塔 | 座 | 1 | 3 |
| 6 | 预处理池 | 座 | 1 | 9 |
| 7 | 一沉池 | 座 | 1 | 24 |
| 8 | 生化处理池:厌氧池<br>生化处理池:好氧池 | 座 | 1<br>1 | 200<br>100 |
| 9 | BAF 池 | 座 | 1 | 38 |
| 10 | 中间水池 | 座 | 1 | 9 |
| 11 | 均衡池 | 座 | 1 | 9 |
| 12 | 二沉池 | 座 | 1 | 33 |
| 13 | 有机污泥池 | 座 | 1 | 7 |
| 14 | 污泥浓缩池 | 座 | 1 | 24 |
| 15 | 清水池 | 座 | 1 | 33 |

**4. 工程主要构筑物及设备实物照片**

硝胺类炸药废水主要构筑物及设备实物照片如图 5-23 所示。

**5. 废水处理技术经济指标**

活性炭吸附-厌氧-好氧-BAF 集成工艺的特点是系统的适应能力强，能处理多类高浓度 COD 的有机废水。针对硝基化合物毒性强、难生化的特点，采用厌氧、好氧两级生化系统，此过程易控、运行平稳。生化系统末端组合进 BAF 工艺，提高了生化系统对难降解有机物和氨氮的处理能力。废水处理设备在运行上有较大的灵活性及可调性，以适应水质及水量的变化。

(a) 预处理池

(b) 沉淀池

图 5-23 工程主要构筑物及设备实物照片(4)

(c) 厌氧池

(d) 好氧池

(e) 中间水池、均衡池

(f) 清水池

图 5-23　工程主要构筑物及设备实物照片(4)(续)

废水处理工程占地面积为 36 600 $m^2$,装机容量为 1 310 kW,投资金额为 5 500 万元。经过上述处理工艺,RDX 废水基本可以达标排放,吨水处理成本为 69.2 元。

### 5.5.5　精制棉、硝化棉混合废水处理——微电解-厌氧-好氧法

**1. 废水水质概况**

精制棉废水来源于某工厂生产过程中产生的黑液、塔釜液等,废水量约为 2 000 $m^3$/d,COD 浓度为 2 000～3 000 mg/L,色度平均为 2 000 倍,SS 浓度为 600 mg/L。硝化棉酸性废水的水量为 5 000 $m^3$/d,COD <150 mg/L,酸碱度平均为 15 g/L,SS 浓度为 80 mg/L。该类废水目前执行《兵器工业水污染物排放标准》(GB 14470.1—2002)。棉短绒为原料的标准。

**2. 废水处理工艺流程及简要说明**

工艺流程如图 5-24 所示。硝化棉废水中和后进入斜板沉淀池,斜板沉淀池出水用管线引入黑液调节池,与精制棉黑液混合后按照生化流程处理,即氧化沟—竖流沉淀池—预曝气池—好氧池—二沉池—集水池—气浮池,出水达标后排放。精制棉黑液设计水量:稀黑液 1 500 t/d,浓黑液 240 t/d,酸水 350 t/d。硝化棉酸水设计水量:5 000 t/d。弱酸水和其他散水 3 000 t/d。

**3. 主要废水处理单元**

硝化棉、精制棉废水处理单元如表 5-9 所列。

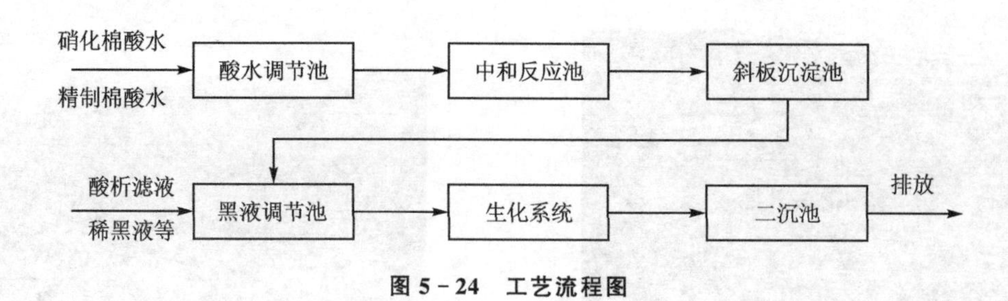


图 5-24 工艺流程图

表 5-9 硝化棉、精制棉废水处理单元

| 序 号 | 名 称 | 单 位 | 数 量 | 备 注 |
| --- | --- | --- | --- | --- |
| 1 | 酸水池 | 座 | 1 | 钢砼结构，环氧树脂防腐 |
| 2 | 缺氧池 | 座 | 3 | 内壁防腐，池底部耐酸瓷砖防腐 |
| 3 | 黑液调节池 | 座 | 1 | — |
| 4 | 竖流沉淀池 | 座 | 2 | 钢砼结构 |
| 5 | 好氧池 | 座 | 6 | 钢砼结构 |
| 6 | 二沉池 | 座 | 1 | 钢砼结构，玻璃钢防腐 |
| 7 | 精制棉生化污泥池 | 座 | 1 | 钢砼结构，玻璃钢防腐 |
| 8 | 酸水调节池 | 座 | 1 | 半地下钢砼结构，玻璃钢防腐 |
| 9 | 斜板沉淀池 | 座 | 1 | 半地下钢砼结构，玻璃钢防腐 |
| 10 | 氧化沟 | 座 | 1 | 半地下钢砼结构 |

**4. 工程主要构筑物及设备实物照片**

硝化棉、精制棉废水处理主要构筑物及设备照片如图 5-25 所示。

(a) 石灰制浆系统

(b) 浅层气浮系统

图 5-25 工程主要构筑物及设备实物照片(5)

(c) 新建氧化沟

(d) 新建酸析浅层气浮

(e) 新建酸析滤液池

**图 5-25　工程主要构筑物及设备实物照片(5)(续)**

## 5.5.6　混合起爆药生产废水处理——内电解-Fenton-混凝沉淀-缺氧-好氧组合工艺

**1. 废水水质概况**

混合起爆药生产废水来源于某起爆药生产企业生产车间，主要产品为2,4,6-三硝基间苯二酚、叠氮化铅、四氮烯等起爆药产品，废水经过销爆处理后呈现化学需氧量(COD)浓度高、硝基酚类物质浓度高、重金属 $Pb^{2+}$ 离子浓度高、色度高、酸度高、生化需氧量($BOD_5$)浓度低等特点，$BOD_5$/COD 低于 0.05，可生化性极差。废水处理系统出水水质应达到《兵器工业水污染物排放标准——火工药剂》(GB 14470.2—2002)标准，具体进水水质情况和排放要求如表 5-10 所列。

**表 5-10　某起爆药生产企业混合起爆药废水水质指标(销爆后)**

| 参　数 | 数　值 | 排放标准 |
|---|---|---|
| COD/(mg·$L^{-1}$) | 12 000～14 000 | 150 |
| $Pb^{2+}$/(mg·$L^{-1}$) | 1 100～1 500 | 1.0 |
| 硝基酚类物质/(mg·$L^{-1}$) | 1 000～1 200 | 3.0 |
| $BOD_5$/(mg·$L^{-1}$) | 390～450 | 30 |

续表 5-10

| 参　数 | 数　值 | 排放标准 |
| --- | --- | --- |
| $N_3^-/(mg \cdot L^{-1})$ | 10～20 | 5 |
| 色度/倍 | 300～350 | 80 |
| pH 值 | 2～3 | 6～9 |

**2. 废水处理工艺流程及简要说明**

针对混合起爆药废水的特点，南京理工大学沈锦优等开发了"内电解-Fenton-混凝-沉淀-缺氧反硝化-滤池深度处理"组合工艺，废水处理系统工艺流程如图 5-26 所示。

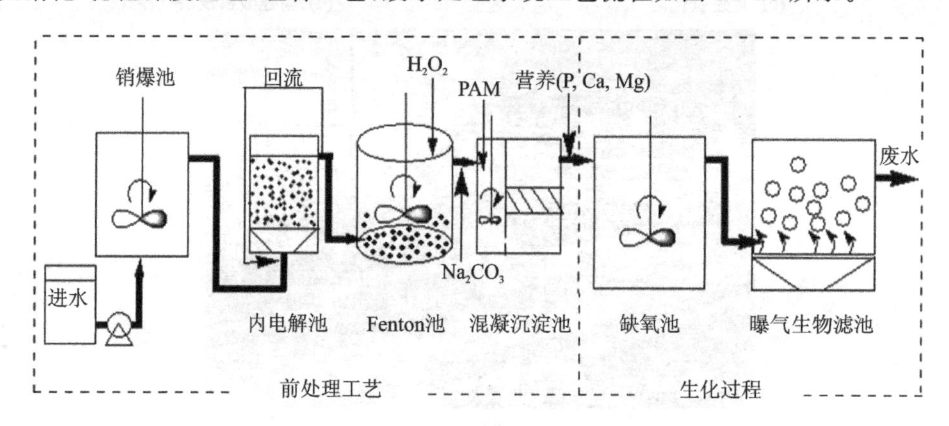


**图 5-26　混合起爆药废水处理工艺流程**

内电解工段，利用酸性条件下零价铁($Fe^0$)的还原作用，实现 2,4,6-三硝基间苯二酚等硝基化合物的有效还原，同步去除一定量的 $Pb^{2+}$。Fenton 氧化工段，投加 $H_2O_2$，利用内电解工段产生的 $Fe^{2+}$，构成 Fenton 试剂，产生羟基自由基，实现污染物的氧化降解，并去除部分 COD 和销爆工段未能完全处理的叠氮化物。混凝工段，投加 $Na_2CO_3$ 调节 pH 值，利用内电解工段产生的铁离子作为絮凝剂，投加聚丙烯酰胺(PAM)作为助凝剂，形成絮凝作用，有效去除 $Pb^{2+}$ 和少量有机物。沉淀池污泥采用板框压滤机进行脱水处理，沉淀池出水进入缺氧调节池，调节水质水量，在调节池内投加酸以及生物降解必需的营养物，利用废水中含有高浓度硝态氮的特点进行反硝化反应以降低 COD。曝气生物滤池(BAF)深度处理工段，对生物难降解的残余物进行生物降解，进一步降低废水的 COD，实现废水的达标排放。缺氧调节池内投加复合菌剂 NJUST-S1，曝气生物滤池内投加复合菌剂 NJUST-S2。

考虑到混合起爆药废水酸性较强、硝基酚类物质含量较高的特点，物化阶段采用"内电解还原-Fenton 氧化"组合技术，破坏难降解污染物的结构，提高废水可生化性，其反应机理如图 5-27 所示。销爆后的起爆药废水 pH 值为 2.0～3.0，具备了铁腐蚀的强化条件。在该 pH 值条件下，铁刨花等铁基材料可加速腐蚀，产生 $Fe^{2+}$ 并同步释放出电子，用于硝基酚类物质以及部分 $Pb^{2+}$ 的还原。呈亮黄色的混合起爆药废水经内电解处理后变为棕黄色，其原因可能是生成了氨基酚类物质和 $Fe^{3+}$。经内电解处理后，出水的 pH 值上升至 3.5～4.0，由于大量铁腐蚀也产生了 $Fe^{2+}$，因此具备了 Fenton 氧化所要求的酸度和 $Fe^{2+}$ 浓度。内电解出水提升至 Fenton 氧化池，在 Fenton 氧化池内投加 $H_2O_2$ 并搅拌，采用氧化还原电位仪在线控制

$H_2O_2$ 的投加，$Fe^{2+}$ 和 $H_2O_2$ 所构成的 Fenton 试剂可有效产生羟基自由基类活性物质（OH · 和 $HO_2$ ·），从而引发和传播自由基链式反应；在高浓度的羟基自由基类活性物质的作用下，内电解工段的还原产物氨基酚类物质易于发生聚合或开环反应，聚合产物可通过后续的混凝沉淀工艺去除，开环产物可通过后续的生物强化处理工段去除。此外，羟基自由基类活性物质可有效去除部分 COD 和销爆工段未能处理完全的 $N_3^-$。

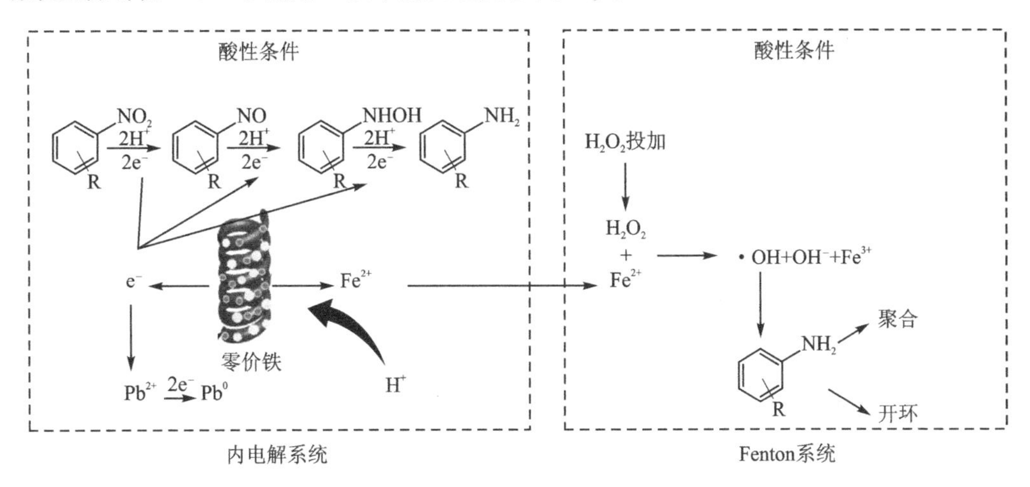


**图 5－27　内电解－Fenton 反应机理图**

Fenton 氧化工段出水自流进入混凝工段，在混凝池内投加 $Na_2CO_3$ 溶液调节 pH 值至碱性，采用 pH 仪在线控制碱液投加。在 $Na_2CO_3$ 的作用下，通过 $PbCO_3$ 的沉淀作用，可以有效去除 $Pb^{2+}$。在碱性条件下，Fenton 氧化工段出水中的铁离子可作为絮凝剂，形成絮凝作用，通过投加聚丙烯酰胺（PAM）作为助凝剂，可以形成尺寸较大的矾花絮体，有效捕捉废水中的沉淀物及聚合产物，从而达到去除 $Pb^{2+}$ 和有机污染物的目的。混凝工段所产生的矾花絮体沉淀物可在斜管沉淀池内有效沉降，经板框压滤后做危险废物处理。沉淀池出水 COD 降低至 5 000 mg · $L^{-1}$ 以下，硝基酚类物质浓度达到 8.0 mg · $L^{-1}$ 以下，$Pb^{2+}$ 的离子浓度可降低至 1.0 mg · $L^{-1}$ 以下，$N_3^-$ 完全去除，主要致毒污染物得到了有效控制，废水可生化性明显提高。

紫外可见扫描谱图的变化也证实了物化预处理工段对硝基酚类物质的有效降解。如图 5－28 所示，原水在 250 nm、340 nm 以及 400 nm 左右有三个特征吸收峰，这三个峰均为典型的硝基酚类物质的特征吸收峰。内电解出水中 340 nm 和 400 nm 处的特征吸收峰得到了明显减弱。Fenton 出水未出现明显的特征吸收峰，但在低波长处吸收增强，推测为 Fenton 出水中出现了大量的大分子聚合产物。混凝沉淀工段的出水，几乎所有的特征吸收峰均得到了明显的减弱，且并未出现新的特征吸收峰，可以推测混凝沉淀出水中芳香族化合物已得到有效控制。

混凝沉淀工段的出水进入生物强化处理工段，进行有机物的深度降解。考虑到起爆药废水中往往含有高浓度硝酸盐氮等化合态氧，可以作为有机物降解的良好电子受体。生物强化工段采用了缺氧生物降解技术，缺氧反应如下式所示（电子供体以乙酸为例）：

$$0.625CH_3COO^- + NO_3^- + 0.375H^+ \longrightarrow 1.25HCO_3^- + 0.5N_2 + 0.5H_2O$$

以有机物为电子供体、化合态氧为电子受体的缺氧反应过程，将消耗大量酸度，因此应在缺氧池内采用在线 pH 仪以控制酸度。考虑到起爆药废水水质的特殊性，缺氧池内需投加南

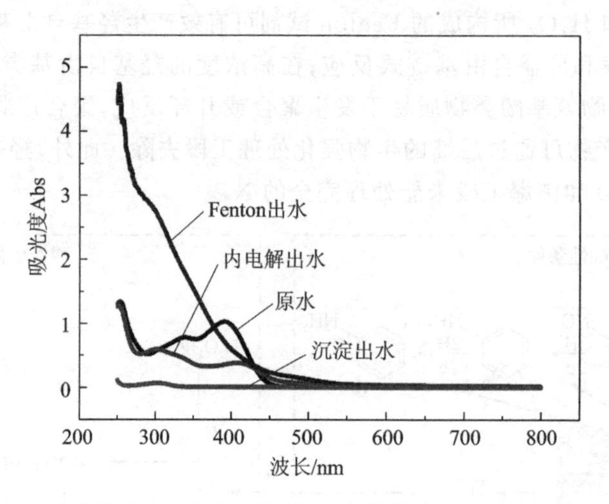


图 5-28 物化处理各工段出水稀释 50 倍的紫外—可见光扫描谱图变化

京理工大学自主研发的高效组合菌剂 NJUST-S1 以及必要的营养液，组合菌剂 NJUST-S1 可以利用复杂的有机物（如芳香族化合物）作为电子供体进行反硝化反应，达到去除 COD 并同步脱氮的目的。如图 5-29 所示，缺氧反应工段可将 COD 从 4 400 mg/L 降至 800 mg/L 以下。

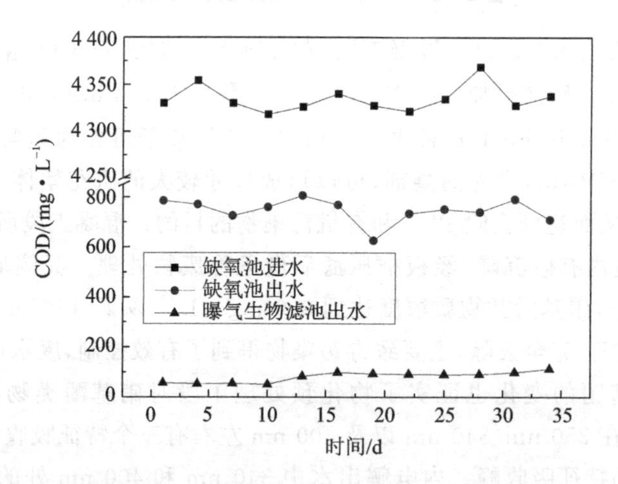


图 5-29 生物强化处理工段 COD 去除效果

为进一步去除缺氧出水中的残余有机污染物，采用曝气生物滤池技术对缺氧反应池的出水进行深度处理。曝气生物滤池可集生物氧化和截留悬浮固体于一体，能够实现 COD 的深度削减，降低出水悬浮物的浓度，避免了后续沉淀池的使用，其具有容积负荷大、水力负荷大、运行能耗低、运行费用低等特点，适用于水量较小的起爆药生产废水的处理。曝气生物滤池工段接种微生物采用高效组合菌剂 NJUST-S2，实现了缺氧反应工段出水中难生物降解残余物的氧化去除，可将 COD 从(746.50±120.50)mg/L 降至(80.83±31.16)mg/L，实现了混合起爆药废水的达标排放。

**3. 组合处理工艺工程应用效果分析**

"内电解-Fenton-混凝-沉淀-缺氧反硝化-滤池深度处理"组合工艺系统稳定运行条件下

各工段的去除效果如表 5－11 所列。

表 5－11　组合工艺各工段出水水质指标

| 参　数 | 销爆后 | 内电解出水 | Fenton 出水 | 混凝出水 | 缺氧出水 | 滤池出水 |
|---|---|---|---|---|---|---|
| 硝基酚类物质/(mg·L$^{-1}$) | <1 200 | <48 | <12 | <8 | <1.8 | <0.5 |
| $Pb^{2+}$/(mg·L$^{-1}$) | <1 500 | <950 | <920 | <1.0 | <0.2 | <0.1 |
| COD/(mg·L$^{-1}$) | <14 000 | <10 000 | <7 300 | <5 000 | <750 | <120 |
| $BOD_5$/(mg·L$^{-1}$) | <450 | <1 200 | <1 800 | <1 200 | <90 | <10 |
| $BOD_5$/COD | 0.05 | 0.15 | 0.25 | 0.25 | 0.15 | 0.10 |
| $N_3^-$/(mg·L$^{-1}$) | <20 | <20 | 低于检测限 | 低于检测限 | 低于检测限 | 低于检测限 |
| 色度/倍 | <350 | <150 | <40 | <10 | <20 | <10 |
| pH 值 | 2.0～3.0 | 3.5～4.0 | 3.0～3.5 | 8.0～9.0 | 7.5～8.5 | 6.5～7.5 |

经过“内电解－Fenton－混凝－沉淀”预处理后，$BOD_5$/COD 比值可由原先的低于 0.05 提高至 0.25 左右，废水可生化性得到明显提升，为后续的生物强化处理创造了良好的条件。2,4,6－三硝基间苯二酚在内电解工段可以得到有效去除，内电解出水中 2,4,6－三硝基间苯二酚浓度可降低至 50 mg/L 以下。通过 $Na_2CO_3$ 的沉淀作用，可以有效控制 $Pb^{2+}$ 的浓度，混凝沉淀工段出水的 $Pb^{2+}$ 浓度可稳定降至 1.0 mg/L 以下。$N_3^-$ 可在 Fenton 氧化工段被完全破坏，Fenton 氧化出水 $N_3^-$ 无法检测到。混合起爆药生产废水的色度可通过“内电解－Fenton－混凝－沉淀”预处理工段得到有效控制，废水经内电解工段后色度可由 350 倍左右降低至 150 倍左右，经 Fenton 氧化和混凝工段处理后色度可进一步降低至 10 倍以下。图 5－30 为组合工艺各工段出水照片。混合起爆药废水经组合工艺处理后，废水由亮黄色变为棕黄色再变为接近无色，从感官上有了明显改善。

图 5－30　组合工艺各工段出水照片

“内电解－Fenton－混凝－沉淀－缺氧反硝化－滤池深度处理”组合工艺的处理成本合计为 73.6 元/吨废水，主要包括药剂费、电费和污泥处理费。药剂费主要包括铁刨花、双氧水、碳酸钠、聚丙烯酰胺等消耗品，估算为 39.6 元/吨废水；电能消耗主要用于空气压缩机、加药泵、进水泵等设备的运行，估算为 16.0 元/吨废水；污泥处理费用合计为 18.0 元/吨；现场操作工人为生产部门员工兼职,人工成本未计入。工厂原有的"活性炭吸附-化学沉淀"组合工艺由于活性炭消耗量过大,处理成本超过1 500元/吨废水(吸附饱和活性炭的处理成本未计入)。工厂曾经也考虑过委托外运的方法处理废水,但其处理成本高达3 000～4 000元/吨废水。"内电解-Fenton-混凝-沉淀-缺氧反硝化-滤池深度处理"组合工艺的废水处理成本远低于委托外运和"活性炭吸附-化学沉淀"组合工艺,具有显著的经济效益。此外,混合起爆药废水经"内电解-Fenton-混凝-沉淀-缺氧反硝化-滤池深度处理"组合工艺处理后,出水可达到《兵器工业水污染物排放标准——火工药剂》(GB 14470.2—2002)的标准,实现达标排放,保障了企业的正常生产,具有显著的环境效益和社会效益。

## 5.5.7 火炸药工业中水回用工程实例

**1. 废水水质概况**

废水主要来源于某工厂经过达标处理的酸性废水及工厂废水处理生化系统的排水。酸性达标水水量为1 000 $m^3/d$,工厂废水处理生化系统排水600 $m^3/d$,共计1 600 $m^3/d$。由于酸性废水采用石灰乳中和工艺处理,出水中含有部分的钙离子。工厂废水处理生化系统排水含有极微量的火炸药污染物。该类废水执行《城市污水再生利用景观环境用水水质》(GB/T 18920—2002)回用标准。

**2. 废水处理工艺流程及简要说明**

经过处理的酸性达标水进入氧化池氧化后(冬季出水加温,控制废水水温在15 ℃以上),由氧化提升泵打入曝气生物滤池进行生化处理,经吸附在陶粒填料上的好氧微生物过滤分解,废水中污染物得以进一步去除,生化出水自流入中间水池后,再用泵打入机械过滤器进行固液分离,出水自流入回用水消毒池,经过消毒的水通过回用水泵送至各用水点。该套废水处理工艺设计处理能力为1 600 $m^3/d$,具体工艺流程如图5-31所示。

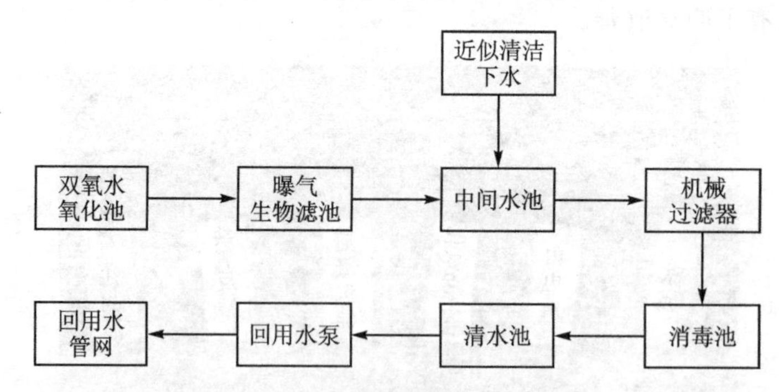


**图5-31 废水深度处理工艺流程**

**3. 主要废水处理单元**

主要废水处理单元构筑物设计参数如表5-12所列。

**表5-12 主要构筑物设计参数**

| 序号 | 构筑物名称 | 停留时间/h | 备注 |
|---|---|---|---|
| 1 | 过滤设备间 | 1.5 | 钢砼结构,环氧树脂防腐 |
| 2 | 氧化池 | 1.5 | 钢砼结构,环氧树脂防腐 |

续表 5 - 12

| 序　号 | 构筑物名称 | 停留时间/h | 备　注 |
|---|---|---|---|
| 3 | 消毒池 | 1.0 | 钢砼结构，环氧树脂防腐 |
| 4 | 清水池 | 15 | 钢砼结构，环氧树脂防腐 |
| 5 | 曝气生物滤池 | 3 | 钢砼结构，环氧树脂防腐 |
| 6 | 中间水池 | 1.8 | 钢砼结构，环氧树脂防腐 |
| 7 | 处理设备及监测间 | — | 钢砼结构，环氧树脂防腐 |

**4. 工程主要构筑物及设备实物照片**

工程主要构筑物及设备实物照片如图 5 - 32 所示。

(a) 滤池进水

(b) BAF处理池

(c) 机械过滤器

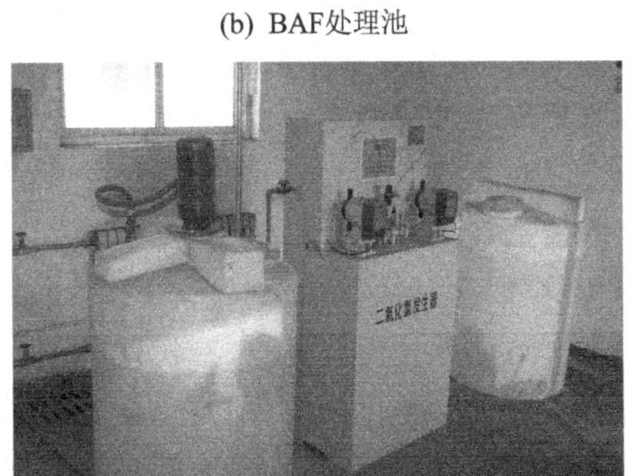

(d) 消毒装置

图 5 - 32　工程主要构筑物及设备实物照片(6)

**5. 废水深度处理技术经济指标**

废水深度处理设备装机容量为 135 kW，废水深度处理的吨水成本为 1.85 元，采用了双氧水氧化-曝气生物滤池组合深度处理工艺，通过双氧水氧化去破坏进水中的低浓度难降解污染物的结构，可有效提高生化系统对难降解有机物和氨氮的处理能力。曝气生物滤池基于生物膜法技术原理，适用于低浓度废水的深度处理。以双氧水氧化-曝气生物滤池组合工艺为核心的深度处理工艺在运行上有较大的灵活性及可调性，能够适应水质及水量的变化，稳定达到回用水质的标准。

# 第6章 农药废水的处理

## 6.1 农药废水的来源

农药废水因其浓度高、毒性大、污染物成分复杂等特点成为现代工业废水治理的难题之一,而利用有效、经济的工艺去处理农药废水,对于环境保护和可持续发展至关重要。按《中国农业百科全书·农药卷》的定义,农药(pesticides)主要是指用来防治危害农林牧业生产的有害生物(害虫、害螨、线虫、病原菌、杂草及鼠类)和调节植物生长的化学药品,但通常也把改善有效成分物化性状的各种助剂包括在内。农药是重要的农业生产资料,在防治有害生物、应对爆发性病虫草鼠害、保障农业增产及粮食和食品安全等方面起着非常重要的作用,亦广泛应用于环境和家庭卫生除害防疫、工业品防霉与防蛀。在我国,随着农林业的快速发展,农药的需求量不断增加,农药生产已发展成为精细化学工业中的一个大行业。全世界开发的农药品种(有效成分)约超过1 500种,生产的不同牌号、规格的商品制剂有数万种,可按照不同标准,从不同角度对农药进行如下分类:

按用途主要可分为杀虫剂、杀螨剂、杀鼠剂、杀线虫剂、杀软体动物剂、杀菌剂、除草剂、植物生长调节剂等,其中除草剂、杀虫剂和杀菌剂占比较高。

按原料来源可分为矿物源农药(无机农药)、生物源农药(天然有机物、微生物、抗生素等)及化学合成农药等。

根据加工剂型可分为粉剂、可湿性粉剂、乳剂、乳油、乳膏、糊剂、胶体剂、熏蒸剂、熏烟剂、烟雾剂、颗粒剂、微粒剂及油剂等。

按化学结构可分为有机氯、有机磷、有机氮、有机硫、氨基甲酸酯、拟除虫菊酯、酰胺类化合物、脲类化合物、醚类化合物、酚类化合物、苯氧羧酸类、脒类、三唑类、杂环类、苯甲酸类、有机金属化合物类等,均为有机合成农药。酰胺类农药主要产品有乙草胺、甲草胺、丁草胺、异丙甲草胺;杂环类农药产品较多,主要有秀去津、百草枯、多菌灵、吡虫啉、吡蚜酮、三环唑、丙环唑、嗪草酮;苯氧羧酸类农药主要产品有2,4-滴和麦草畏;磺酰脲类农药主要产品有苯磺隆、苄嘧磺隆和烟嘧磺隆;有机硫类农药主要产品为代森锰锌;菊酯类农药代表性产品为三氟氯氰菊酯和氯氰菊酯;有机磷类农药主要产品为草甘膦、乙酰甲胺磷、三唑磷、毒死蜱、马拉硫磷、丙溴磷、辛硫磷、二嗪磷;百菌清和三氯杀螨醇为有机氯类农药的主要产品;氨基甲酸酯类农药主要产品包括克百威、灭多威、异丙威、仲丁威等;阿维菌素和井冈霉素是生物类农药的主要品种。

农药中间体合成、农药原药合成和农药制剂复配已构成完整的农药制造产业链。农药制造业处于化工产业链的末端,行业上游为无机原料(黄磷、液氯等)和基础石油化工原料(甲醇、三苯等)行业,最终源头为石油产业;行业下游主要的消费领域是农、林、牧业生产和卫生防疫领域。原药以石油化工等相关产品为主要原料,通过化学合成技术与工艺生产或生物工程制造而成。制剂是在农药原药的基础上,加入适当的辅助剂(如溶剂、乳化剂、润湿剂、分散剂等),通过加工、生产制得的具有一定形态、组成及规格的产品。原药是农药产品的有效成分,制剂配方的合理性、助剂的应用和复配工艺过程的控制均对药效有着重要影响。

改革开放后，我国农药工业发展迅速，形成了包括农药原药生产、制剂加工、原料中间体生产及科研开发在内的工业体系，成为化学工业的重要组成部分。截至2015年底，在全国具有农药生产资质的企业有近2 000家，其中原药生产企业500多家，全行业从业人员达16万人。据国家统计局公布的数字，2015年全国农药产量达到374.1万吨，可生产500多个品种，常年生产300多个品种。2015年农药行业主营业务收入3 107.22亿元，实现利润225.56亿元。2011—2015年，我国农药销售收入年均递增17%，利润年均递增23.9%。目前我国已成为全球第一大农药生产国，产品质量稳步提升，品种不断增加，为优质高效的农业发展提供了有力支撑。

近年来，我国持续推进农药产品的结构调整，进一步提高了对农业生产需求的满足度。如图6-1所示，杀虫剂所占比重逐年下降，杀菌剂和除草剂所占比重有所提高。2015年，杀虫剂、杀菌剂和除草剂产量占农药总产量的比例分别为13.7%、4.9%和47.4%。高毒、高残留的农药产品被逐步淘汰，已由之前的70%降到现在的5%以下。已累计淘汰禁用39种高毒高风险农药，24种农药受到限制性生产销售。但还有少量高毒农药品种仍在生产和使用，个别品种目前还没有较好的品种替代。此外，特殊用途杀菌剂相对较少。我国目前共生产500多种原药，常年生产品种达300个，杀菌剂仅占6.1%，特别是用于水果、蔬菜等高附加值经济作物的杀菌剂品种较少，因此我国杀虫剂、除草剂和杀菌剂的比例仍需做进一步调整。

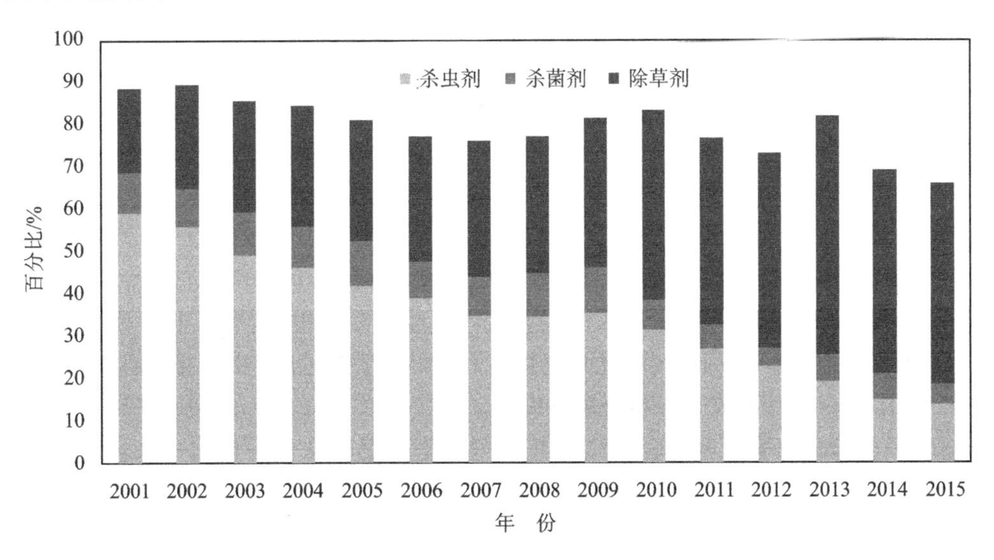


**图6-1　我国各类农药的比例变化**

我国不仅是农药生产大国，也是农药使用大国。从我国农药需求情况看，2004—2014年的农药使用处于增长阶段，2014年的使用量达到峰值，使用商品量为180.77万吨(折百原药为59.65万吨)。2015年农业部门提出农药使用零增长行动，之后我国农药需求稳中有降，2019年我国农药使用商品量为145.6万吨(折百原药为48万吨)。我国农药行业具有明显的季节性，大部分产品为季节性生产和使用，一般来说上半年是农药生产的高峰期，3—9月份是农药使用的高峰期。近年来，农业结构的调整、农作物品种的增多以及种植方式的多样化，为病虫草害的发生与蔓延提供了有利的环境条件。目前对于大多数病虫草害而言，使用农药仍是最有效和不可替代的防治方法。但是，随着农药使用量和使用年限的增加，农药残留逐渐加重，对生态环境的破坏也愈发严重。农药对水体污染的主要渠道有：直接向水体施药，农田施用的农药随雨水或灌溉水向水体迁移，农药生产加工企业废水的排放，大气中残留的农药随降雨进入水体，农药使用过程中的雾滴或粉粒飘移沉降至水体以及施药器械的清洗等。农药除了会污染地表水体外，还会严重污染地下水源。农药的稀释扩散会逐渐扩大污染范围，造成大面积的水体污染，会污染饮用水源，导致水质恶化，影响水体中生物的正常生存，还可能致使人畜中毒致病等。因此，为了实现可持续发展，构建环境友好型社会，解决农药废水污染，已迫在眉睫。

## 6.2　农药废水处理的主要原则

2003 年，原国家环保总局启动了农药工业污染物排放标准的体系研究和制定工作，划分了制定有机磷、菊酯、有机硫、苯氧羧酸、磺酰脲、酰胺、有机氯、氨基甲酸酯、生物类、杂环等 10 余项水污染物排放标准工作任务。目前我国杂环类农药执行 2008 年 7 月 1 日起实施的《杂环类农药工业水污染物排放标准》(GB 21523—2008)，规定了杂环类农药吡虫啉、三唑酮、多菌灵、百草枯、莠去津、氟虫腈原药生产过程中污染物排放的控制项目、排放限值。除杂环类农药外，农药行业目前执行的废水排放标准主要为《污水综合排放标准》(GB 8978—1996)。《污水综合排放标准》为通用标准，但其适用性过于广泛，针对性差，农药行业性特点不突出，且未针对农药生产的中间体及产品等特征污染因子的排放做出规定。《污水综合排放标准》中只规定了几项农药指标，指标中如对硫磷、甲基对硫磷已经禁止生产和使用，而马拉硫磷的年产量也只有数百吨。因此，即使企业达到现有的排放标准，其中一些高毒或具有潜在风险的化合物仍然可能会对生态环境造成破坏。因此，制定科学可行、符合农药工业污染特点的排放标准势在必行。

2013 年环境保护部下达了《关于开展 2013 年度国家环境保护标准项目实施工作的通知》(环办函〔2013〕154 号)，其中明确了“农药工业水污染物排放标准”的整合制定任务。2014 年 2 月 27 日，环境保护部科技标准司在北京主持召开了“农药工业水污染物排放标准”的开题论证会，并于 2016 年 12 月形成了标准征求意见稿。2017 年 1 月 10 日，环境保护部水环境管理司组织召开了征求意见稿的审查会。2019 年国家生态环境部法规与标准司联合水生态环境司召开了国家标准《农药工业水污染物排放标准》送审稿技术审查会，有望在不久的将来正式发布和实施。2020 年 3 月 1 日，江苏省实施了《化学工业水污染物排放标准》(DB 32/939—2020)，其中包含了农药工业废水的排放指标，但仍未对农药工业的复杂污染物进行明确的规定。

国家标准《农药工业水污染排放标准》实施后，农药企业不再执行《污水综合排放标准》(GB 8978—1996)中的相关规定，同时，《杂环类农药工业水污染物排放标准》(GB 21523—2008)也随即废止。农药工业水污染物排放标准的制定，将在淘汰高污染、落后的生产工艺，促使企业采用先进的污染治理措施方面发挥重要的作用，推动我国农药工业走上高效、低毒、低污染的发展轨道。

# 6.3　农药废水的特点与处理难点

农药在防治农业病虫草害,保证作物的高产中发挥着重大作用。然而,农药的生产和使用在给人们带来巨大经济收益的同时,也对生态环境和人体健康造成了严重威胁。随着农药工业的快速发展,环保问题日益突出。农药生产企业会产生大量的生产废水,且是典型的难降解废水,其具有如下几个突出特点:

① 废水毒性高、可生化性差:农药生产废水中通常含有农药原料药、中间产物、农药原药和反应过程使用的溶剂,废水具有毒性强、可生化性差的突出特点。例如,拟除虫菊酯类原药生产过程产生的污水中含有高毒性的菊酯原药。生物农药的活性成分是自然界本身存在的物质,但许多生物农药天然源物质是剧毒或高毒物质,如阿维菌素对人、畜、水生生物都是高毒。农药产品及中间产物通常具有选择性、高毒性的特点。农药绝大部分是有毒物质,其中有些是剧毒物质,有些虽然急性毒性较低,但却具有慢性毒性或"三致"(致癌、致畸、致突变)效应,或具有环境激素效应。如 20 世纪六七十年代我国大量使用的有机氯农药,就曾对我国的生态环境及食品安全造成严重的影响。我国于 1983 年便开始禁用此类农药,20 年过去了,至今在食品中乃至人体脂肪中仍能检测到这种有机氯农药的残留。近年来,大量新型农药的问世,使农药的环境问题更为复杂。如新型磺酰脲类高效除草剂,微量(每公顷 10 克左右)即可产生良好除草效果,若使用不当就会对其他作物产生危害。我国黑龙江省常出现上茬种亚麻用过绿磺隆,下茬种玉米因绿磺隆残留药害致玉米死亡的情况。四川、安徽、江苏、河北、山东、辽宁均出现过有磺酰脲类药害的报道。

② 废水组分复杂:只有生物类农药主要通过发酵的方式生产,其余均为化学合成农药;化学合成的农药生产工艺复杂,其有毒中间产物和副产品量大、类多,废水组分具有复杂性。农药产品的特点是品种多且更新速度较快,其生产过程的特点是原料种类多,大多数工艺过程比较长,化学反应种类多,副反应及副产品种类多。例如,目前我国氨基甲酸酯类农药的生产仍以光气法等传统工艺为主,生产使用的原材料如取代酚、取代氨、光气、异氰酸甲酯等,大多为有毒有害物质。农药中的非有效成分、其他成分会对环境产生影响。例如,许多生物农药是乳油制剂,而目前我国大部分乳油采用甲苯、二甲苯等有机溶剂,含量有时高达 50%～90%,其对环境的影响甚至大于农药本身。制备高含量的原药是一个工艺复杂、成本较高的工艺流程,原药中其他成分的含量较高,甚至大部分都是其他成分。例如,代森类有机硫农药生产过程中产品的降解产物乙撑硫脲属高毒化合物;硝磺草酮农药生产过程中排放较大量的硝基苯类化合物。

③ 废水处理难度高,对环境危害大:农药生产过程中产生的"三废",特别是废水,具有污染物浓度高、毒性大、盐分高等特点,农药工业一直是我国化工行业的污染大户。农药废水中的总有机物含量通常较高,按化学需氧量 COD 来计算,可高达几万乃至几十万 mg/L 的浓度水平。农药化学合成过程中通常需要使用大量的酸和碱,大部分的农药生产废水含盐量很高。此外,部分农药生产企业,尤其是小规模农药生产企业,产品的生产取决于订单情况,生产量和产品品种具有季节性和间歇性,水质、水量不稳定,处理难度极大;而且,经处理后的农药废水一般毒性和盐分还较高,直接排放至河道、湖泊等自然环境,仍有较大的生态危害。农药废水的超标排放事件曾经屡见不鲜,对农药行业、农药生产企业和环保管理部门造成了恶劣的舆论影响。

## 6.4 农药废水中的污染物及其特征

农药行业排放的废水主要来自原药及中间体的生产。农药加工生产制剂的废水污染主要是设备洗涤使用的溶剂或水,对环境所产生的污染相对较少。下面将根据农药的种类介绍农药废水产生过程及主要污染物。

### 6.4.1 有机磷农药废水产生过程及主要污染物

有机磷农药是指含有磷酸有机衍生物(主要为磷酸酯类或硫代磷酸酯类)的农药,其化学结构通式如图 6-2 所示。$R_1$ 和 $R_2$ 为烷基、烷氧基或氨基,Z 代表有机或无机酸根。有机磷农药因种类多、药效高、生产工艺简单、用途广、易分解等特点成为近年来农业生产中使用最广泛的一类农药。

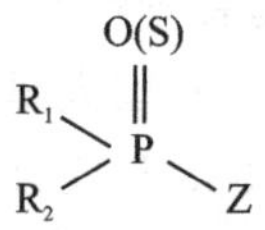

O(S)
R1 P Z
R2

图 6-2 有机磷农药化学结构通式

有机磷农药的种类较多,根据有机磷农药对哺乳动物大鼠的急性毒性 LD50 数据,按毒性自大至小排列,剧毒有机磷农药(LD50<5 mg/kg)有:甲拌磷、特丁磷;高毒有机磷农药(LD50:5~50 mg/kg)有:久效磷、甲胺磷、磷胺、氧化乐果、对硫磷、杀扑磷、甲基对硫磷;中等毒性有机磷农药(LD50:50~500 mg/kg)有:敌敌畏、三唑磷、喹硫磷、胺丙畏、毒死蜱、嘧啶氧磷、蔬果磷、倍硫磷、嘧啶磷、丙溴磷、水胺硫磷、乐果、敌百虫、稻瘟净等;低毒有机磷农药(LD50:500~5 000 mg/kg)有:杀螟腈、辛硫磷、异稻瘟净、马拉硫磷、氯辛硫磷、乙酰甲胺磷、甲基毒死蜱等。接近无毒的有机磷农药有草甘膦、乙磷铝。从 2007 年开始,我国停止使用甲胺磷、对硫磷、甲基对硫磷、久效磷、磷胺五种高毒有机磷杀虫剂。

有机磷农药的起始原料为黄磷、氯气和硫磺,是合成三氯化磷、三氯硫磷和五硫化二磷三种有机磷农药的主要原料。以下将以草甘膦为例,介绍有机磷农药的生产工艺和废水排放节点。草甘膦化学名为 N-(磷酸甲基)甘氨酸,是一种非选择性、无残留灭生性除草剂,对去除多年生根的杂草非常有效,广泛用于橡胶、桑、茶、果园及甘蔗地,已经成为我国出口量最大的农药品种,也是全球产量和销售量最大的农药品种。现阶段国内主流的草甘膦生产方式有两种:甘氨酸法与亚氨基二乙酸法,其中以甘氨酸法更为主流。甘氨酸法草甘膦以甘氨酸、亚磷酸二甲酯、多聚甲醛为原料,以三乙胺为催化剂,以甲醇为溶剂,通过加聚、加成、缩合、水解等过程而得。根据合成亚氨基二乙酸的原料不同,亚氨基二乙酸法可分为氢氰酸法、氯乙酸法、二乙醇胺法等。其中,氢氰酸法以氢氰酸、甲醛、六亚甲基四胺为原料缩合制得亚氨基二乙腈,之后在碱性条件下亚氨基二乙腈水解产生亚氨基二乙酸盐,酸化后制得亚氨基二乙酸,亚氨基二乙酸与甲醛、亚磷酸在盐酸作用下缩合得到中间产物双甘膦,双甘膦经空气催化氧化得到草甘膦。这两种生产方法均产生大量的高浓度含磷废水和低浓度含磷废水。高浓度含磷废水又称为草甘膦母液,成分复杂、含盐量高,具有高 COD、高磷含量、难降解、高生物毒性特征,处理难度大。而低浓度的草甘膦废水,其成分相对简单。

湖北某化工有限公司生产草甘膦产生的高浓度氨氮草甘膦氧化液废水，废水水质：COD 浓度为 25 000～35 000 mg/L，$NH_4^+$ -N 浓度为 2 000～5 000 mg/L，总磷浓度为 14 000～22 000 mg/L，pH 值为 6～9。江西金龙化工有限公司产生的草甘膦母液废水 COD 为 43 900 mg/L，磷酸盐浓度为 26 000 mg/L。南通江山农药化工股份有限公司采用亚氨基二乙酸法生产草甘膦，产生的草甘膦废母液 COD 浓度为 27 500 mg/L，$NH_4^+$ -N 浓度为 3 280 mg/L，$Cl^-$ 浓度为 5.25 mg/L，其 COD 和氨氮含量均非常高，$Cl^-$ 也达到了饱和氯化钠的浓度，是典型的高盐高浓废水。浙江某主要生产草甘膦农药的大型化工企业采用甘氨酸生产工艺路线，其产生废水主要由甲醇、甲缩醛、三乙胺、亚磷酸、盐酸、亚磷酸二甲酯、单甲酯、氯甲烷等组成（见表 6-1）。其中水洗废水的 $COD_{Cr}$ 可高达 10 000 mg/L 以上，母液浓缩废水 TP 可高达 350 mg/L 以上，其中绝大部分为有机磷。由此可见，生产草甘膦的过程中会产生大量的废水，尤其根据不同工艺产生的废水性质差别也很大，但所具备的共同特点就是浓度高、盐度高和总磷含量高，可生化性差。

**表 6-1　浙江某大型化工企业废水水质**

| 项　目 | 水量/($m^3 \cdot d^{-1}$) | pH 值 | $COD_{Cr}$/($mg \cdot L^{-1}$) | TP/($mg \cdot L^{-1}$) | 主要组分 |
|---|---|---|---|---|---|
| 二甲酯废水 | 300 | 4 | 1 300 | 20 | 甲醇、亚磷酸、氯甲烷等 |
| 水洗废水 | 300 | 4 | 10 000 | 30 | 氯甲烷等 |
| 三化废水 | 100 | 4 | 800 | 40 | — |
| 浓缩废水 | 900 | 10 | 900 | 350 | 甲醇、草甘膦、三乙胺、亚磷酸等 |
| 甲醇废水 | 650 | 5～10 | 4 500 | 120 | 甲醇、甲缩醛、亚磷酸等 |
| 有机硅废水 | 10 | 2 | 4 500 | 4 | — |
| 真空泵废水 | 840 | 5～10 | 1 000 | 5 | 盐酸、甲醇、三乙胺等 |

其他有机磷农药的产污节点及主要污染物如表 6-2 所列。有机磷农药生产所产生的废水具有总磷浓度高、氨氮浓度高、有机物浓度高、总含盐量高等突出特点。典型的有机磷农药废水的水质、水量如表 6-3 所列。其中，总磷浓度甚至高达 3 000 mg/L 以上（以 P 计），大部分是磷酸酯类化合物；COD 浓度通常都高于 10 000 mg/L；部分产品盐分（以 NaCl 计）高达 1%以上。

**表 6-2　不同品种有机磷农药的产污节点及主要污染物**

| 生产的农药品种 | 主要产污节点 | 产生的主要污染物 |
|---|---|---|
| 乐果 | 硫磷酯废水、氯乙酸甲酯废水和胺解废水 | COD、有机磷 |
| 氧乐果 | 粗制、合成工序 | 氯化铵、一甲胺盐酸盐 |
| 草铵膦 | 氯化镁废水、乙醇废水、原药废水 | 氯化镁、乙醇、草铵膦原药 |
| 蹈丰散 | 溴化废水、水解水洗分层废水、酯化水洗分层废水和脱溶分层废水 | COD、总磷、蹈丰散 |
| 二嗪磷 | 甲醇蒸馏塔废水、异丁腈废水、环化离心废水、环化脱水废甲醇、缩合废水 | 甲醇、氨氮、异丁腈、羟基嘧啶、甲醇、二嗪啉、乙基氯化物 |
| 马拉硫磷 | 硫化物合成、二乙酯合成、马拉硫磷合成 | COD、总磷 |

续表 6-2

| 生产的农药品种 | 主要产污节点 | 产生的主要污染物 |
|---|---|---|
| 乙酰甲胺磷 | 合成工序 | COD、氯化物、氨氮 |
| 丙溴磷 | 工艺废水、洗涤水 | 邻氯酚、溴酚钠、溴化钠、乙基氯化物、三酯、二甲乙胺、溴丙烷、丙溴磷 |
| 毒死蜱 | 缩合废水 | 三氯吡啶醇钠、乙基氯化物、毒死蜱 |
| 辛硫磷 | 缩合废水 | 肟钠、乙基氯化物、辛硫磷 |
| 敌百虫 | 尾气吸收系统产生的废水 | 总磷、原药 |

表 6-3　几种主要有机磷农药废水的水质水量

| 产品及废水名称 | 吨产品排水量/$m^3$ | 废水水质浓度/($mg \cdot L^{-1}$) | | |
|---|---|---|---|---|
| | | COD | TOP | 其他污染物 |
| 敌百虫合成废水 | 27.8 | 23 000～25 000 | — | NaCl　50 000 |
| 乐果合成废水 | 2.1 | 204 926.40 | 8 266.59 | 硫化物　97.14 |
| 硫磷酯废水 | 1.3 | 17 565.12 | 2 463.83 | 氯化铵　16.67 |
| 马拉硫磷酯及合成洗涤水 | 3～4 | 5 000～95 000 | 15 000～50 000 | 醇类 3 000～20 000 |
| 对硫磷合成洗涤水 | 3.8～24 | 8 000～21 000 | 244～1 400 | 硫化物　2 500<br>NaCl　5 000～15 000 |
| 甲基对硫磷、甲基氯化物及缩合废水 | 9～12 | 25 000～80 000 | 5 000～6 000 | 对硝基酚钠　2 000～12 000<br>NaCl　11 000～12 000 |
| 甲胺磷、甲基氯化物氨解废水 | 17.3 | 75 000 | 4 600 | 氨氮　68 000 |
| 氯化乐果合成废水 | 5～6 | 350 000～450 000 | 45 000～55 000 | 甲醇　90 000 |

## 6.4.2　拟除虫菊酯类农药废水产生过程及主要污染物

拟除虫菊酯类农药是根据天然除虫菊花中的杀虫有效成分除虫菊素的化学结构由人工合成的类似物，是 20 世纪 50 年代初出现，70 年代中期才发展起来的农药，具有性质稳定、无特殊臭味、触杀作用强、灭虫速度快等优点，因此又被称为杀虫剂农药的一个新突破，是杀虫剂历史上的第三个里程碑。根据对光的稳定性特点，拟除虫菊酯可分为光敏性菊酯和耐光性菊酯两大类。按照拟除虫菊酯的化学结构，可分为含环丙烷基团和不含环丙烷基团两大类。目前国内生产的主要拟除虫菊酯类原药约 12 种，包括氯氰菊酯(高效氯氰菊酯)、氯氟氰菊酯、丙烯菊酯、氰戊菊酯、甲氰菊酯、溴氰菊酯、胺菊酯、氯菊酯、丙炔菊酯、甲烯菊酯、苯氰菊酯、苯醚菊酯等。2002 年我国拟除虫菊酯产量居前三位的是氯氰菊酯、丙烯菊酯和氰戊菊酯。

以下将以氯氰菊酯为例介绍拟除虫菊酯类农药的生产节点及产物过程。氯氰菊酯具有高效、广谱、中毒、低残留、对光和热稳定的特点，是目前我国农药产量最大的拟除虫菊酯类农药，结构式如图 6-3 所示。

氯氰菊酯的生产通常以二氯菊酸乙酯作为起始原料，在乙醇的碱水溶液中进行皂化，加入盐酸进行酸化，再经萃取、水洗、脱水得到二氯菊酸(工艺路线见图 6-4(a))；二氯菊酸用光气

**图 6－3　氯氰菊酯的结构式**

进行酰氯化反应得到二氯菊酰氯(工艺路线见图 6－4(b));最后与醚醛、氰化钠发生缩合反应合成氯氰菊酯,即“酰氯-醚醛-氰化钠”法(工艺路线见图 6－4(c))。该反应途径具有反应条件温和、反应周期短、合成收率高等特点,应用较为广泛。

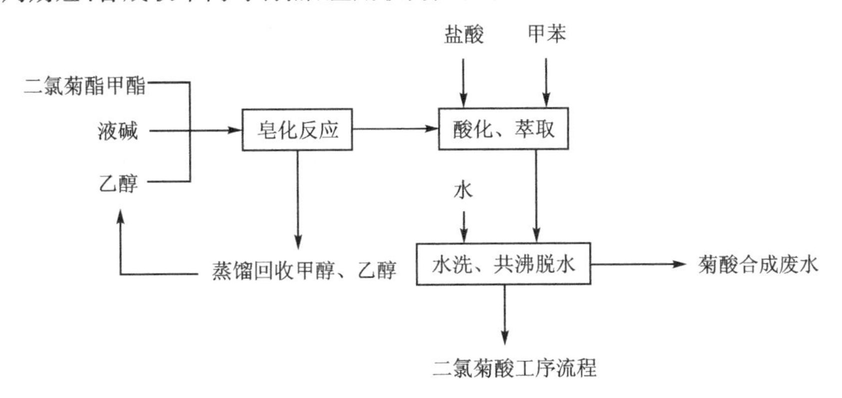


(a) 工艺路线(1)

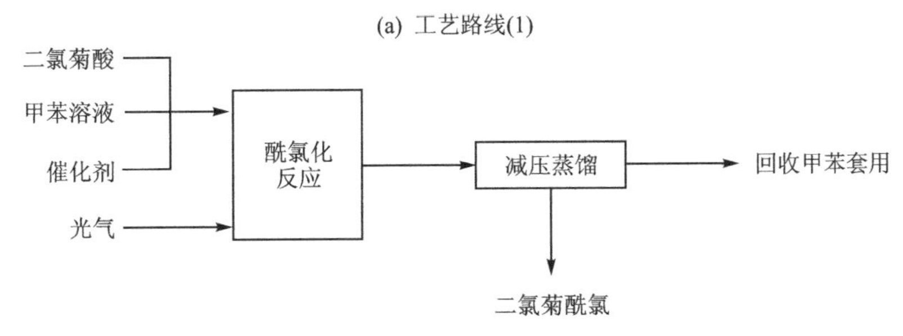


(b) 工艺路线(2)

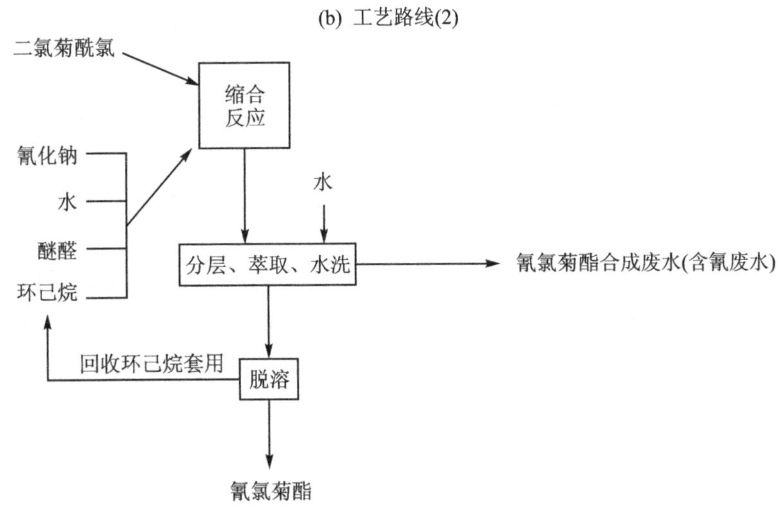


(c) 工艺路线(3)

**图 6－4　氯氰菊酯合成工段排污节点流程**

氯氰菊酯的生产废水主要包括菊酸合成废水、氯氰菊酯合成废水，分别来源于二氯菊酸合成水洗工段、缩合反应后的水洗阶段，另外还包括氯氰菊酯转位废水。某企业氯氰菊酯生产过程中各废水的水质指标和特征污染物如表 6-4 所列。

**表 6-4 某企业氯氰菊酯(高效氯氰菊酯)生产过程废水产生情况**

| 名 称 | 吨产品废水产生量/t | COD/$(mg \cdot L^{-1})$ | 主要污染物 |
|---|---|---|---|
| 菊酸合成废水 | 7.5 | 12 000 | HCl、NaCl、甲醇、乙醇、二氯菊酸甲酯、二氯菊酸、甲苯 |
| 氯氰菊酯合成废水 | 1.0 | 43 000 | NaCN、苯醚醛、二氯菊酰氯、氯氰菊酯、溶剂(环己烷) |
| 氯氰菊酯转位废水 A | 3.2 | 12 600 | 三乙胺、乙醇、异丙醇、氯氰菊酯 |
| 氯氰菊酯转位废水 B | 8.0 | 100 000 | HCl、三乙胺、乙醇、异丙醇、二甲苯、氯氰菊酯 |

与氯氰菊酯不同，氯氟氰菊酯生产过程中的产污节点主要有环氯氟酯环合废水、2-顺式氯氟菊酸水解废水、氯氟氰菊酯合成废水，主要的污染物包括氯化钠、叔丁醇、叔丁醇钠、氯氟酯、环氯氟酯、盐酸、碳酸钠、环氯氟酯、环氯氟酸钠、氯氟菊酸、氰化钠、苯醚醛、氯氟菊酰氯、氯氟氰菊酯、甲苯等；丙烯菊酯生产过程中的产污节点主要有右旋菊酸的合成、烯丙醇酮的合成、烯丙菊酯的合成，主要污染物有氢氧化钠、亚硫酸钠、氯化钠、氯化亚砜、石油醚、盐酸、烯丙基醇酮、菊酰氯、吡啶、石油醚、烯丙菊酯。

### 6.4.3 有机硫类农药废水产生过程及主要污染物

有机硫类农药是指含有硫有机化学结构的农药，包括代森系列（即二硫代氨基甲酸酯类化合物，包括代森锰锌、代森锌、代森铵、代森钠）、沙蚕毒素系列（杀虫双、杀虫单、杀螟丹等）及三酮类等。代森系列有机硫农药中的代森锰锌是国内生产量最大的杀菌剂品种之一。

代森系列有机硫农药生产工艺有钠法和氨法两种，其区别在于，钠法是由代森钠与硫酸锌（硫酸锰）合成生成代森锌（代森锰），而氨法（见图 6-5）则是由代森铵与硫酸锌（硫酸锰）合成代森锌（代森锰），所用原料前者为 30%的液碱，后者为 20%～25%的氨水。代森锰锌的后续生产工艺均为代森锰与氯化锌（硫酸锌）络合生成代森锰锌，两条工艺路线所用的主要原料基本相同。相对于钠法，氨法生产代森锰锌生产工艺简单，便于控制，生成的代森锰不必过滤，可与锌盐在同一反应釜中直接进行络合反应，该法收率较高，产品含量高。因此目前国内大部分生产厂采用氨法生产代森系列有机硫农药。

氨法合成代森铵、代森锌、代森锰废水排放点是在代森锰与氯化锌络合后的抽滤母液及洗水。氨法因所用原料为氨水，产生的废水中含有大量硫酸铵。除硫酸铵外，主要污染物还有硫酸锰、乙二胺、代森锰、乙撑硫脲。此外，在产品滤饼喷雾干燥时产生喷淋水，真空干燥时产生真空泵循环水，上述两股低浓度废水中主要污染物为代森锌（代森锰）、乙撑硫脲、代森锰锌。如某代森锰锌生产厂产生的母液 COD 为 3 500～7 000 mg/L，氨氮浓度为 17 000～35 000 mg/L，总锰浓度为 2 800～4 800 mg/L；产生的洗水 COD 为 1 000～2 000 mg/L，氨氮浓度为 4 000～7 000 mg/L，总锰浓度为 590～710 mg/L；产生的真空循环水和喷淋水 COD 分别为 106 mg/L 和 171 mg/L。

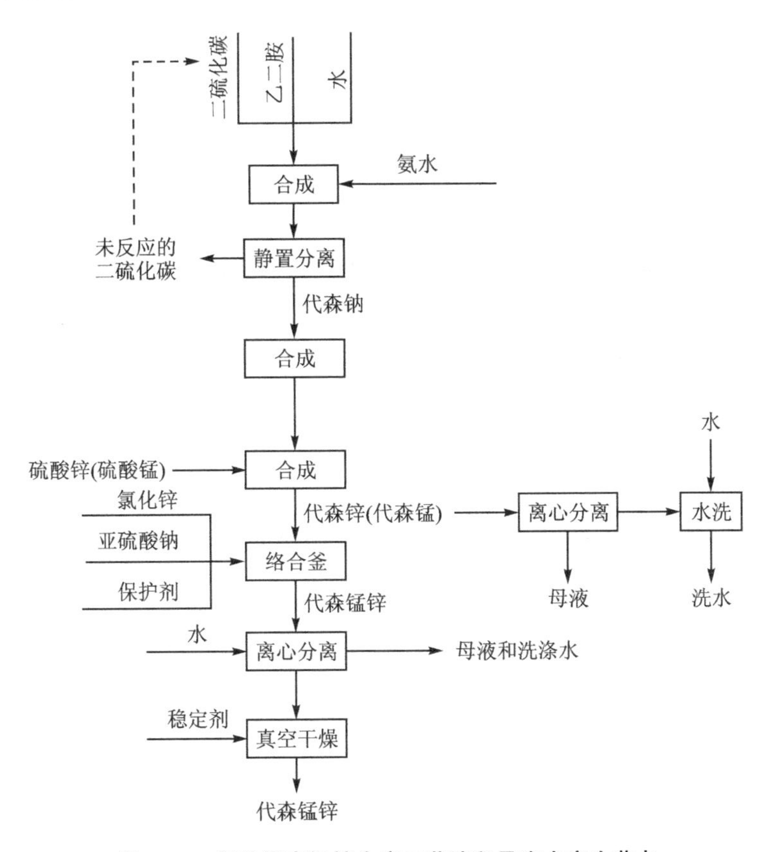


**图 6-5　氨法代森锰锌生产工艺流程及废水产生节点**

## 6.4.4　苯氧羧酸类农药废水产生过程及主要污染物

苯氧羧酸类农药是指含有苯氧羧酸化学结构的农药,主要用作茎叶处理剂。其化学结构如图 6-6 所示。

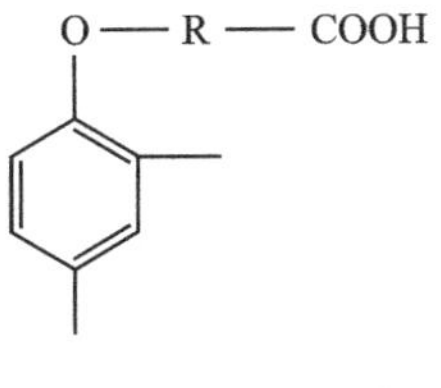

O — R — COOH

**图 6-6　苯氧羧酸类农药结构式**

由于在苯环上取代基和取代位不同,以及羧酸的碳原子数目不同,形成了不同苯氧羧酸类除草剂品种。苯氧羧酸类农药依据其活性成分本体化合物的不同,可分为两个不同的基本系列。一种是以 2,4-二氯酚为本体的,如 2,4-二氯苯氧乙酸(2,4-滴酸)、2,4-二氯苯氧丙酸(2,4 滴 P)、2,4-二氯苯氧丁酸(2,4-滴 B);另一种是以邻甲酚为本体的,如 2 甲 4 氯酸(MCPA)、2 甲 4 氯丙酸(MCPP)、2 甲 4 氯丁酸(MCPB)。这两个系列农药的产量占我国苯氧羧酸类农药产量的 80%以上。以下将以 2 甲 4 氯酸和 2,4-滴酸为例,介绍苯氧羧酸类农药的产污节点和产污特征。

以 2 甲 4 氯酸为例,其化学名称为 4-氯-邻甲基苯氧乙酸,结构式如图 6.7 所示。

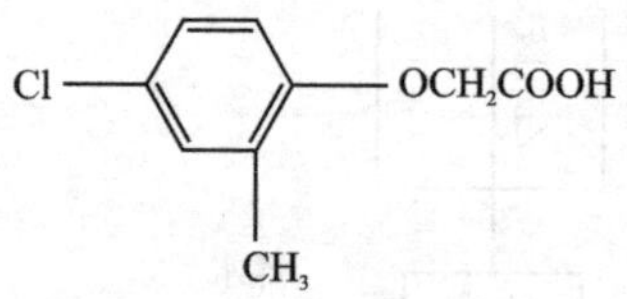

图 6-7 2 甲 4 氯酸结构式

如图 6-8 所示,2 甲 4 氯酸合成工艺为邻甲酚与氯乙酸缩合,再进行氯化。2 甲 4 氯酸生产过程中排放的污染物主要为缩合后脱酚废水、氯化母液以及水洗废水。其中脱酚废水中的主要污染物为酚类,氯化和过滤废水中的主要污染成分为酚类和 2 甲 4 氯酸产品。部分 2 甲 4 氯酸生产企业废水水质如表 6-5 所列。

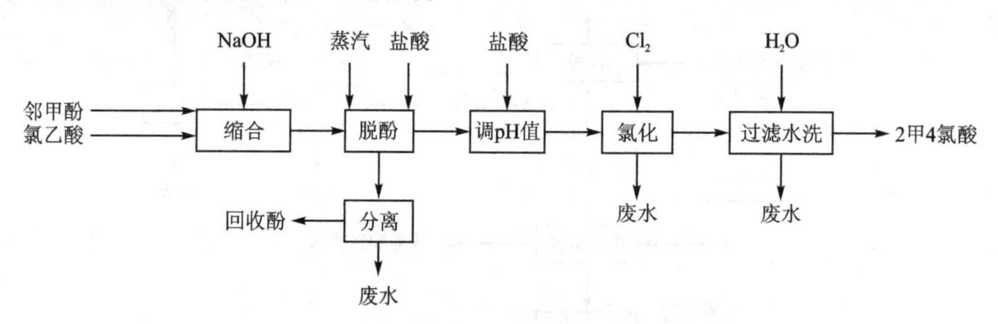


图 6-8 2 甲 4 氯酸合成工艺及废水产生节点

表 6-5 部分企业废水水质监测情况(1)

| 序 号 | 废水名称 | 吨产品废水量/t | pH 值 | $COD_{Cr}$/(mg·$L^{-1}$) | 挥发酚/(mg·$L^{-1}$) | 2 甲 4 氯酸/(mg·$L^{-1}$) | 邻甲酚/(mg·$L^{-1}$) |
|---|---|---|---|---|---|---|---|
| 1 | 混合废水 | 16.42 | 1 | 16 867 | 1 256 | 243 | 2 472 |
| 2 | 氯化废水 | 2.96 | 1 | 11 600 | 68.5 | 345.1 | 0.2 |
|  | 脱酚废水 | 0.46 | 4 | 624 | 8.0 | 93.9 | 0.4 |
|  | 水洗废水 | 7.41 | 4 | 6 345 | 39.0 | 5 026.7 | 4.5 |

2,4-滴酸是以 2,4-二氯酚为本体的系列中的基本品种,其他品种(如 2,4-滴酯和盐)以 2,4-滴酸为原料合成。2,4-滴酸,化学名称为 2,4-二氯苯氧乙酸,结构式如图 6-9 所示。

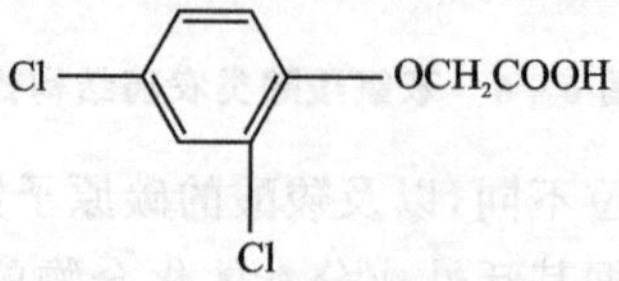

图 6-9 2,4-滴酸结构式

2,4-滴酸合成工艺路线主要有两条。一条路线为用氯气氯化苯酚,再与氯乙酸缩合;另一条为苯酚先与氯乙酸缩合,再进行氯化。目前国内生产 2,4-滴酸的主流工艺是先氯化后缩合,其合成工艺流程及废水产生节点如图 6-10 所示。

2,4-滴酸生产过程中排放的污染物主要为 2,4-滴酸提取工段产生的废水,具体可以分为:缩合母液、缩合洗水、酸化洗水,污染物为酚类和 2,4-滴酸。部分企业工艺废水水质情况

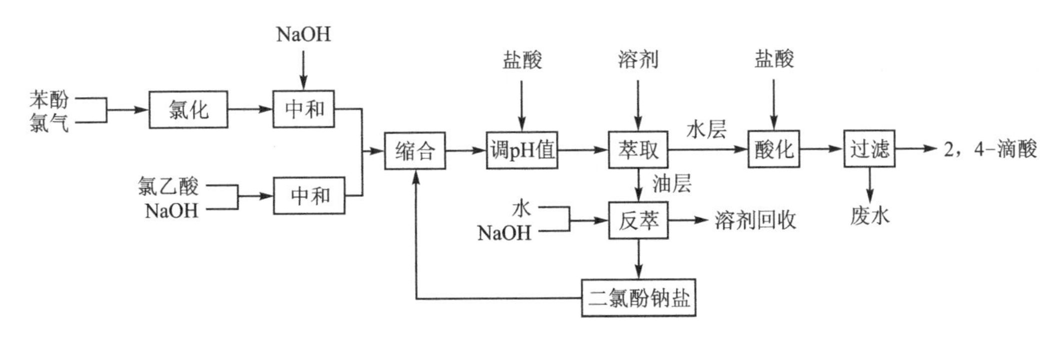


**图 6-10　2,4-滴酸合成工艺流程及废水产生节点**

如表 6-6 所列。

**表 6-6　部分企业废水水质监测情况(2)**

| 序　号 | 吨产品污水量/t | pH　值 | 浓度/($mg \cdot L^{-1}$) | | | |
|---|---|---|---|---|---|---|
| | | | $COD_{cr}$ | 挥发酚 | 2,4-滴酸 | 2,4-二氯酚 |
| 1 | 12.6 | 1 | 3 540 | 76 | 212 | 188 |
| 2 | 13.6 | 4 | 6 801 | 277.8 | 53 | 355.5 |
| 3 | 10.8 | 1～2 | 5 500 | 94 | 330 | 240 |

## 6.4.5　磺酰脲类农药废水产生过程及主要污染物

磺酰脲类农药为选择性内吸传导型除草剂。它可抑制杂草的侧链氨基酸合成(ALS 抑制剂),阻碍植株中必需的氨基酸,从而阻止细胞的分裂和生长,达到除草的目的。我国常用的磺酰脲类农药品种有绿磺隆、甲磺隆、氯嘧磺隆(豆磺隆)、胺苯磺隆(油磺隆)、苄嘧磺隆(苄黄隆)、苯磺隆等。磺酰脲类除草剂结构式如图 6-11 所示。

Y　$SO_2NHCONH$　R　N　X　N　$R_1$　$R_2$

X=N,CH

Y=Cl,F,Br, $CH_3$, $COOCH_3$, $SO_2CH_3$,
　$SCH_3$, $SO_2N(CH_3)_2$, $CF_3$, $CH_2Cl$,
　$OCH_3$, $OCF_3$, $NO_2$

R=$CH_3$,烷基

$R_1$=$CH_3$, Cl

$R_2$=OCH, $CH_3$,Cl

**图 6-11　磺酰脲类除草剂结构式**

由磺酰脲化合物的结构可知,磺酰脲类除草剂是由芳香基、磺酰脲桥和杂环三部分组成的,在每一组分上取代基的微小变化都会导致生物活性和选择性的极大变化。研究结果表明,当 R 基团越小,特别是 R 的 β 位不带任何取代基时,除草剂活性越高。磺酰脲类农药有 20 几个品种,其生产工艺皆为磺酰胺与嘧啶或三嗪(品种不同,所用的原料不同)进行缩合反应而得到磺酰脲农药产品。国内产量较大的为苄嘧磺隆,其化学名称为 2 -[[[[(4,6 -二甲氧基嘧啶- 2 -基)氨基]羰基]氨基]磺酰基]苯甲酸甲酯,结构式如图 6 - 12 所示。

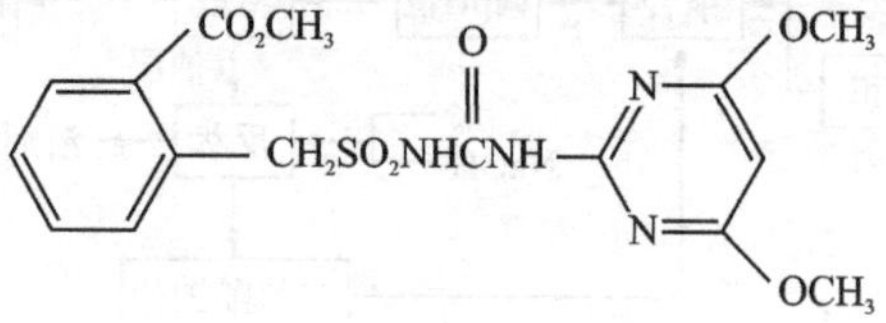

**图 6 - 12　苄嘧磺隆结构式**

如图 6 - 13 所示,对磺酰脲农药的生产工艺路线为:异氰酸酯原料和溶剂分别按投料比投入反应釜。通过加料仓加入氨基二甲氧基嘧啶,进行缩合反应后,得苄嘧磺隆。反应后的浆料经离心机分离,母液进入废溶剂储槽,滤饼进入干燥器真空干燥,然后烘干、包装,即得产品。

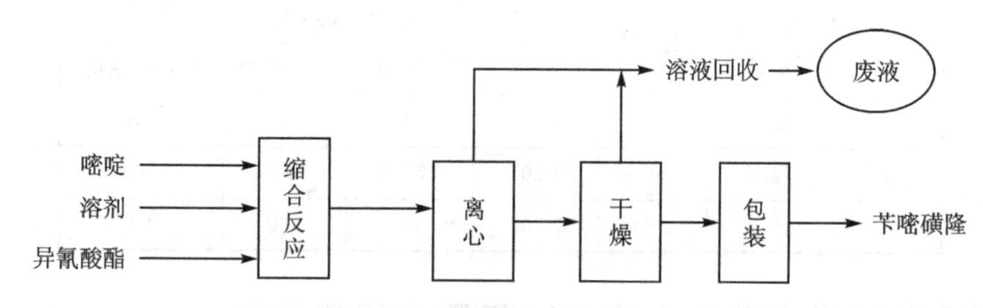


**图 6 - 13　苄嘧磺隆合成的流程及废水排放节点**

由苄嘧磺隆合成流程图可以看出,在该产品的合成过程中无生产废水排放,只有溶剂回收后的釜残,该釜残作为废渣焚烧处理。苄嘧磺隆生产企业产生的废水主要为设备清洗水、地面冲洗水及包装工人生活用水等含有原药成分的废水。

## 6.4.6　酰胺类农药废水产生过程及主要污染物

酰胺类农药是指含有氯乙酰胺化学结构的农药。酰胺类除草剂是芽前土壤处理剂,可抑制脂肪酸、脂类、蛋白质、类异戊二烯(包括赤霉素)、类黄酮的生物合成,能有效地防除未出苗的一年生禾本科杂草和一些小粒种子阔叶杂草,对已出苗杂草无效。酰胺类除草剂是目前国际上大量使用的除草剂之一,孟山都公司于 1956 年成功开发此类除草剂的第一个品种(旱田除草剂二丙烯草胺)。此后,酰胺类除草剂有较大的发展,陆续开发出一系列品种,成为近代使用最广泛的除草剂类别之一。在国际市场中,销售量最大的酰胺类除草剂品种分别是乙草胺、甲草胺、丁草胺。以下将以乙草胺为例介绍酰胺类农药废水产生过程及主要污染物。

乙草胺,化学名称为 2' -乙基- 6' -甲基- N -(乙氧甲基)- 2 -氯代乙酰替苯胺。其结构式如图 6 - 14 所示。

乙草胺的生产主要采用的工艺有两种:三氯氧磷工艺和氯乙酰氯工艺。无论哪种工艺,均分为三步:酰化工段、醚化工段和缩合工段。南通江山农药化工股份有限公司、江苏绿利来股份有限公司、江苏常隆化工有限公司、山东胜邦绿野化学有限公司等均采用三氯氧磷工艺法生产乙草胺。由乙草胺三氯氧磷工艺水污染物排放节点图 6 - 15 可以看出,该工艺中共有三股高浓度废水产生:酰化废水、醚化废水和缩合废水。酰化废水为酰化反应结束后的加水分层

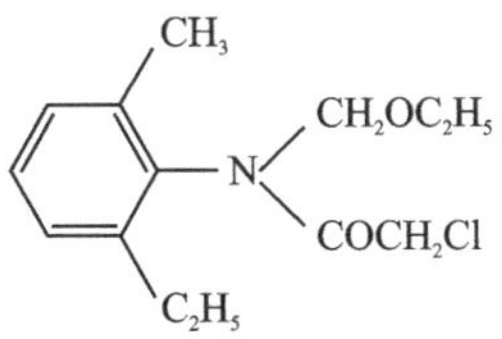

图 6-14　乙草胺结构式

水，醚化废水为醚化反应结束后的分层水，缩合废水为缩合反应结束后的加水分层水。乙草胺生产过程排放的废水中所含的主要污染物有磷酸、盐酸、氢氧化钠、苯胺类化合物及其他原料、乙草胺原药等。某乙草胺生产企业产生的酰化废水水质情况是：COD 为 41 000 mg/L，pH 值<1，磷酸盐浓度为 84 000 mg/L，氯离子浓度为 262 821 mg/L；产生的醚化废水 pH 值为 1～2，COD 为 254 000 mg/L；产生的缩合废水 pH 值为 13～14，COD 为 22 000 mg/L。

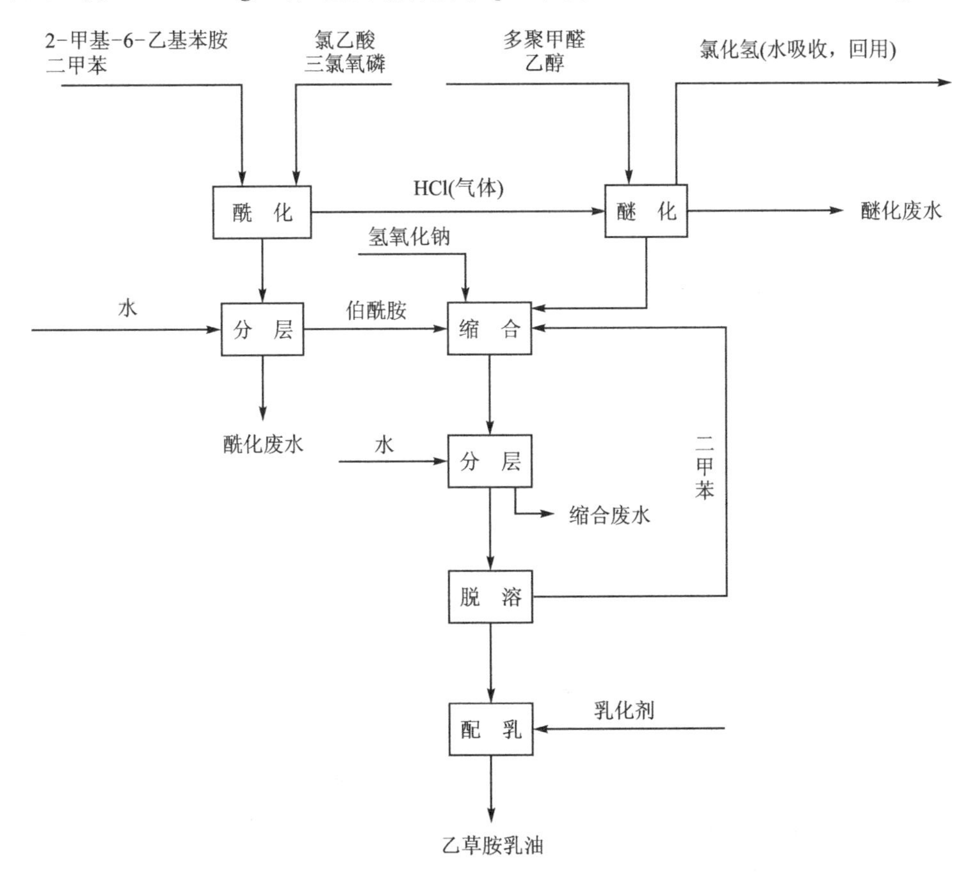


图 6-15　乙草胺三氯氧磷工艺水污染物排放节点

## 6.4.7　有机氯类农药废水产生过程及主要污染物

有机氯农药是指含有有机氯元素的农药，主要包括两个系列：一是氯苯类，包括三氯杀螨醇、六六六、滴滴涕、百菌清等；二是氯化脂环类，包括狄氏剂、毒杀芬等。目前，在我国登记有效期内的有机氯类农药原药品种有：百菌清、三氯杀螨醇、硫丹、四螨嗪、四氯苯酞、林丹和三氯杀虫酯。其中，百菌清、三氯杀螨醇产量较大，占有机氯类农药原药总产量的 90%以上。有机氯农药相对分子质量一般为300～400，在水中溶解度较小，多数有机氯农药难以被化学法和生物法降解，因此在环境中滞留时间很长。以下将以百菌清和三氯杀螨醇为例介绍有机氯类农药废水产生过程及主要污染物。

百菌清，化学名称为四氯间苯二腈，是目前国际上优良的保护型、低毒杀菌剂，具有杀菌谱广、高效、低毒、无抗药性、无药害，并可与多种农药复配的优点。其结构式如图6-16所示。

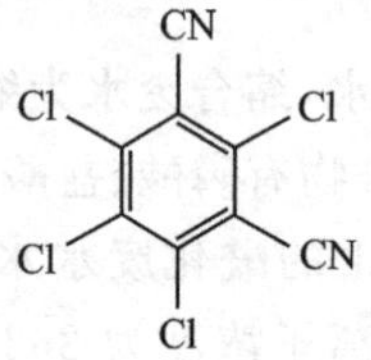

图6-16　百菌清结构式

目前，国际上百菌清生产企业大多采用间苯二甲腈作为原料，直接经氯化合成百菌清。其主要水污染物有$NH_3-N$、$CN^-$和百菌清。我国的百菌清生产企业大多数以间二甲苯、氨和空气为原料，经氨氧化反应生成中间产品间苯二甲腈，然后间苯二甲腈与氯气发生氯化反应最终生成百菌清产品，合成过程中的废水产生节点如图6-17所示。车间工艺废水产生量约为折百原药15 $m^3/t$，主要水污染物有$NH_4NO_3$、$NH_3-N$、$CN^-$、间二甲苯、盐酸、百菌清。

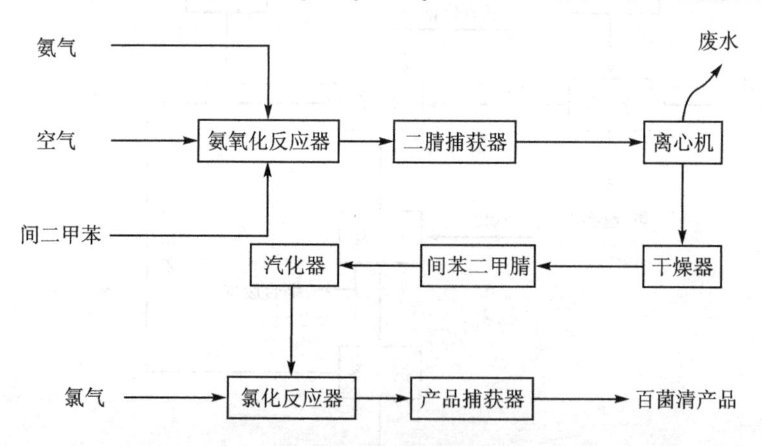


图6-17　百菌清合成过程中废水产生节点

三氯杀螨醇又叫开乐散，化学名称为2,2,2-三氯-1,1-双(4-氯苯基)乙醇，是美国Rohm&Hass公司于20世纪50年代开发的低毒有机氯类杀螨剂。三氯杀螨醇具有杀螨谱广、杀螨活性较高、成本低、使用后基本无抗药性产生等优点，是果园常用的有机氯类杀螨剂。其结构式如图6-18所示。

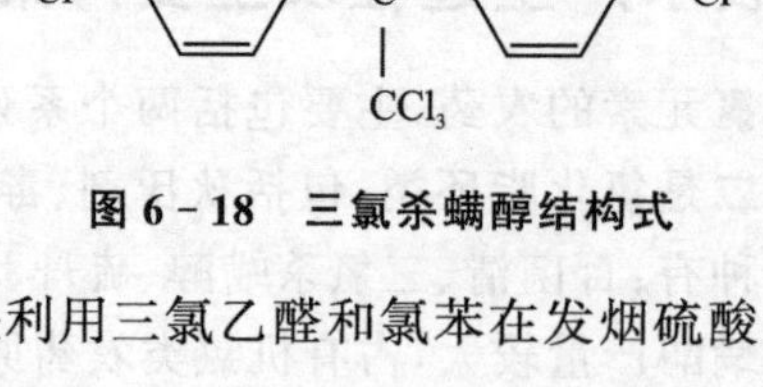

图6-18　三氯杀螨醇结构式

三氯杀螨醇的生产工艺是利用三氯乙醛和氯苯在发烟硫酸的作用下缩合得到滴滴涕。滴滴涕与氯气经催化剂作用发生氯化反应，生成氯化滴滴涕，氯化滴滴涕经甲酸、浓硫酸催化的有机磺酸水解，制得三氯杀螨醇。合成过程中的废水产生节点如图 6－19 所示。车间工艺废水产生量为折百原药 2.5～3 $m^3/t$，主要来自合成和水解工艺，主要污染物为氯苯、三氯乙醛、对氯苯磺酸、聚乙二醇、滴滴涕以及三氯杀螨醇等。

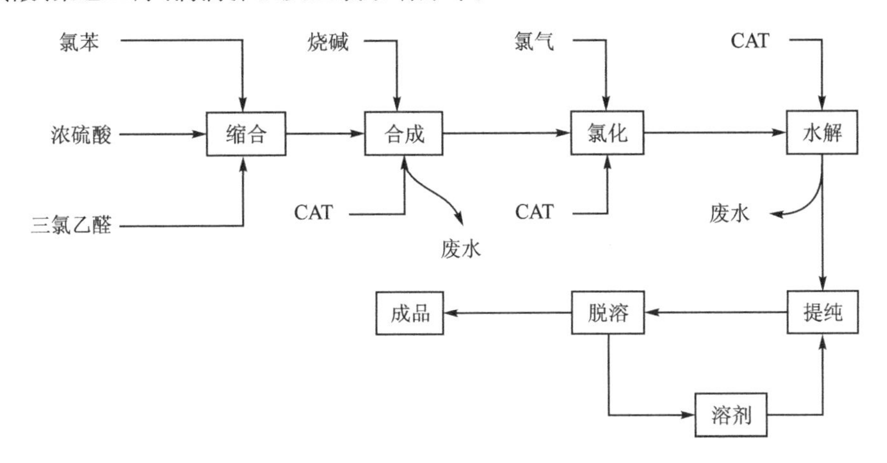


**图 6－19　三氯杀螨醇生产过程中废水产生节点**

## 6.4.8　杂环类农药废水产生过程及主要污染物

杂环类农药是指分子结构中含有杂环，且不属于其他类别的农药，包括莠去津、吡虫啉、三唑酮、多菌灵、百草枯、氟虫腈等。以下将以莠去津为例介绍杂环类农药废水产生过程及主要污染物。

莠去津(atrazine)，化学名称为 2－氯－4－乙胺基－6－异丙胺基－1,3,5－三嗪，是一种三嗪类除草剂。其结构式如图 6－20 所示。

**图 6－20　莠去津结构式**

莠去津的生产因所用反应介质的不同，分为水法和溶剂法两类。水法采用在水中加入表面活性剂，并辅以提高搅拌效率，解决三聚氯氰在水中的溶散问题。溶剂法是将三聚氯氰在溶剂中溶解。在溶剂法中又有混合溶剂法及单一溶剂法的区别，目前国内生产企业均采用溶剂法生产，其中大部分生产厂采用单一溶剂法。莠去津溶剂法生产工艺路线是将三聚氯氰溶解后用异丙胺、乙胺分别取代三聚氯氰中的两个氯原子，取代反应结束以水蒸气蒸馏，回收溶剂后得到产品莠去津。

莠去津生产过程中污水产生点为蒸馏回收溶剂后的物料进行吸滤时产生的抽滤水和洗水，以及水蒸气蒸馏回收溶剂时产生的分层水，污水中的主要污染物为莠去津、异丙胺、三聚氯氰、乙胺、溶剂等，还含有 NaCl、NaOH 等。莠去津生产厂污水水质及产生量情况如表 6－7

所列。

表 6-7　莠去津生产厂污水水质及产生量

| 生产厂 | 污水名称及合计 | 水质/(mg·L$^{-1}$) | | | | | 吨原药污水产生量/t |
|---|---|---|---|---|---|---|---|
| | | COD | $Cl^-$ | $NH_3-N$ | pH 值 | 莠去津 | |
| 长兴中山化工有限公司 | 分层水 | 5 720 | 145 200 | 388 | 强碱 | 58.6 | 2.7 |
| | 母液 | 3 120 | 20 916 | 13 | 6 | 20.3～66.4 | 1 |
| | 溶剂回收分层水 | 1 350 | | | | | 0.2 |
| | 合计 | | | | | | 3.9 |
| | 浓缩冷凝液 | 480 | — | — | 5 | — | |
| | 釜残 | 6 120 | | | 强碱 | | |
| | 综合污水 | 1 720 | 37 285 | 65 | 7 | 34.2 | |
| 长兴第一化工有限公司 | 母液 | 5 920 | 117 964 | 259 | 9 | 38.5 | 5 |
| | 洗水 | 2 960 | 36 768 | 72 | 8～9 | 13.5 | 2 |
| | 溶剂回收分层水 | 579 | | | | | 1 |
| | 合计 | | | | | | 8 |
| | 综合污水 | 1 120 | 8426 | 103 | 8 | 17.0 | |
| 山东绿野化工有限公司 | 母液 | 7 360 | 76 983 | 78 | 强碱 | 43.7 | 6 |
| | 溶剂分层水(回收) | 1 463 | | | 7 | | 3 |
| | 合计 | | | | | | 9 |
| 吉化农药厂 | 母液 | 5 680 | 38 300 | 1 293 | 强碱 | 21.0 | |
| | 母液＋洗水 | 5 200 | 64 866 | 938 | 6～7 | 38.8 | 9 |

## 6.4.9　氨基甲酸酯类农药废水产生过程及主要污染物

氨基甲酸酯类农药是指含有氨基甲酸酯衍生物化学结构的农药,包括如下系列:萘基氨基甲酸酯类,如西维因;苯基氨基甲酸酯类,如异丙威;氨基甲酸肟酯类,如灭多威;杂环甲基氨基甲酸酯类,如克百威;杂环二甲基氨基甲酸酯类,如异丙威等。此类农药的结构通式如图 6-21 所示。

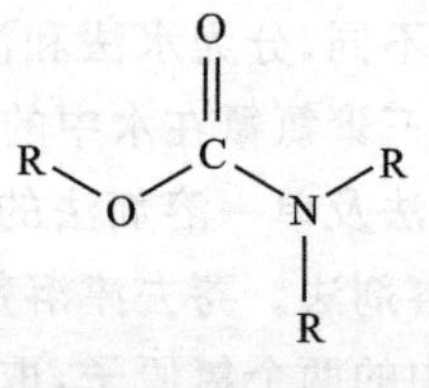

图 6-21　氨基甲酸酯类农药结构通式

以下将以灭多威为例介绍氨基甲酸酯类农药废水产生过程。灭多威是一种氨基甲酸肟酯类农药,广泛用于杀虫剂、杀螨剂、杀线虫剂和杀软体动物剂的生产。它是由美国杜邦公司于1966 年开发的,具有杀伤力强、见效快、杀虫谱广、残留量低、适应的作物多、使用安全等特点,具有触杀、胃毒和杀卵的作用。其结构式如图 6－22 所示。

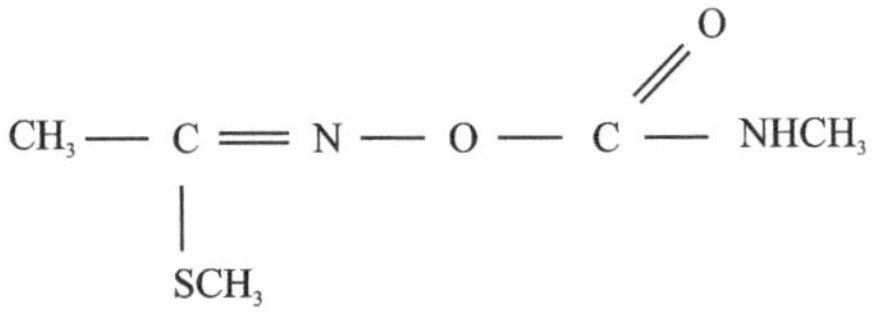

$$CH_3-\underset{\underset{SCH_3}{|}}{C}=N-O-\overset{\overset{O}{\|}}{C}-NHCH_3$$

**图 6－22　氨基甲酸肟酯的结构式**

该化合物有顺反两种异构体，具有杀虫活性的主要为顺式灭多威。我国生产灭多威的厂家大多数采用乙醛法工艺路线，总收率在 45%～56%之间。具体工艺为：将乙醛与盐酸羟胺在碱性溶液中反应制成乙醛肟，将其溶于氮甲基吡咯烷酮中，经氯化制得氯代乙醛肟。在氯代乙醛肟生成液中，加甲硫醇及水，于 5 ℃下滴加 50%氢氧化钠溶液至 pH 值为 6～7，制成灭多威肟的氮甲基吡咯烷酮溶液。加入三乙胺和异氰酸甲酯进行反应则得灭多威。灭多威合成的关键是中间体灭多威肟的合成。合成路线不同，灭多威肟的收率与成本差异较大。灭多威生产过程中污水的排放主要来源于灭多威肟的合成工段，主要污染物有乙醛肟、羟胺、灭多威肟等。

与灭多威类似，其他典型的氨基甲酸酯类农药，如克百威、异丙威、仲丁威（甲基异氰酸酯路线）生产过程中产生的污水也主要来自于合成工段。克百威生产废水中的主要污染物为呋喃酚、克百威、3－OH 克百威，而异丙威生产废水中主要污染物为一甲胺盐酸盐、三乙胺盐酸盐、异丙威、邻异丙基酚；以甲基异氰酸酯路线的仲丁威生产过程产生的废水中主要污染物为一甲胺盐酸盐、三乙胺盐酸盐、仲丁威、邻仲丁基酚。

## 6.4.10　生物类农药废水产生过程及主要污染物

生物类农药是指利用生物活体或其代谢产物对农业有害生物进行抑制或杀灭的制剂。生物农药包括生物化学农药（信息素、激素、天然植物生长调节剂和天然昆虫生长调节剂、酶）、微生物农药（如细菌、真菌、病毒和原生动物等）、农用抗生素、植物源农药（有效成分来源于植物体的农药）、天敌生物（商业化的具有防治有害生物的生物活体，微生物农药除外）等。目前我国生物类农药的主要品种是井冈霉素和阿维菌素，生产量可占整个生物农药产量的 80%以上。井冈霉素的化学名称为 N－[(1S)-(1,4,6/5)-3－羟甲基-4,5,6－三羟基-2－环己烯基]-[O－β－D－吡喃葡糖基-(1→3)]-(1S)-(1,2,4/3,5)-2,3,4－三羟基-5－羟甲基环己胺。它是一株在井冈山地区发现的微生物菌株所产生的农用抗生素，也是我国使用量最大的抗生素类杀菌剂，内吸作用强，能很快被菌体细胞吸收，并在菌体内传导，干扰和抑制菌体细胞正常发育，兼有保护和治疗作用，主要用于防治水稻纹枯病、稻曲病和蔬菜根腐病等。其结构式如图 6－23 所示。

与化学农药生产工艺的复杂性相比，生物类农药生产工艺相对简单，基本是发酵生产工艺。以井冈霉素为例，生产工艺流程如图 6－24 所示。井冈霉素的生产主要是发酵工艺，菌种经纯化培养后，接种到种子罐制备种子液，然后接种到发酵罐发酵扩大培养，经板框过滤后得到发酵培养液，发酵液经浓缩，浓缩后固体经干燥后得到井冈霉素粉剂，液体去配制乳油。生产过程中产生的废水是在板框过滤阶段的压滤洗涤废水。废水中的主要成分有可溶性蛋白类、氨基酸、残糖、无机盐。

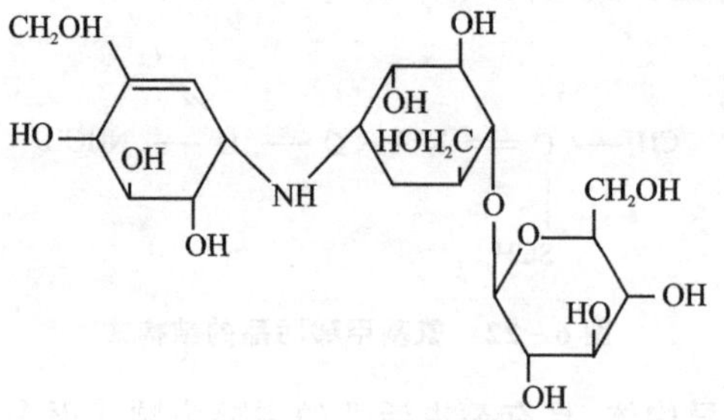

图 6-23 井冈霉素结构式

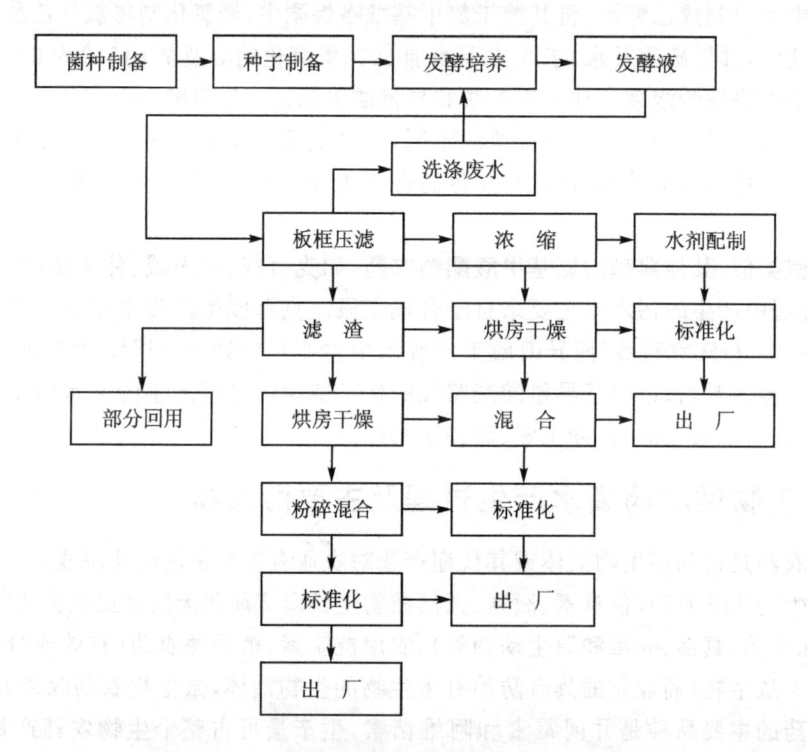


图 6-24 井冈霉素生产工艺流程及废水排放节点

其他生物类农药(如阿维菌素等)生产废水中的污染物成分和井冈霉素类似,一般为一些可溶性蛋白、氨基酸、残糖、无机盐及极微量的活性成分(见表 6-8),处理难度不大。

表 6-8 其他生物类农药废水产生过程及主要污染物

| 生产的农药品种 | 主要产污节点 | 产生的主要污染物 |
|---|---|---|
| 阿维菌素 | 板框过滤 | 可溶性蛋白类、氨基酸、残糖、无机盐及微量的阿维菌素 |
| 赤霉酸 | 树脂吸附、发酵、浓缩、液液分离及板框过滤 | 可溶性蛋白类、氨基酸、残糖、无机盐 |
| 苏云金芽孢杆菌 | 离心、压滤和刮板浓缩 | 可溶性蛋白类、氨基酸、残糖、无机盐 |

# 6.5　农药废水处理工程实例

农药废水有机物浓度高，含有大量的有毒有害物质。物化预处理-生化处理是农药废水处理的主要模式，需要先经过有效的物化预处理才能进行生化处理。针对不同的废水特征，需要采用不同的物化预处理方式，如脱氨、破氰、氧化、吸附、沉淀除磷等，一些预处理过程也可实现对产料的回收。当农药废水中原药活性成分或高价值组分含量较高时，可考虑采用活性炭吸附、大孔树脂吸附等措施，在降低其含量的同时实现原药活性组分或高价值组分的资源化。为减轻废水处理系统的处理压力，不具备回收价值的农药生产母液和釜渣建议不必进入废水处理系统进行处理，建议按照危险废物处置，根据危险废物管理的有关规定，通常需要焚烧。为了提高农药废水的可生化性、降低废水的生物毒性，往往需要采取催化氧化等高级氧化手段，破除难降解物质的大分子结构。经过预处理的工艺废水与低浓度污水、公用工程用水混合后，一般将 COD 调配到几百至几千，再进入生化处理。由于农药废水的难生化性，仍需采用厌氧-好氧耦合法以及生物接触氧化法等工艺保证生化处理的效果。以下将根据农药废水处理工程实例，针对农药生产废水的预处理、生物处理、资源回收等问题，围绕萃取、吸附等单元技术原理、应用、工艺组合展开介绍。

## 6.5.1　莠去津、精异丙甲草胺等废水处理——Fenton-臭氧氧化-微电解-生化-Fenton 组合工艺

### 1. 废水水质概况

某公司生产莠去津、精异丙甲草胺、硝磺草酮、灭草松、莠灭净等产品，配套的废水处理项目设计规模为 1 500 $m^3/d$。大部分车间工艺废水含盐量极高，经脱盐处理后，再进入废水处理系统。废水处理采用“分质预处理＋生化处理＋末端处理”的工艺路线，设计水质和水量如表 6－9 所列。

**表 6－9　废水设计水质和水量**

| 废水来源 | 废水名称 | 水量/($m^3 \cdot d^{-1}$) | pH 值 | COD/($mg \cdot L^{-1}$) | 总氮/($mg \cdot L^{-1}$) | 氨氮/($mg \cdot L^{-1}$) | 总磷/($mg \cdot L^{-1}$) | 盐分/($mg \cdot L^{-1}$) |
|---|---|---|---|---|---|---|---|---|
| 莠去津车间 | 一次水洗水(脱盐后) | 250 | 6～9 | ≤500 | ≤190 | ≤20 | ≤1.0 | ≤1 000 |
| 莠去津车间 | 二次水洗水(脱盐后) | 170 | 6～9 | ≤500 | ≤190 | ≤20 | ≤1.0 | ≤1 000 |
| 灭草松车间 | 107 三乙胺废水(脱盐后) | 50 | 7～12 | ≤1 500 | ≤200 | ≤10 | ≤20 | ≤1 000 |
| 灭草松车间 | 107 酸化废水 | 70 | 1.5～3 | ≤51 844 | ≤441 | ≤1.58 | ≤300 | ≤42 000 |
| 硝磺草酮车间 | 131 三乙胺废水(脱盐后) | 50 | 7～11 | ≤1 000 | ≤188 | ≤140 | ≤5 | ≤1 000 |

续表 6-9

| 废水来源 | 废水名称 | 水量/($m^3 \cdot d^{-1}$) | pH 值 | COD/($mg \cdot L^{-1}$) | 总氮/($mg \cdot L^{-1}$) | 氨氮/($mg \cdot L^{-1}$) | 总磷/($mg \cdot L^{-1}$) | 盐分/($mg \cdot L^{-1}$) |
|---|---|---|---|---|---|---|---|---|
| 硝磺草酮车间 | 131 离心废水 | 80 | 2.3～3.5 | ≤17 474 | ≤1 074 | ≤93.9 | ≤5 | ≤35 000 |
| 莠灭净车间 | 莠灭净废水（脱盐后） | 50 | 6～9 | ≤500 | ≤190 | ≤20 | ≤5 | ≤1 000 |
| 精异丙甲草胺车间 | 精异丙甲草胺废水（脱盐后） | 70 | 7～12 | ≤3 500 | ≤50 | ≤40 | ≤5 | ≤1 000 |
| 全厂区 | 低浓废水（初期雨水等） | 710 | 6～9 | ≤400 | ≤50 | ≤40 | ≤5 | ≤1 000 |

废水处理出水执行园区污水处理厂接管标准，见表 6-10。莠去津排放浓度执行《杂环类农药工业水污染物排放标准》(GB 21523—2008)，即在生产设施或车间排放口不超过3 mg/L。

表 6-10 废水排放标准

| 项 目 | pH 值 | COD/($mg \cdot L^{-1}$) | 氨氮/($mg \cdot L^{-1}$) | 总磷/($mg \cdot L^{-1}$) | 盐分/($mg \cdot L^{-1}$) | 悬浮物/($mg \cdot L^{-1}$) | 甲苯/($mg \cdot L^{-1}$) | 苯胺类/($mg \cdot L^{-1}$) | 总氰化物/($mg \cdot L^{-1}$) |
|---|---|---|---|---|---|---|---|---|---|
| 限 值 | 6～9 | ≤500 | ≤50 | ≤2.0 | ≤5 000 | ≤400 | ≤0.1 | ≤1.0 | ≤0.5 |

**2. 废水处理工艺流程及简要说明**

该公司生产的农药种类较多，生产中使用的原、辅材料及溶剂等共有 20 多种有机及无机化合物，且生产过程中副反应多。此外废水水质极其复杂，还含有大量具有微生物毒害或生物抑制作用污染物，是典型的高浓、高盐和高生物毒害的农药废水。特征污染因子主要有：杂环类物质、甲苯、氰化物、三乙胺、二氯乙烷和盐分等。其中：杂环类物质、甲苯和氰化物的可生化性差，且具有生物毒性；三乙胺、二氯乙烷的浓度超过一定含量时，会表现出微生物抑制作用；高盐分会产生微生物抑制作用，降低微生物处理效率，影响活性污泥沉降性能。

该项目的生产工艺废水绝大部分都含有高浓度无机盐，全盐含量高达十几万 mg/L，甚至几十万 mg/L，因此先将高盐废水分别进行脱盐处理，根据回收盐的品质进行综合利用或委外处置，脱盐处理后的馏出液排入废水处理站，中盐废水直接排入废水处理站，与低盐废水混合后处理，以降低脱盐费用。该项目中处理难度较大的废水主要是未经脱盐处理的 107 酸化废水和 131 离心废水，以及其他生产工艺废水经脱盐处理后的馏出液，具有有机污染物浓度高、盐分高、污染物成分复杂、微生物毒性强和可生化性差等特点。首先，必须对以上废水进行强化预处理，提高废水的可生化性。再通过生化处理，降解去除大部分有机污染物。此类农药废水经过预处理和生化处理后，出水仍含有一定量的不可生化降解的污染物，因此在生化处理后设置末端处理，确保出水稳定达标排放。废水处理工艺流程如图 6-25 所示。

**3. 主要废水处理单元**

主要构筑物功能及参数如表 6-11 所列。

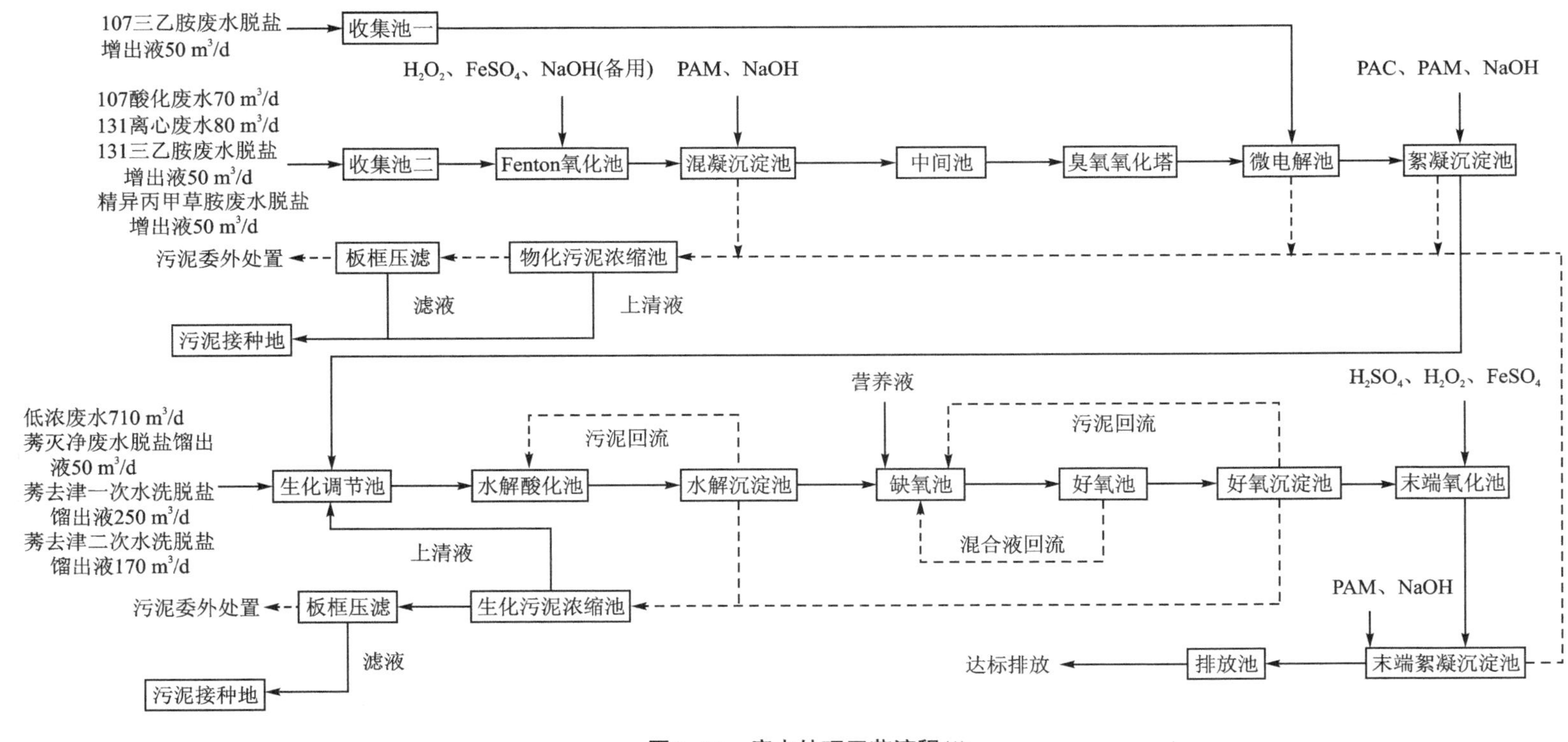


**图6-25　废水处理工艺流程(1)**

**表 6-11　主要构筑物及参数(1)**

| 序　号 | 名　称 | 单　位 | 数　量 | 尺　寸 | 停留时间/h | 备　注 |
|---|---|---|---|---|---|---|
| 1 | 收集池 | 座 | 若干 | | | 钢砼,三布五涂防腐 |
| 2 | Fenton 氧化池 | 座 | 1 | $L\times B\times H=$ 8.0 m×3.25 m×5.0 m | 11.2 | 钢砼,三布五涂防腐 |
| 3 | 絮凝沉淀池 | 座 | 1 | $L\times B\times H=$ 5.5 m×3.25 m×5.0 m | | 钢砼,一布四涂防腐 |
| 4 | 中间池 | 座 | 1 | $L\times B\times H=$ 3.25 m×1.5 m×5.0 m | 1.8 | 钢砼,一布四涂防腐 |
| 5 | 臭氧氧化塔 | 座 | 1 | $\Phi\times H=$2.0 m×8.0 m | 2.1 | 碳钢,内衬玻璃钢防腐 |
| 6 | 微电解池 | 座 | 1 | $L\times B\times H=$ 8.0 m×3.25 m×5.0 m | 9.3 | 钢砼,三布五涂防腐 |
| 7 | 絮凝沉淀池 | 座 | 1 | $L\times B\times H=$ 7.25 m×3.25 m×5.0 m | | 沉淀区表面负荷约 0.7 $m^3/(m^2\cdot h)$;钢砼,一布四涂防腐 |
| 8 | 生化调节池 | 座 | 1 | $L\times B\times H=$ 16.0 m×12.0 m×4.0 m | 10.9 | 钢砼,一布四涂防腐 |
| 9 | 水解酸化池 | 座 | 2 | $L\times B\times H=$ 26.0 m×14.0 m×6.5 m | 70.8 | 钢砼,环氧树脂三涂防腐 |
| 10 | 水解沉淀池 | 座 | 2 | $L\times B\times H=$ 8.0 m×6.0 m×6.0 m | | 沉淀区表面负荷约 0.6 $m^3/(m^2\cdot h)$;钢砼环氧树脂三涂防腐 |
| 11 | 缺氧池 | 座 | 2 | $L\times B\times H=$ 15.0 m×7.2 m×6.0 m+6.7 m×6.3 m×6.0 m | 25.3 | 钢砼,环氧树脂三涂防腐 |
| 12 | 好氧池 | 座 | 2 | $L\times B\times H=$ 23.1 m×15.0 m×6.0 m | 58.4 | 有效容积:3 603 $m^3$;结构:钢砼,环氧树脂三涂防腐 |
| 13 | 好氧沉淀池 | 座 | 2 | $L\times B\times H=$ 8.0 m×8.0 m×6.0 m | | 沉淀区表面负荷约 0.5 $m^3/(m^2\cdot h)$ 钢砼,一布四涂防腐 |
| 14 | 末端氧化池 | 座 | 2 | $L\times B\times H=$ 8.0 m×6.7 m×6.0 m | 8.3 | 钢砼,三布五涂防腐 |
| 15 | 末端絮凝沉淀池 | 座 | 2 | $\Phi\times H=$8.0 m×5.0 m | | 沉淀区表面负荷约 0.6 $m^3/(m^2\cdot h)$;钢砼,一布四涂防腐 |
| 16 | 排放池 | 座 | 1 | $L\times B\times H=$ 14.0 m×10.0 m×5.0 m | 10.2 | 钢砼,环氧树脂三涂防腐 |

注:表中 $L$ 表示长,$B$ 表示宽,$H$ 表示高,$\Phi$ 表示直径。

**4. 废水处理技术经济指标**

工程建成后，废水处理采用“分质预处理＋生化处理＋末端处理”的工艺路线，已实现连续稳定运行，末端氧化池＋末端絮凝沉淀池＋排放池单元出水 pH 值为 6～9，COD≤500 mg/L，氨氮≤50 mg/L，总磷≤2 mg/L，盐分≤5 000 mg/L。废水处理装置投资约为 1 500 万元，包含了设计、设备和电气仪表采购、土建工程、安装工程等。根据运行数据计算得出本项目吨水处理成本约 15.62 元。

### 6.5.2 杀噻虫嗪和丙草胺废水处理——混凝-臭氧氧化-水解酸化-A/O -砂滤-炭滤组合工艺

**1. 废水水质概况**

江苏某农药公司以生产杀虫剂噻虫嗪和除草剂丙草胺为主。该厂每天产生农药废水 40 $m^3$，废水中含有大量的有机物和氮，并且含有大量的苯环杂环等不利于被生物降解的物质。废水水质指标：pH 值为 7～8，COD 为 11 520 mg/L；SS 为 312 mg/L；BOD 为 252 mg/L；$NH_3$ - N 为 171 mg/L。该类废水目前执行《污水综合排放标准》(GB 8978—1996)中的一级标准要求。

**2. 废水处理工艺流程及简要说明**

采用混凝-臭氧氧化-水解酸化- A/O -砂滤-炭滤的组合工艺来对该厂的高浓度农药废水进行处理，工艺流程见图 6 - 26。

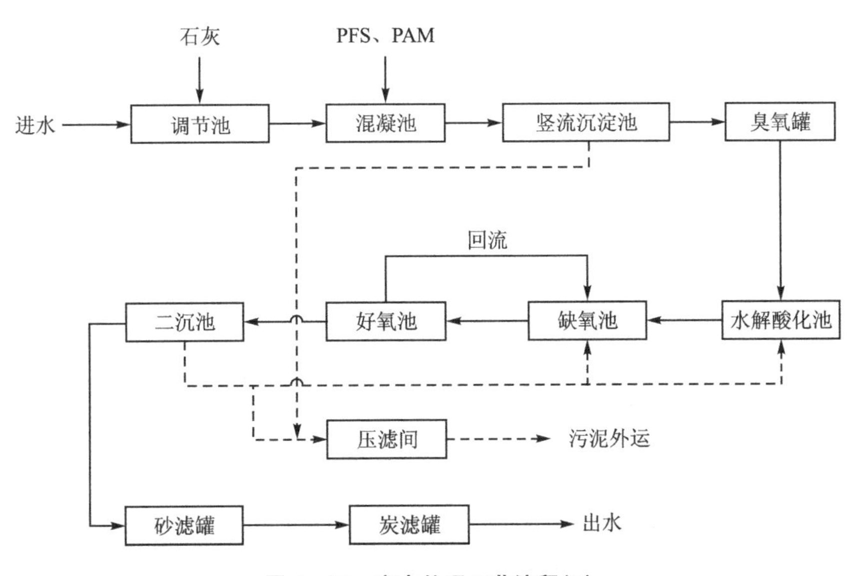


**图 6 - 26　废水处理工艺流程(2)**

厂区产生的农药废水首先进入调节池，进行水质水量的调节。主要在池内投加石灰，通过 pH 值在线仪调节控制废水 pH 值。底部还设有 2 台搅拌机，不断搅拌使废水混合均匀，最后通过流量计调节控制调节池出水流量稳定在 40 $m^3/d$。结合废水水质特点选用絮凝剂，混凝池运行的最佳 pH 值为 10～11，最佳的投药量为 PFS 2 kg/t 及 PAM 0.1 kg/t，最佳的反应时间为 20 min。取竖流沉淀池的上清液进行小试实验，确定臭氧氧化最佳的 pH 值为 8～10，混凝沉淀的出水 pH 值为 9 左右，故可在沉淀池出水后直接进行臭氧氧化。再结合小试以及现场的运行效果确定最佳投药量为 25 mg/L,反应时间为 90 min 左右。经臭氧预处理后的废水进入水解酸化池,然后进入 A/O 池。综合工艺的去除效率和经济性,确定 A/O 池的最佳体积回流比为 200%。二沉池出水稳定后进入砂滤罐和炭滤罐,砂滤罐和炭滤罐需要定期反冲洗滤料,正常情况下每周反冲洗 1 次。

该工艺具有以下特点:

① 预处理段采用的臭氧氧化法能有效分解废水中含有的大量环状污染物,有利于提高废水的可生化性;

② 生化处理段采用"水解酸化+缺氧+好氧"来处理该废水,处理效果稳定可靠;

③ 废水处理最后通过砂滤和炭滤的过滤吸附处理,可以稳定有效地保证出水达到设计要求;

④ 生化处理段即水解酸化池,缺氧池和好氧池均匀安装了新型脱氮填料(SJ - VI 型填料),其具有高效亲水性和亲微生物性等特点。

**3. 主要废水处理单元**

主要构筑物功能及参数如表 6 - 12 所列。

**表 6 - 12 主要构筑物及参数(2)**

| 构筑物名称 | 规 格 | 数 量 | 说 明 |
|---|---|---|---|
| 调节池 | 2.5 m×2 m×3.5 m | 1 | 收集并调节废水 |
| 混凝池 | 1.5 m×1.5 m×1.5 m | 1 | 投加混凝剂和助凝剂 |
| 竖流沉淀池 | $D$=1.8 m,$H$=2 m | 1 | 混凝后沉淀出水 |
| 臭氧罐 | $D$=1.8 m,$H$=2 m | 1 | 对废水进行氧化,分解环状物 |
| 水解酸化池 | 2 m×3 m×4.5 m | 1 | 大分子转化为小分子,提高废水可生化性 |
| 缺氧池 | 2 m×2 m×2.5 m | 1 | 反硝化脱氮 |
| 好氧池 | 3 m×3 m×3 m | 1 | 有氧状态下进一步将有机物分解为无机物 |
| 二沉池 | 1.5 m×2 m×3.5 m | 1 | 生物处理后沉淀出水 |
| 砂滤罐 | $D$=0.7 m,$H$=2 m | 1 | 对二沉池出水过滤 |
| 活性炭滤罐 | $D$=0.7 m,$H$=2 m | 2 | 进一步吸附水中的杂质 |

注:表中 $D$ 表示直径,$H$ 表示高。

**4. 废水处理技术经济指标**

本项目采用混凝-臭氧氧化-水解酸化- A/O -沙滤-炭滤的组合工艺处理了高浓度农药废水,处理工艺对 COD、BOD、$NH_3$ - N 和 SS 的去除率都达到 90%以上,出水水质指标均达到 GB 8978—1996 中的一级标准要求。工程总投资约 250 万元,每吨水投资约 6.25 万元,吨水直接运行费用为 11.53 元。

## 6.5.3 联苯菊酯、灭草松等废水处理——混凝-臭氧氧化-水解酸化-A/O -砂滤-炭滤组合工艺

**1. 废水水质概况**

江苏省某农药生产公司,涉及除草剂、杀虫剂、杀菌剂、植物生产调节剂、化工中间体等多

个领域，生产农药原药、水乳剂、乳油、微乳剂、胶悬液、水剂等产品，主要包括联苯菊酯、灭草松、噻虫胺、氟环唑、噻虫胺等。企业生产过程中，废水盐及有机物浓度高，成分复杂，生物毒性大，含有大量吡啶类、氰化物、$Br^-$、DMF 等污染物。另外，还有少量的生活污水、低浓度的设备清洗水、地面冲洗水，并考虑初期雨水和事故排放废水。企业实际生产过程中产生的各产品废水分为三大类进行收集：高盐废水（细分为酸性高盐废水和碱性高盐废水）、工艺废水、生产管理废水和循环冷却外排水。该工厂农药废水总处理规模确定为 100 t/d，厂区污水经厂内废水处理后接管至园区污水处理厂处理，接管标准如表 6 - 13 所列。

**表 6 - 13　废水主要污染物排放接管标准**

| 污染物指标 | pH 值 | COD/(mg·$L^{-1}$) | $BOD_5$/(mg·$L^{-1}$) | SS/(mg·$L^{-1}$) | $NH_3$ - N/(mg·$L^{-1}$) | 总磷/(mg·$L^{-1}$) |
|---|---|---|---|---|---|---|
| 接管标准 | 6～9 | 400 | 300 | 400 | 35 | 4.0 |

**2. 废水处理工艺流程及简要说明**

本工艺在处理难降解特征有机物的同时还考虑到强化脱氮效果，主要采用预处理＋生化处理＋深度处理的方案。生化工艺选用“水解酸化＋UASB＋A/O(PACT)＋中沉＋二级 A/O＋二沉＋终沉”的工艺。农药废水处理系统由以下几个主要工序构成，具体工艺流程如图 6 - 27 所示。

经过工艺的改进及自动化水平的提高，废水处理方案如下：

① 酸性高盐废水和碱性高盐废水分开收集。酸性废水经过隔油收集后，通过泵提升至碱性高盐废水收集池。废水冷却后进入气浮池，以去除其中的胶体物质和沉淀物质。

② 高盐工艺废水、废气吸收废水和反渗透工段产生的浓水混合后，通过三效蒸发除盐。溜出液进入后端预处理系统，蒸发结晶得到的废盐经离心后外运填埋。

③ 蒸发溜出液主要含有小分子物质和大量有机溶剂。穿孔曝气可以使少量易挥发有机物挥发出来，调节池废气进入 RTO 系统处理。

④ 调节池废水经过 pH 值调节后，由泵提升进入 Fenton 氧化系统。在 Fe(Ⅱ)的作用下，催化 $H_2O_2$ 生成强氧化性的 OH·，进而氧化破坏芳环。出水进入混凝沉淀池，投加 NaOH 和 PAM，利用 Fe(Ⅲ)的絮凝作用降低处理成本。

⑤ 混凝沉淀池出水与生产管理废水、初期雨水、灌区喷淋水等低浓度废水混合进入综合调节池。在综合调节池中充分均匀水质和水量，并进行 pH 值调节至适合生化处理系统，泵送至主体生化处理系统。

⑥ 主体生化处理系统采用两相厌氧系统和 A/O 系统。厌氧系统在降解有机物的同时提高废水的可生化性。A/O 系统中，好氧池的硝化液回流到缺氧池，消耗硝化回流液中剩余的溶解氧，并起到生物选择器的作用。A/O 系统在降解有机物的同时也可实现脱氮作用。第一级 A/O 出水自流进入第二级 A/O 系统，通过在 A 段补充碳源强化反硝化作用。

⑦ 第二级 A/O 出水含有较高的悬浮物(SS)，通过混凝沉淀去除悬浮物，此外还可以适当加入少量粉末活性炭以确保出水 COD、SS 等指标符合排放要求。

**3. 主要废水处理单元**

主要构筑物功能及参数如表 6 - 14 所列。

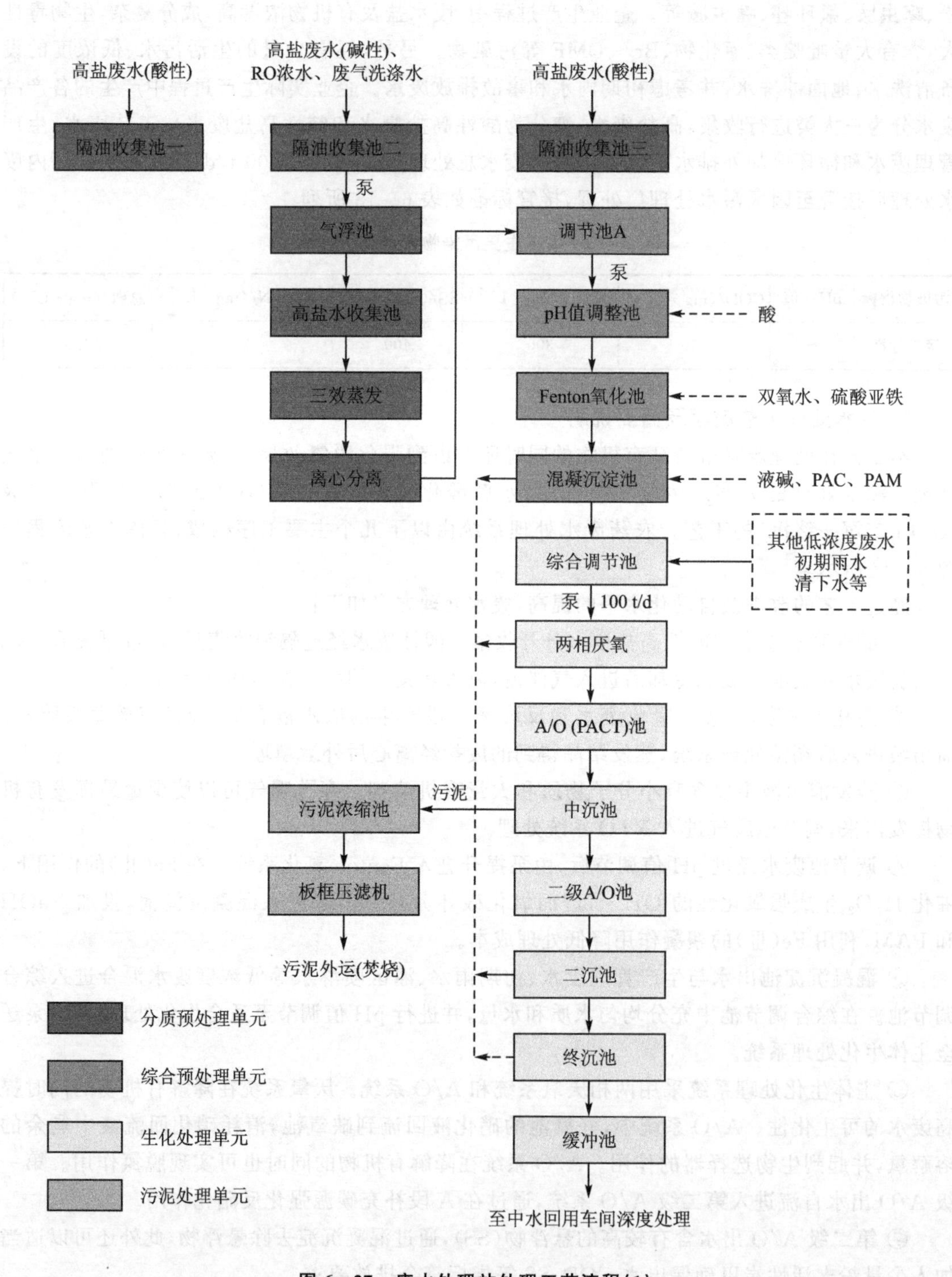


**图 6-27　废水处理站处理工艺流程(1)**

表 6-14　废水处理单元及设计参数(2)

| 序　号 | 名　称 | 单　位 | 数　量 | 停留时间/h |
|---|---|---|---|---|
| 1 | 隔油收集池一 | 座 | 1 | 12 |
| 2 | 隔油收集池二 | 座 | 1 | 12 |
| 3 | 隔油收集池三 | 座 | 1 | 12 |
| 4 | 高盐收集池 | 座 | 1 | 12 |
| 5 | 应急事故池 | 座 | 1 | 4 |
| 6 | 吹脱调节池 | 座 | 1 | 8 |
| 7 | 综合调节池 | 座 | 1 | 24 |
| 8 | Fenton 一体化池 | 座 | 2 | 8 |
| 9 | 水解酸化池 | 座 | 1 | 24 |
| 10 | 中间水池 | 座 | 1 | 24 |
| 11 | A/O 池 | 座 | 1 | 24 |
| 12 | 中沉池及二沉池 | 座 | 2 | 24 |
| 13 | 二级 A/O 池 | 座 | 1 | 24 |
| 14 | 终沉池 | 座 | 1 | 24 |
| 15 | 缓冲池/中间池 | 座 | 1 | 24 |
| 16 | 污泥池 | 座 | 2 | 8 |
| 17 | 中水一体化池 | 座 | 1 | 24 |
| 18 | 辅助用房 | 间 | 1 | 12 |
| 19 | 三效蒸发棚 | 间 | 1 | 12 |

**4. 工程主要构筑物及设备实物照片**

联苯菊酯、灭草松、噻虫胺、氟环唑和噻虫胺等废水处理主要构筑物及设备实物照片如图 6-28 所示。

(a) 三效蒸发装置

(b) Fenton氧化池

图 6-28　工程主要构筑物及设备实物照片(7)

(c) 综合调节池

(d) 厌氧塔

**图 6-28 工程主要构筑物及设备实物照片(7)(续)**

**5. 废水处理技术经济指标**

工艺废水具有产生量小，水中有机物浓度高、总氮高、盐含量大，特征污染物(二氯甲烷、氟化物、氯苯、含氮杂环类物质等)可生化性差等特点。物化预处理—厌氧—好氧生物处理工艺的特点在于通过预处理和厌氧尽可能地降低废水有机物浓度，同时提高废水的可生化性，使后续的好氧生物处理稳定地运行，实现废水的达标排放。针对农药废水水中总氮(氨氮)含量较高的特点，此处选用两级 A/O 工艺对其进行脱氮。厌氧不能单纯选择水解酸化工艺，宜采用"水解＋厌氧"的工艺等。废水处理站设计总规模为 100 $m^3/d$，本工程总装机容量为 168.15 kW，整体投资金额为 1 102 万元。经过上述处理工艺，农业废水基本可以达标排放，吨水处理成本为 62.17 元。

## 6.5.4 氟唑苯胺、恶醚唑等废水处理——蒸发-微电解-混凝沉淀-两级 A/O 组合工艺

**1. 废水水质概况**

江苏某农药有限公司生产农药及中间体，包含杀菌、杀虫生产线、分散剂生产线、除草剂生产线，主要生产氟唑苯胺、恶醚唑、戊菌唑、丙环唑、乙氧氟草醚等。厂区的废水进行分质收集，各车间管理废水，包括真空泵废水、地面冲洗水、设备冲洗水等，经过车间外集水池收集后输送至废水处理站调节池。生活污水和初期雨水均单独收集，输送至废水处理站。因此，厂区废水主要为三类：含盐分工艺废水、生产管理废水(含废气处理废水)、低浓度废水(生活污水、初期雨水、循环冷却废水)，废水总处理规模确定为 650 $m^3/d$，其现有的废水设计进水水质、水量如表 6-15 所列。

**表 6-15 污水处理站设计进水水质、水量**

| 序 号 | 废水名称 | 设计废水量/($m^3 \cdot d^{-1}$) | COD/($mg \cdot L^{-1}$) |
|---|---|---|---|
| 1 | 高浓度高盐废水 | 45.0 | ≤97 000 |
| 2 | 洗涤工艺废水 | 205.0 | ≤3 650 |
| 3 | 生活污水 | 50.0 | ≤300 |
| 4 | 生化处理水量 | 300.0 | — |

废水经厂内污水站预处理后，排入开发区污水处理厂，废水排放执行园区污水厂接管标准，污水处理厂废水排放执行《江苏省化学工业主要水污染物排放标准》(DB 32/939—2006)

一级标准及《污水综合排放标准》(GB 8978—1996)一级标准。具体标准值如表 6－16 所列。

**表 6－16　污水处理站具体标准值**

| 序　号 | 污染物 | 污水处理厂接管标准/(mg·L⁻) | 污水处理厂排放标准/(mg·L⁻¹) |
| --- | --- | --- | --- |
| 1 | COD | 500 | 80 |
| 2 | $BOD_5$ | 300 | 20 |
| 3 | SS | 400 | 70 |
| 4 | 氨氮 | 35 | 15 |
| 5 | 总氮 | 70 | — |
| 6 | 总磷 | 8.0 | 0.5 |

污水 pH 值及色度如表 6－17 所列。

**表 6－17　污水 pH 值及色度**

| 类　别 | 污水处理厂接管标准 | 污水处理厂排放标准 |
| --- | --- | --- |
| pH 值 | 6～9 | 6～9 |
| 色度/倍 | 200 | 50 |

**2. 废水处理工艺流程及简要说明**

将废水分质分流收集处理，处理工艺如图 6－29 所示，高含盐废水盐分浓度＞10%，采用

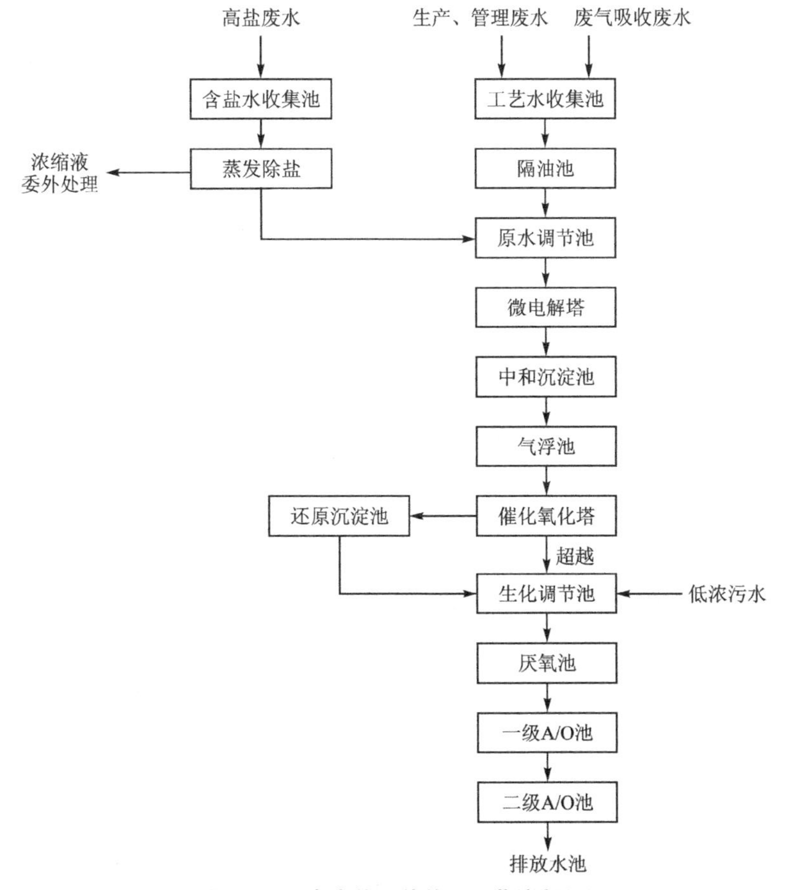


图 6－29　废水处理站处理工艺流程(2)

蒸发脱盐,残留浓缩液作为危险废物委外处置,蒸馏冷凝废水进入原水调节池。其他高浓度工艺管理废水及废水吸收水经过隔油池后与脱盐后的废水混合进行物化预处理,微电解系统去除大量COD,气浮+催化氧化处理工艺去除废水中的悬浮物,废水在催化氧化装置内常压下氧化降解高浓度的污染物,同时脱色。

物化预处理后出水与初期雨水等低浓度废水进入生化调节池,于调节池中充分均匀水质、水量,并进行pH值调节至适合生化处理系统,泵至生化处理系统,首先通过厌氧降解有机物的同时可以提高废水的可生化性,经过沉淀池后,再自流到一级A/O池,在A/O系统内降解有机物的同时脱氮,废水经过两级A/O处理后自流进入沉淀池。废水物化预处理产生的污泥为危险固废,必须进行安全处置,生化系统产生的污泥也需脱水后按相关规定予以处置。

**3. 主要的废水处理单元**

主要构筑物功能及参数如表6-18所列。

**表6-18 废水处理单元及设计参数(3)**

| 序号 | 名称 | 单位 | 数量 | 尺寸($L\times B\times H/D\times H$) | 停留时间/h |
|---|---|---|---|---|---|
| 1 | 含盐集水池 | 座 | 1 | 18.0 m×3.0 m×4.5 m | 48 |
| 2 | 蒸发除盐系统1 | 套 | 5 | — | — |
| 3 | 蒸发除盐系统2 | 套 | 1 | — | — |
| 4 | 隔油调节池 | 座 | 1 | 18.0 m×12.2 m×4.5 m | 84 |
| 5 | 铁碳微电解 | 座 | 2 | 2.8 m×6.0 m | 5 |
| 6 | 中和沉淀池 | 套 | 1 | 反应区 2.5 m×4.2 m×5.0 m<br>沉淀区 2.5 m×8.0 m×5.0 m | 6 |
| 7 | 气浮池 | 座 | 1 | 7.0 m×4.8 m×3.2 m | — |
| 8 | 催化氧化塔 | 座 | 1 | 3.2 m×7.0 m | 8 |
| 9 | 还原混凝沉淀池 | 套 | 1 | 反应区 1.0 m×3.5 m×5.0 m<br>沉淀区 6.0 m×3.5 m×5.0 m | 6 |
| 10 | 生化调节池 | 座 | 1 | 18.0 m×31.5 m×7.0 m | 120 |
| 11 | 厌氧水解池 | 座 | 1 | 26.8 m×14.4 m×7.0 m | 84 |
| 12 | 厌氧污泥沉淀池 | 座 | 3 | 4.0 m×14.4 m×7.0 m<br>8.8 m×6.2 m×6.5 m<br>8.8 m×6.2 m×6.5 m | 6.5<br>5<br>5 |
| 13 | 一级A/O池 | 座 | 1 | A 15.0 m×8.2 m×6.5 m<br>O 14.0 m×6.2 m×6.5 m | 60 |
| 14 | 二级A/O池 | 座 | 1 | A 16.4 m×8.2 m×6.5 m<br>O 16.4 m×6.2 m×6.5 m | 57.6 |
| 15 | 加药沉淀池 | 座 | 1 | 6.5 m×6.2 m×6.5 m | 4.8 |
| 16 | 排水池 | 座 | 1 | 9.2 m×6.3 m×4.7 m | — |
| 17 | 污泥池 | 座 | 2 | 6.1 m×3.5 m×3.5 m | — |

注:表中$L$表示长,$B$表示宽,$H$表示高,$D$表示直径。

**4. 工程主要构筑物及设备实物照片**

氟唑苯胺、恶醚唑、戊菌唑、丙环唑、乙氧氟草醚等废水处理主要构筑物及设备实物照片如图 6－30 所示。

(a) 收集池　(b) 蒸发除盐装置

(c) 催化氧化塔　(d) 综合生化池

**图 6－30　工程主要构筑物及设备实物照片(8)**

**5. 废水处理技术经济指标**

厂区的废水进行分质收集、清污分流，微电解、混凝沉淀对含难降解污染物盐分工艺废水与生产管理废水进行物化预处理，提高可生化性，厂区生活废水单独收集，用于污水处理站生化调节池配水，均质水质、水量，保证生化系统平稳运行，两级 A/O 工艺兼顾污染物降解与脱氮。废水处理设备在运行上有较大的灵活性及可调性，以适应水质及水量的变化。废水处理工程改造总投资 880.5 万元，装机容量为 713.4 kW。经过上述处理工艺，厂区废水可以达标排放，吨水处理成本为 46.67 元。

# 第7章　制药废水的处理

## 7.1　制药废水的来源

作为制药大国，我国制药企业在全球都具有极强的影响力。20世纪70年代以来，在发达国家逐渐转移高污染产能的背景下，中国逐渐成为全球抗生素特别是青霉素的主要供应地。随着我国社会经济的不断发展，制药技术也随之革新，制药行业发展到了新的阶段。从国际上来看，我国是原料药第二生产大国，也是原料药的主要出口国，年产量在100万吨以上，有2 000种左右常用药物。目前，我国制药业占据全球30%的产值和产量，并且占比还在持续上升，其中有半数出口至国外。我国抗生素生产量在国际上处于领先地位，国内400多家企业生产了全球30%的抗生素药物。特别是青霉素药物，2000年以后中国企业已经供应了全球70%的青霉素。

药品按其特点可分为抗生素、有机药物、无机药物和中草药4大类。另外，还有一类采用物理或化学的方法从动植物中提取或直接形成药物的制药生产方式，其药物产品即国内生产厂家众多的中成药，国外也称作天然药物，此类药物近年发展较快，也是我国制药行业优先发展的重点。制药工业按生产工艺过程可分为生物制药和化学制药两种。化学制药是采用化学方法使有机物质或无机物质发生化学反应生成其他物质的合成制药方法。所谓生物制药是指通过微生物的生命活动，将粮食等有机原料进行发酵、过滤，将药品提炼而成的工艺过程。生物制药又可按生物工程学科范围分为4类：发酵工程制药、细胞工程制药、酶工程制药、基因工程制药。其中发酵工程制药发展历史最为悠久，技术最为成熟，应用最为广泛，是通过微生物的生命活动，将粮食等有机物原料进行发酵、过滤、提炼成药物产品，此类药物包括抗生素、维生素、氨基酸、核酸、有机酸、辅酶、酶抑制剂、激素、免疫调节物质以及其他生理活动物质。化学制药和生物制药等两种制药方法在其生产过程中存在着一定的联系，其中有些化学制药的原料为生物发酵制药的粗产品，也就是说，先进行发酵生产出初步产品，然后再将不同的粗产品进行化学合成，生产出成品；同样，对于生物制药，在发酵、粗产品生成及提纯的过程中有时也采用很多化学方法进行化学反应合成，生产出成品。

不同种类的药物采用的原料种类和数量各不相同；不同药物的生产工艺及合成路线又区别较大。尤其在制药的后一阶段，即提纯和精制的过程中，采用的工艺方法差异较大。为了提高药物的药性及对疾病的针对性，在医药的生产过程中往往需要将生物、物理和化学等诸多工艺进行综合，如生物发酵法生产的药物(抗生素等)，需经后期的化学合成而提高其有效性，由此造成制药生产工艺及废水的组成十分复杂。

药品生产制作过程中产生的污染物，会对自然生态环境造成严重的危害。国内的制药企业数量和规模与发达国家相比仍有一定的差距，呈现出分散布置状态。在药品生产时，还存在着原材料消耗大，但产量较小、污染严重等问题。特别值得注意的是，我国制药行业产品重头在于原料药，这是制药产业的源头，其本质属于化工原料。原料药生产是典型的“三高一低”

(高耗能、高耗资源、高污染,附加值低)产业,因而制药企业已经被归入需要进行重点治理的行业,制药废水是生态环境治理的重要对象。2005年以后,国家发改委开始限制"三高"产业的发展;2008年我国颁布了《制药工业污染排放标准》,要求通过三年过渡期,提高原料药门槛,全面治理污染问题。随着制药废水排放标准的颁布,已经对制药企业提出了高标准的要求,制药企业的生存和发展需与生态环境保护紧密联系。2016年以来,国家再次提高了制药行业的环保要求,因此做好制药废水的处理已经成为制药企业首要解决的问题。

# 7.2 制药废水处理的主要原则

2008年,国家围绕化学合成类、发酵类、中药类、混装制剂类、提取类以及生物工程类等6类制药类型,先后颁布了《发酵类制药工业水污染物排放标准》(GB 21903—2008)、《化学合成类制药工业水污染物排放标准》(GB 21904—2008)、《生物工程类制药工业水污染物排放标准》(GB 21907—2008)等6项制药工业水污染物排放标准,启用了"单位产品基准排水量"的概念限制企业的新鲜用水量,要求企业淘汰陈旧的废水处理设备,优化废水处理工艺技术,严格遵循制药企业污染排放标准内容的要求,实现废水中的污染物质进一步减量。

近年来,抗生素和抗性基因的控制已成为环保领域的热点问题,受到了广泛的关注和研究。抗生素生产过程中会产生大量的成分复杂的高浓有机废水,是环境中抗生素的重要来源之一,其抗生素残留浓度可达mg/L级别,显著高于医院、养殖场、市政污水等体系。现有废水处理系统对抗生素的去除效果有限,部分抗生素生物降解性差,易吸附于悬浮物及污泥中。因此,虽然制药废水实现达标排放,但其出水、特别是污泥中仍会向自然环境释放大量的内分泌干扰物、抗生素抗性基因等,长期累积后将引发严重的生态安全和公共健康问题。在我国6个制药废水处理厂进水中,可检测到极高浓度的林可酰胺类、头孢菌素和喹诺酮类抗生素残留。我国是抗生素原料药生产大国,制药厂出水中检出的高浓度四环素、氧四环素和甲氧苄啶已经引起广泛关注,制药厂出水抗生素残留已成为普遍问题。抗生素废水中高浓度抗生素残留形成选择压力,极易诱导生物处理单元中的微生物产生抗性,导致耐药病原菌和抗性基因的产生和传播。研究已证实,抗生素废水处理系统排水中释放的耐药菌和抗性基因远高于其他废水处理系统,但现有的制药废水处理工艺和排放标准尚未关注抗生素和抗性基因等高风险污染物。

# 7.3 制药废水的特点与处理难点

当前,随着我国医药工业的飞速发展,制药废水产生量也逐年增加,已成为严重的污染源之一。制药企业生产的药品种类比较多,制药生产通常采用多样、结构复杂的原材料、辅助药物,工艺生产过程十分复杂。生产中所用原料、生成的产物、中间产物和副产物会随着废水排出,因此废水中含有大量的有机污染物,甚至含有危及人类健康、生态环境的致命污染物,危害极大。制药行业可细分为6个领域,包括化学合成类、发酵类、中药类、混装制剂类、提取类以及生物工程类。制药产生的有机废水污染物类型众多,化学成分较为复杂,存在较多的难以降解的合成物质,废水中的污染物可生化性不高。指标方面,制药废水COD浓度高、COD值波动大、BOD/COD值低、$NH_3-N$和盐分浓度高、色度高,是典型的难处理、高毒性的工业废水之一。由于制药企业产生的工业废水降解难度较大,很多制药企业采用消除废水生化抑制方法来进行初步处理，然后进行厌氧、好氧等生化处理，必要时进行废水的深度处理。然而，由于制药废水中污染物的高毒性和低可生化性，生化系统对污染物处理效率不高，制药废水的处理高度依赖高级氧化等物化处理手段，制药废水处理成本高，难以达到排放标准。

各大类废水指标特性如下：

① 化学合成类：采用化学合成方法生产药物和制药中间体时产生的废水，该类废水水量大，色度高，成分复杂，有机污染严重，含有残留溶剂、难降解物质，部分废水含抑菌抗生素。特征污染物以化学合成物为主，还包括较多的盐类等物质，生化抑制性极强。

② 发酵类：发酵时形成的高浓度废水，来源于发酵、过滤、萃取结晶、提炼、精制等过程。有机物浓度高、色度高，有毒臭气含量高，含较多发酵剩余物、发酵中间体、生物抑制剂以及抗生素，含有大量硫酸盐。

③ 中药类：中药类废水产生于生产车间的洗泡蒸煮药材、冲洗、制剂等过程。水量不稳定，污染物多样化，有机物含量高，色度高，气味异常，有时含有总氰化物、总汞、总砷等特征污染物。

④ 混装制剂类：来源于洗瓶过程中产生的清洗废水、生产设备冲洗水和厂房地面冲洗水。废水水质较简单，属中低浓度有机废水。

⑤ 提取类：包括从母液中提取药物后残留的废滤液、废母液和溶剂回收残液。水质复杂，水质波动较大，有机物含量较高，溶剂含量高。

⑥ 生物工程类：是以动物脏器为原料培养或提取菌苗血浆和血清抗生素及胰岛素胃酶等药物产生的废水。水质成分复杂，含有抑菌物质，含挥发酚、氨氮、甲醛、乙腈、总余氯、粪大肠杆菌等污染物。

随着可利用水资源储存量的降低，国家对工业企业节水要求不断提高，环保监管系统推行用水总量控制的原则，导致企业的新鲜用水量不断缩小。因此，制药企业工业废水污染物质的浓度不断增大，进一步增加了处理难度。同时，国家对生态环保管理日趋严格，排放标准的制定也更加全面和细化，制药企业废水治理存在的难度不断变大。

综上所述，由于药品生产原料、工艺、产品的多样性、复杂性和特殊性，不同药品生产企业形成的工业废水具有较大的差异。因此，制药废水的处理方案和工艺的制定应坚持"个性化"原则，严格针对制药废水的具体特点，因地制宜、因厂而异。

## 7.4 制药废水中的污染物及其特征

### 7.4.1 发酵类生物制药废水

发酵类生物制药生产是利用微生物的生命活动，获得可以作为药物或药物中间体的物质，再通过各种分离方法将它们分离出来的过程。此类物质包括抗生素、维生素、氨基酸、核酸、有机酸、辅酶、酶抑制剂、激素、免疫调节物质等。发酵类生物制药废水主要来源于 3 个过程：

① 主生产过程排水。包括废滤液(从菌体中提取药物)、废母液(从滤液中提取药物)、其他母液、溶剂回收残液等。浓度高、酸碱性和温度变化大、药物残留是此类废水最显著的特点，虽然水量未必很大，但是其中污染物含量高，对企业排水总 COD 的贡献比例大，处理难度大。

② 辅助过程排水。包括工艺冷却水(如发酵罐、消毒设备冷却水)、动力设备冷却水(如空

气压缩机冷却水、制冷机冷却水)、循环冷却水系统排污、水环真空设备排水、去离子水制备过程排水、蒸馏(加热)设备冷凝水等。该废水污染物浓度低,但是水量大,并且季节性强,企业间差异大,此类废水也是近年来企业节水的目标。需要注意的是,一些水环真空设备排水含有溶剂,COD 浓度很高。

③ 冲洗水。包括容器设备冲洗水(如发酵罐冲洗水等)、过滤设备冲洗水、树脂柱(罐)冲洗水、地面冲洗水等,其中过滤设备冲洗水(如板框过滤机、转鼓过滤机等过滤设备冲洗水)污染物浓度也很高,主要是悬浮物,如果控制不当,也会成为重要污染源;树脂柱(罐)冲洗水水量也比较大,初期冲洗水污染物浓度高,并且酸碱性变化大,也是一类重要废水。

发酵类制药废水中水量最大的是辅助过程排水,COD 贡献量最大的是主生产过程排水,而冲洗水也是不容忽视的重要废水污染源。其特点可以归纳如下:① 排水点多,高、低浓度废水单独排放,有利于清污分流。② 高浓度废水间歇排放,酸碱性和温度变化大,需要较大的收集和调节装置。③ 污染物浓度高。如废滤液、废母液等高浓度废液的 COD 浓度一般在 10 000 mg/L 以上。④ 碳氮比低。发酵过程中为满足发酵微生物次级代谢过程的特定要求,一般控制生产发酵的 C/N 为 4∶1左右,这时废发酵液中的 BOD/N 一般在 1～4 之间,与废水处理微生物的营养要求[好氧 20∶1,厌氧(40～60)∶1]相差甚远,严重影响微生物的生长与代谢,不利于提高废水生物处理的负荷和效率。⑤ 含氮量高。主要以有机氮和氨氮的形式存在,发酵废水经生物处理后氨氮指标往往不理想,并且在一定程度上影响 COD 的去除。⑥ 硫酸盐浓度高。由于硫酸铵是发酵所需氮源之一,而硫酸是提炼和精制过程中重要的 pH 值调节剂,大量使用的硫酸铵和硫酸,造成很多发酵制药废水中硫酸盐浓度高,给废水厌氧处理带来困难。⑦ 废水中含有微生物难以降解,甚至产生对微生物有抑制作用的物质。发酵或提取过程中投加的有机或无机盐类,如破乳剂 PPb(溴代十五烷基吡啶)、消泡剂(聚氯乙烯丙乙烯甘油醚等)、黄血盐($K_4[Fe(CN)_6 \cdot 3H_2O]$)、草酸盐、残余溶媒(甲醛、甲酚、乙酸丁酯等有机溶剂)和残余抗生素及其降解物等,这些物质达到一定浓度会对微生物产生抑制作用。⑧发酵生物制药废水通常色度亦较高。

当废水中青霉素、链霉素、四环素、氯霉素浓度低于 100 μg/L 时,不会影响好氧生物处理,而且可被生物降解;但当它们的浓度大于 10 mg/L 时会抑制好氧污泥的活性,降低处理效果。青霉素、链霉素浓度低于 500 mg/L 时不抑制好氧活性污泥的呼吸。青霉素、链霉素、卡那霉素浓度低于 5 000 mg/L 时,对厌氧发酵没有影响。草酸浓度低于 5 000 mg/L 时,厌氧消化基本未受抑制;草酸浓度超过 12 500 mg/L 时,消化过程完全被抑制。甲醛对厌氧消化的毒物临界浓度为 400 mg/L。

## 7.4.2　化学合成类生物制药废水

化学合成制药是利用有机或无机原料通过化学反应制备药品或中间体的过程,包括纯化学合成制药和化学半合成制药(利用生物制药方法生产的中间体作为原料之一的生产药品)。由于化学合成制药的化学反应过程区别较大,难以统一概括,但是也可以笼统地分为 4 类:① 母液类,包括各种结晶母液、转相母液、吸附残液等;② 冲洗废水,包括过滤机械、反应容器、催化剂载体、树脂、吸附剂等设备及材料的洗涤水;③ 回收残液,包括溶剂回收残液、副产品回收残液等;④ 辅助过程排水。

与发酵生物制药相比,化学制药废水的产生量要小,并且污染物明确,种类也相对较少。

然而,化学制药废水也具有显著的特点:① 废水中残余的反应物、生成物、溶剂、催化剂等污染物浓度高,COD 浓度值可高达几十万 mg/L;② 含盐量高,无机盐往往是合成反应的副产物,残留到母液中;③ 酸水或碱水排放导致 pH 值变化大,中和反应的酸碱耗量大;④ 废水中成分单一,营养源不足,培养微生物困难;⑤ 一些原料或产物具有生物毒性,或难被生物降解,如酚类化合物、苯胺类化合物、重金属、苯系物、卤代烃溶剂等。

## 7.4.3 提取类制药废水

植物提取制药是指从植物中提取具有药效的物质,这些物质可以是明确的单一成分,如奎宁、麻黄素等;也可以是植物中部分成分,甚至全部成分。

典型植物提取制药工艺流程如图 7-1 所示。

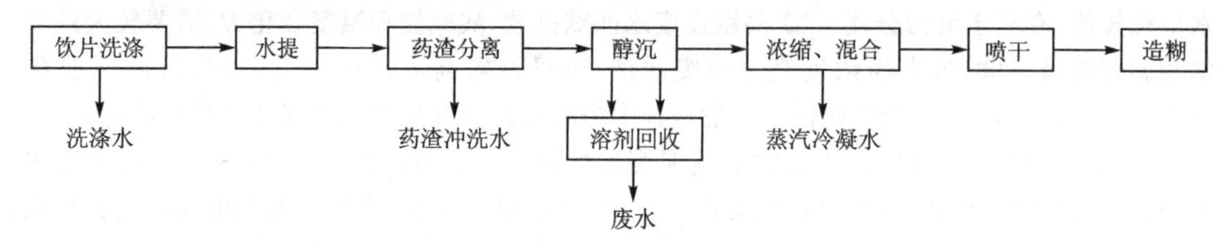


**图 7-1 典型植物提取制药工艺流程**

植物提取类制药废水污染情况差异很大,图 7-1 所示是典型的植物提取工艺过程,废水主要有溶剂回收废水、饮片洗涤水和蒸煮浓缩过程的蒸汽冷凝水,污染物有植物碎屑、纤维、糖类、有机溶剂、产品等,COD 浓度从数百 mg/L 至数千 mg/L 不等。

部分植物提取制药过程与从菌体中提取产品的发酵类生物制药过程近似,此类过程的污水排放情况也与发酵类生物制药类似。

## 7.4.4 生物工程类制药废水

生物制品一般是从动物内脏、组织或血液中培养或提取的,其生产废水中往往混有较多的动物皮毛、组织和器官碎屑,且废水中脂肪、蛋白含量较高,有的还含有氮环类及恶唑环类有机物质。根据不同药物和工艺,含有不同培养基或提取药剂的残余有机物。此类废水的可生化性通常尚可。

近年来,随着基因工程技术的突飞猛进,生物制品中基因技术产品比例不断增大,基因制药产生的废水和污染物很少,但一般需对其进行较彻底的“灭活”处理。

## 7.4.5 混装制剂类生产废水

各类药物成为最终产品即为制剂生产过程,这类制药废水主要是原料和生产器具洗涤水,以及设备、地面冲洗水,污染程度不高。由于这类生产企业的废水排放标准相对严格,一般所含污染物较少,但仍需进行适当处理。

固体制剂类药品又可按照剂型分为片剂、胶囊剂、颗粒剂等。制备片剂的主要单元操作包括粉碎、过筛、称量、混合(固体-固体、固体-液体)、制粒、干燥及压片、包衣和包装等。胶囊剂系指将药物填装于空的硬胶囊或具有弹性的软胶囊中所制成的固体制剂,所以与片剂不同。胶囊生产是其中一个重要的工序,囊材的主要组成是胶料、增塑剂、附加剂和水等 4 类物质,其中明胶是最常用的胶料。无论是压制法还是滴制法，都需要囊材消毒、过滤、配制囊材胶液等工序。颗粒剂系指药物与适宜的辅料制成具有一定粒度的干燥颗粒状制剂。颗粒剂的生产工艺较简单，片剂生产压片前的各个工序再加上定量剂包装就构成了颗粒剂整个生产工艺。固体制剂类生产过程中涉及的环境因素并不复杂，严格意义上来说并没有工艺废水的产生，主要废水污染源仅为洗瓶过程中产生的清洗废水和生产设备的冲洗水、厂房地面的冲洗水。其废水特性如下：① 包装容器清洗废水：由于医药行业的特殊性，要求对包装容器进行深度清洗，此部分清洗废水污染物浓度极低。② 工艺设备清洗废水：每个工序完成一次批处理后，需要对本工序的设备进行一次清洗工作，这种废水 COD 较高，但数量不大。某些企业将第一遍清洗后的高浓度废水收集后送去焚烧。③ 地面清洗废水：厂房地面工作场所定期清洗排放的废水，其污染物浓度低，主要污染指标为 COD、SS 等。固体制剂类制药企业生产排放的废水属中低浓度有机废水(其中 COD 浓度范围在 68～1 480 mg/L，大多数厂家在 500 mg/L 以下；BOD 浓度范围在 37～660 mg/L，大多数厂家在 300 mg/L 以下；SS 浓度范围在 68～700 mg/L，大多数厂家在 300 mg/L 以下)，水污染物主要有 COD、$BOD_5$、SS 等，万片、万粒产品废水产生量为 0.35～8.79 t。

注射制剂是指将药物制成可供注入人体内的灭菌溶液、乳浊液或混悬液，以及可供临用前配成溶液或混悬液的无菌粉末，主要有溶液型注射剂和无菌粉末注射剂。溶液型注射剂所用的溶剂主要有注射用水、注射用油，以及乙醇、甘油等其他注射用剂。其中，水相注射剂应用最广泛、生产量最大。水相注射剂又分为水针(装量小于 50 mL)和输液(装量大于 50 mL)。无菌粉末注射剂分为无菌分装粉针剂和冻干粉针剂。注射剂类生产过程中涉及的环境因素并不复杂，主要废水污染源为纯化水和注射用水制备过程中产生的部分酸碱废水、生产设备和包装容器洗涤水、厂房地面的冲洗水。其中，注射剂类生产中，产生大量的废水主要来自洗瓶水。由于医药产品的特殊性，对盛放药品的容器(安瓿、输液瓶、西林瓶等)有非常严格的卫生标准要求，但是容器本身在其制造及运输的过程中难免会被微生物及尘埃粒子所污染，为此在灌装注射剂药液前必须对容器进行洗涤，洗涤用水不仅量大而且对洗涤用水的水质要求也相当高，据调查这部分废水量占全车间用水的 50%以上，并且排放的废水水质较好。某企业粉针剂洗瓶废水的电导率为 50～80 $\mu$S/cm，而自来水的电导率却高达 300 $\mu$S/cm。可将洗瓶废水集中后，经过滤，进入该车间纯化水系统的原水箱中作原水的补充水，在节约用水的同时还可延长反渗透膜的使用寿命。注射剂类制药企业生产排放的水污染物主要有 COD、$BOD_5$、SS 等，单位产品污水产生量为：水针制剂 0.38～20.9 $m^3$/万支；粉针制剂 2.5～6.27 $m^3$/万瓶；输液 10～20 $m^3$/万瓶。COD 浓度范围在 63～300 mg/L，BOD 浓度范围在 30～80 mg/L，SS 浓度范围在 51～85 mg/L。

### 7.4.6　中药类生产废水

中药的生产大部分都采用水溶法，生产过程中产品的提纯与净化都离不开水。水溶法的生产过程包括浸泡、洗药、煮药、蒸煮、提取、蒸发浓缩、离心过滤、出渣、干燥等过程。在中药的生产提取过程中会产生大量的生产废水，废水来源主要包括前处理车间洗药和泡药废水、提取车间煎煮废水和部分提取液、分离车间的残渣、浓缩和制剂车间的废水、蒸汽冷凝水和离子交换树脂处理水、瓶罐清洗和管道地面冲洗水、酸水解废水、过滤产水。

中药生产废水水质波动性较大，COD 浓度可高达 6 000 mg/L 以上，属于高浓度有机废水。相比化学合成类制药废水，中药生产废水可生化性较好，多为间歇排放，污水成分复杂，水质水量变化较大。废水中主要含有各种天然的有机物，主要成分为糖类、有机酸、苷类、蒽醌、木质素、生物碱、单宁、鞣质、蛋白质、淀粉及它们的水解物等。对于中药制药工业，由于药物生产过程中药物品种及生产工艺不同，所产生的废水水质及水量有很大的差别，而且由于产品更换周期短，随着产品的更换，废水水质、水量经常波动，极不稳定。中药废水的另一特点是悬浮物，尤其是木质素等低密度、难沉淀的有机物含量高，且色度较高。

## 7.5 制药废水处理工程实例

近些年来，针对制药废水污染，相关科研院所和企业纷纷加强了制药废水处理技术的研究和开发工作，特别是混凝沉淀技术、活性炭吸附技术、膜分离技术等得到了进一步提升，对制药废水处理有着极大的助益。

① 混凝沉淀技术：混凝沉淀技术作为一种应用十分广泛、工艺较为简单的制药废水处理方案，主要由预处理、中间处理、深度处理工艺流程组成。混凝沉淀技术可将废水当中的细微部分转变成为不稳定的分离形态，表现为絮状物。该技术可以有效降低制药废水的浊度与色度，并让其中的微小物质凝聚成絮状体，通过重力沉降作用实现絮状物和水的分离，是一项发展时间长、技术完善、操作便捷、处理效果稳定的技术。在制药废水处理中，尤其是针对中药类和混装制剂类等含有悬浮物和一定浊度的制药废水，具有比较好的处理效果。将混凝剂用量控制在 120 mg/L、pH 值中和到 8 左右，只需要 25 s 的反应时间，浊度去除率就可以达到 90%。然而，混凝工艺对毒性制药废水的溶解性较差，并且很难清除微生物病原体，对有害物质的处理也不够完善，生态毒性会得以保留。

② 活性炭吸附技术：活性炭是一种多孔的吸附材料，表面具有很大的孔隙结构，而孔隙结构大小和吸附性能成正比。活性炭吸附技术能够有效降低制药废水中的臭味、色度、消毒副产品、重金属。目前，部分制药厂采用三级活性炭过滤工艺，对二级生化出水进行深度净化处理，经活性炭过滤吸附后，出水化学需氧量可降低至 40 mg/L 以内。然而，活性炭再生困难，再生液处置始终无法解决，活性炭吸附处理成本依然较高，在制药废水处理领域的应用受到一定限制。

③ 膜分离技术：具有浓缩、分离、精制等功能，操作流程较为简单，可以有效分离制药废水中的有害物质；操作过程一般无需投加化学药剂，因此不会出现二次污染问题。膜分离技术主要采用反渗透、超滤等工艺，可将制药废水中的杂质、细菌、微生物等沉淀去除，出水脱盐率能够达到 92%，水回收率达到 75%。制药废水杂质较多，容易产生膜堵塞问题，可以将混凝技术、活性炭技术作为膜处理的前置预处理工艺，避免膜堵塞或膜污染。

④ 高级氧化技术：主要包括 Fenton 氧化、电化学氧化、超声氧化、臭氧氧化、超临界水氧化、湿式氧化等技术，在制药废水中得到了广泛的应用。以臭氧氧化技术为例，当臭氧处理1 h 后，制药废水的可生化性被提升到 0.28，但只加入臭氧无法有效降低工业废水的毒性，往往需要跟生物降解等其他技术联用。在不同的酸碱度条件下，臭氧可以对抗生素类药物具有不同的处理效果，当臭氧投入量为 0.4 g/L，充分接触 15 min 后，磺胺甲恶唑可被完全降解掉，矿化率可达到 90%。采用光催化氧化法可以对制药废水的抗生素进行降解，目前已有大量文献报道，主要集中在催化剂的设计与制备、光照强度和 pH 值等参数的优化、污染物转化机理等方

面的研究,但鲜见工程应用。采用超声氧化降解技术对双氯芬酸进行处理,降解程度取决于溶解氧、水温和酸碱度条件,降解速度会随着双氯芬酸的浓度升高而提升。

⑤ 生物处理技术:通过高级氧化、混凝等预处理后,制药废水的可生化性得以提升,可以采用生物处理的手段进行进一步处理。当前,制药废水的处理普遍采用预处理和生物处理结合的技术。生物处理包括厌氧、好氧及其组合技术,为提高生物处理系统的稳定性,生物处理单元可采用以生物接触法、生物流化床等为代表的生物膜处理技术。曝气生物滤池处理技术广泛应用于生化系统出水的深度处理,也可以作为臭氧深度处理的后续处理工艺,在气水比为15:1,水力停留时间在 4 h 的条件下,化学需氧量去除率可达最大。

制药工业的特点是产品种类多、生产工序复杂、生产规模差别很大。制药废水种类繁多,对制药废水处理技术的研究往往是以其中最具代表性的、污染最严重的发酵、合成以及提取等生产过程产生的高浓度、难降解有机废水为主要对象。随着制药工业的迅速发展,尤其在 20 世纪中叶以后抗生素制药工业的迅速发展,制药废水污染问题受到了欧洲、美国以及日本等发达地区和国家的重视,制药废水的处理技术研究和应用十分活跃。然而,从 20 世纪 80 年代以后,发达国家将制药工业的重点放在高附加值新药的生产上,大宗常规原料药逐步转移到中国、印度等发展中国家生产。因此,近年来我国的制药废水处理的研究较为活跃。

典型的制药废水处理的基本工艺流程如图 7 - 2 所示。制药废水从制药车间排出后,首先进入调节池,调节水质水量;调节池出水进入预处理系统,预处理可采用混凝、高级氧化+混凝等工艺,去除悬浮物并提升可生化性;预处理出水进入生化处理系统,生化处理可采用厌氧、好氧、硝化/反硝化等单元技术,实现 COD、氨氮等污染物的去除;生化出水采用沉淀池、膜生物反应器等形式实现生化污泥的分离;深度处理一般采用生物滤池、臭氧+生物滤池、Fenton 等工艺,保障出水水质。以下将根据制药废水处理工程实例展开介绍。

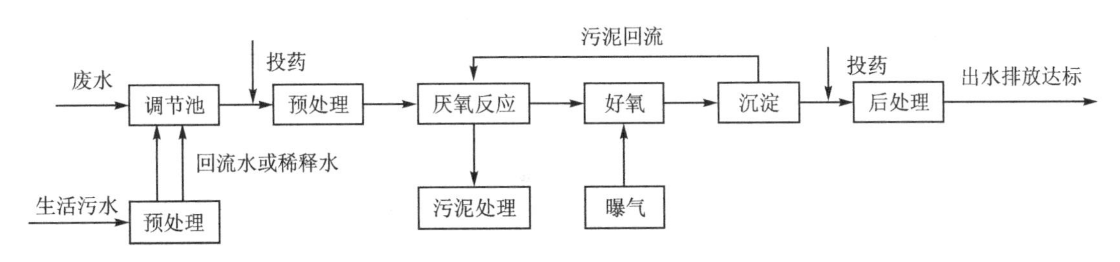


**图 7 - 2　制药废水处理的基本工艺流程**

## 7.5.1　氨基丙醇、盐酸莫西沙星等化学合成类制药废水处理——微电解- Fenton -水解酸化-接触氧化-絮凝沉淀组合工艺

**1. 废水水质概况**

江西某医药原材料有限公司年产 500 t DL -氨基丙醇、1 000 t L -氨基丙醇、50 t 盐酸莫西沙星、300 t 丝氨醇。该企业的生产废水主要为各生产反应器的清洗水,包括未反应的原材料、溶剂,并伴随大量的化合物,还有少量地面冲洗水及生活污水。该种化学合成制药废水成分十分复杂,是一种高浓度难降解的有机废水,不适宜直接生化降解,需要采取适当预处理措施后再通过经济可靠稳定的生化处理工艺降解。进水水质根据业主提供的实测数据确定,出水水质执行《化学合成类制药工业水污染物排放标准》(GB 21904—2008)。

废水处理站设计处理水量为 150 $m^3/d$,设计进水水质及排放标准如表 7-1 所列。

**表 7-1 进水水质及排放标准**

| 项 目 | pH 值 | COD/(mg·$L^{-1}$) | $BOD_5$/(mg·$L^{-1}$) | $NH_4^+$-N/(mg·$L^{-1}$) | SS/(mg·$L^{-1}$) |
| --- | --- | --- | --- | --- | --- |
| 进水水质 | 5~6 | 1 000~3 000 | 250~750 | 20~60 | 400~1 200 |
| 排放标准 | 6~9 | ≤100 | ≤20 | ≤20 | ≤50 |

该公司废水成分复杂,污染物浓度高,虽然废水中 COD 含量并不是很高,但废水可生化性很差,BOD/COD 值仅为 0.25,处理较困难。特别是盐酸莫西沙星的原材料中含有一些诸如甲苯、(S,S)-2,8-二氮杂双环-[4.3.0]壬烷等有杂环类多链化合物和螯合物等难降解污染物,以及乙氰等有毒物质,微生物不仅难以将它们直接降解,而且这些有机物对厌氧微生物和好氧微生物的生长都有抑制作用。

**2. 废水处理工艺流程及简要说明**

根据进水水质和水量情况,结合现场勘探和实验室小试结果进行处理工艺的优化组合,确定采用微电解-Fenton-水解酸化-接触氧化-絮凝沉淀组合处理工艺,废水处理站设计处理水量为 150 $m^3/d$。具体工艺流程如图 7-3 所示。

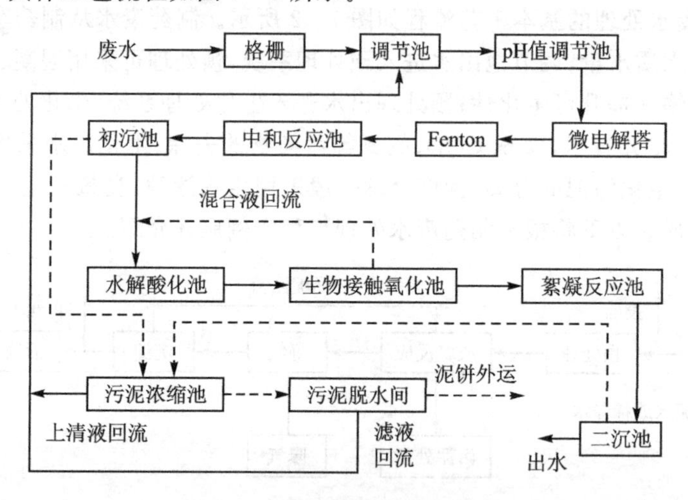


图 7-3 废水处理工艺流程(3)

车间废水先通过格栅进入调节池,经泵提升进入调节池,在 pH 值调节池中加入 10%的硫酸,使 pH 值调至 3 左右后进入微电解塔。预处理阶段采用微电解和 Fenton 氧化联合处理,可以去除废水中大部分 COD,并提高废水的可生化性,以保证后续生化处理的正常运行。通过水解酸化与生物接触氧化工艺,且生物接触氧化出水部分回流到水解酸化池,可以实现脱氮。在絮凝反应池采用计量泵同时投加混凝剂聚合氯化铝(PAC)和助凝剂聚丙烯酰胺(PAM),经沉淀池后尾水达标排放。

该系统产生的污泥通过污泥浓缩池浓缩脱水后,泥饼外运,上清液回流到调节池。工艺特点是:采用微电解与 Fenton 法联合预处理,在 Fenton 处理阶段不需要另加铁离子试剂,微电解反应使大分子有机物发生开环断链,减轻了 Fenton 反应的处理负荷,有利于 Fenton 反应的进行,以 Fenton 处理微电解出水,扩大了系统对污染物处理的范围并提高了处理能力。针对废水沉降性能差的特征,在废水经过生化处理单元后,加入絮凝剂增加其沉降性,并进行沉淀,保证了出水水质的达标。

系统调试完毕后投入运行，处理效果趋于稳定，最终出水 COD、$BOD_5$、氨氮、SS 分别低于 70、20、15、40 mg/L，达到排放标准，处理后的水质良好且稳定，可以用于绿化和景观用水，整个工艺自动化程度高，操作简单，管理方便。

**3. 主要废水处理单元**

化学合成类制药废水主要处理单元如表 7－2 所列。

**表 7－2　主要废水处理单元及设计参数**

| 序　号 | 项　目 | 工艺尺寸 | 有效容积/$m^3$ | 结构形式及数量 | 备　注 |
|---|---|---|---|---|---|
| 1 | 细格栅槽 | 10.68 m×0.15 m×0.35 m | — | 钢筋混凝土结构，地下式，1 座 | 栅条宽度 5 mm，栅条间隙 10 mm，格栅安装倾角 60°，栅前水深 0.035 m，栅条间隙 10 个 |
| 2 | 调节池 | 10.38 m×2.7 m×3.2 m | 75 | 钢筋混凝土结构，地下式，1 座 | HRT=12 h，内设 2 台潜水搅拌机，使水质水量均化，利于后续处理，配 2 台污水提升泵（1 用 1 备），$Q=10\ m^3/h$，$H=100$ kPa，$N=7.5$ kW |
| 3 | pH 值调节池 | 1 m×2 m×2 m | 1.6 | 钢筋混凝土结构，地上式，2 座 | 每座池子的 HRT 为 12.5 min。内设1 台机械隔膜加药泵，$Q=120$ L/h，$p=0.7$ MPa，$N=0.37$ kW，配 2 台 pH 计，测量范围:0～14;精度:0.01 |
| 4 | 微电解塔 | Φ2.0 m×2 m | 11.25 | 玻璃钢结构，半地上式，1 座 | HRT=1.5 min。塔内设置9.4 $m^3$，新型微电解填料 |
| 5 | Fenton 池 | 2 m×1.5 m×3 m | 7.5 | 钢筋混凝土结构，地上式，1 座 | HRT=1 h。配 1 台双氧水计量泵，$Q=9$ L/h，$N=0.37$ kW |
| 6 | 中和反应池 | 2 m×1.25 m×3.3 m | 7.5 | 钢筋混凝土结构，地上式，1 座 | HRT=1 h，配备曝气、加药系统各 1 套 |
| 7 | 初沉池 | — | 262.5 | 钢筋混凝土结构，半地下式，1 座 | HRT=24 h。内设 1 台电动隔膜吸泥泵，$Q=0.5\ m^3/h$，$H=300$ kPa，$N=0.37$ kW，清泥周期为 3 天 |
| 8 | 水解酸化池 | — | 34 | 钢筋混凝土结构，半地下式，1 座 | HRT=4.5 h |
| 9 | 生物接触氧化池 | 3.5 m×2 m×4.0 m | 50 | 钢筋混凝土结构，半地下式，1 座 | 并联运行，每座水力停留时间为 3.25 h。池内配备 2 台罗茨鼓风机 |
| 10 | 絮凝反应池 | 1.2 m×1.64 m | 1.25 | 钢筋混凝土结构，半地下式，1 座 | HRT=10 min |
| 11 | 二沉池 | Φ2.2 m×3.8 m | 10 | 钢筋混凝土结构，竖流地下式，1 座 | HRT=1.5 h |
| 12 | 污泥浓缩池 | Φ1.05 m×2.81 m | 105 | 钢筋混凝土结构，竖流地下式，1 座 | 内设污泥泵 1 台，$Q=50\ m^3/h$，$p=0.6$ MPa，$N=2.2$ kW |

**4. 废水处理技术经济指标**

该工程总投资为94.81万元，其中土建费为35.41万元，设备费为45.90万元，其他费用(主要为设计、安装、调试等)为30万元。运行费用：电费为1.03元/$m^3$，药剂(硫酸、氢氧化钙、双氧水、PAC、PAM等)费约为0.74元/$m^3$，人工费为0.35元/$m^3$，维护费及其他费约为0.2元/$m^3$，合计为2.32元/$m^3$。本工程运行后，出水水质良好且稳定，可以用于绿化和景观用水。工程运行后每年COD减排量约132 t，$BOD_5$减排量约33 t，氨氮减排量约2 t，SS减排量约52 t，减轻了水体污染，为企业的可持续发展提供了坚实保障。

## 7.5.2 奥沙利铂、地氟烷等化学合成类制药废水处理——水解酸化-UASB-好氧-MBR组合工艺

**1. 废水水质概况**

江苏某医药有限公司主要生产原料药，主要产品有奥沙利铂、地氟烷、美司钠、托伐普坦等。为达到产品高品质与高环保的目的，经过多年的改、扩建和提标改造，形成了以调节池+水解酸化池+UASB+好氧池+二沉池+MBR池为主的处理系统，设计处理水量4 000 $m^3$/d。进水水量及水质：进水水量为4 000 $m^3$/d；COD为5 000～6 000 mg/L；TN为40～70 mg/L；$NH_3$-N为5～15 mg/L；TP为3～6 mg/L。出水水质：排放水执行《污水排入城镇下水道水质标准》(CJ 343—2010)(主要指标：COD≤400 mg/L；TN≤70 mg/L；$NH_3$-N≤45 mg/L；pH值为6～9)。

**2. 废水处理工艺流程及简要说明**

结合废水水质、水量情况、出水排放标准以及目前系统情况，采用了如图7-4所示的处理工艺。

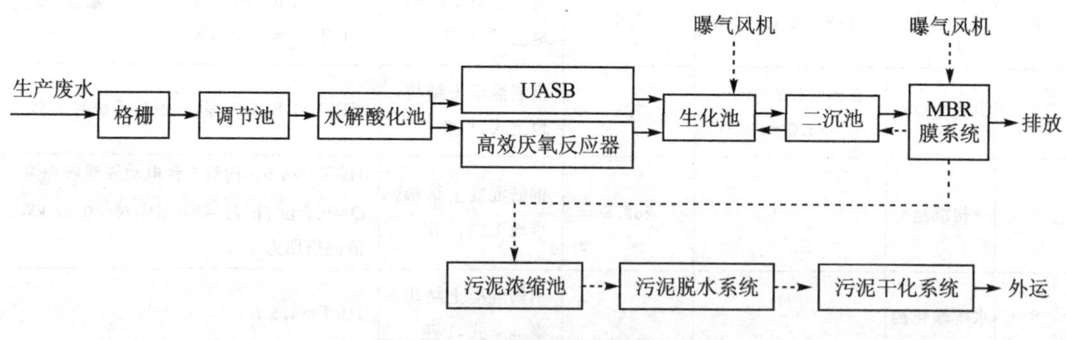


图7-4 废水处理工艺流程(4)

生产废水经格栅去除悬浮物后进入调节池进行水质、水量调节，调节至中温的废水泵入新增IC厌氧反应器和现有UASB进行厌氧生物处理，厌氧出水进入后续生化池，厌氧产生的沼气进入沼气热水炉。生化池分为缺氧和好氧区，在此进行COD、$NH_3$-N和TP去除，其出水进入新增MBR膜系统，产水通过负压抽吸进行排放。污泥浓缩池中的污泥经脱水进入新增的污泥干化系统干化至含水率40%左右后外运。

**3. 主要废水处理单元**

奥沙利铂、地氟烷、美司钠、托伐普坦等化学合成类制药废水主要处理单元如表7-3所列。

表7-3 废水处理单元及设计参数(4)

| 序 号 | 名 称 | 单 位 | 数 量 | 停留时间/h |
|---|---|---|---|---|
| 1 | 格栅井 | 座 | 1 | — |
| 2 | 集水井 | 座 | 1 | 1 |
| 3 | 综合调节池 | 座 | 1 | 16 |
| 4 | 事故应急池 | 座 | 1 | — |
| 5 | 水解酸化池 | 座 | 1 | 14 |
| 6 | 配水池 | 座 | 1 | 1 |
| 7 | IC 厌氧反应器 | 座 | 2 | 34 |
| 8 | UASB 反应器 | 座 | 2 | 34 |
| 9 | 好氧生化池 | 座 | 1 | 26 |
| 10 | MBR 膜系统 | 套 | 5 | — |
| 11 | 二沉池 | 座 | 2 | — |
| 12 | 碱洗塔 | 套 | 1 | — |
| 13 | 水洗塔 | 套 | 1 | — |
| 14 | 污泥浓缩池 | 座 | 1 | — |
| 15 | 上清液收集池 | 座 | 1 | — |

**4. 工程主要构筑物及设备实物照片**

奥沙利铂、地氟烷、美司钠、托伐普坦等化学合成类制药废水主要构筑物及设备实物照片如图7-5所示。

**5. 废水处理技术经济指标**

处理水量为4 000 t/d,好氧进水为厌氧罐出水,末端出水COD≤400 mg/L,其他排放指标满足《污水排入下水道水质标准》(CJ 343—2010)。厌氧进水COD为5 500 mg/L,厌氧系统COD处理率≥65%,出水VFA≤300 mg/L。好氧池MBR改造之后,好氧污泥浓度

(a) 调节池

(b) 厌氧塔

图7-5 工程主要构筑物及设备实物照片(9)

(c) 好氧池　　(d) 二沉池

(e) MBR池　　(f) 上清液收集池

**图 7-5　工程主要构筑物及设备实物照片(9)(续)**

(MLSS)设计不低于 10 g/L。使用的 MBR 工艺与传统生化工艺相比，污泥浓度高，生化效果好，且占地面积小，工艺流程短，所以整体生化池容积可以做得相对较小，同时可以减少许多沙滤、沉淀等工艺设备，整体污水站造价低；耐冲击负荷高，出水水质稳定且出水水质较好；设备较少，流程简单，易于实现全自动控制，运行稳定可靠，操作人员仅需经过简单培训，无需专业人员看管；实现污泥减量化，剩余污泥较少。废水处理工程占地面积为 36 600 $m^2$，装机容量为 1 310 kW，投资金额为 3 322 万元。经过上述处理工艺，废水基本可以达标排放，吨水处理成本为 5.88 元。

## 7.5.3　茯苓、酸枣仁、何首乌等中药配方颗粒类制药废水处理——两级水解-接触氧化-BAF 组合工艺

**1. 废水水质概况**

天津市某制药企业专业从事茯苓、酸枣仁、何首乌等中药配方颗粒的研究和生产，产生大量有机废水。生产废水主要来自中药炮制生产线以及中药颗粒生产线，包括洗药、泡药、过滤、蒸馏、萃取等单元操作产生的污水，以及原药残液、生产设备洗涤和地板冲洗用水。废水中含有多种天然有机污染物，包括糖类、有机酸、苷类、蒽醌、木质素、单宁、蛋白质、淀粉及相关水解产物等。生产废水通过各自集水管路汇总至废水处理站，其中药材清洗废水 210 $m^3/d$，设备清洗废水 440 $m^3/d$，洁净区清洗废水 546 $m^3/d$，纯化水制备系统排水 40 $m^3/d$，生活污水 72 $m^3/d$，共计 1 308 $m^3/d$。该类废水目前执行《中药类制药工业水污染物排放标准》(GB 21906—2008)。设计规模取 1 300 $m^3/d$，设计进、出水水质如表 7-4 所列。

表 7-4　设计进、出水水质

| 项　目 | 设计进水水质 | 设计出水水质 |
|---|---|---|
| pH 值 | 6～9 | 6～9 |
| COD/($mg \cdot L^{-1}$) | 4 000 | 100 |
| SS/($mg \cdot L^{-1}$) | 1 000 | 50 |
| 氨氮/($mg \cdot L^{-1}$) | 50 | 8 |
| 总氮/($mg \cdot L^{-1}$) | 60 | 20 |
| 总磷/($mg \cdot L^{-1}$) | 3.0 | 0.5 |
| 色度/倍 | 100 | 50 |

该生产废水的特点为有机污染物浓度及悬浮物浓度高，密度差异大，沉降性差，色度较高，可生化性较好；此外，废水间歇排放，水质水量变化大。

**2. 废水处理工艺流程及简要说明**

由于来水中含有大量药渣、纤维状悬浮物，常规粗格栅不能对杂质进行有效拦截，故采用粗格栅＋膜格栅＋浮沉池的强化预处理工艺。目前中药废水处理常用工艺为厌氧＋好氧，包括 ABR＋CSTR、UASB＋CASS、ASB＋SBR 等。针对该药厂废水的特点，结合已有运行经验可知，UASB 工艺存在冬季运行效果不佳、维护操作复杂，以及为达到中温厌氧环境需进行蒸汽加热，造成运行成本高等问题。在实际运行中发现，水解池对 COD 的去除率为 25%左右，可使废水的 BOD/COD 值升至 0.35～0.38，大大提高废水的可生化性。生物接触氧化工艺利用好氧微生物在有氧条件下通过自身的分解作用来进一步去除水中的有机物，从而达到净化水质的目的。故采用水解酸化＋生物接触氧化组合工艺作为生化处理工艺。由于排放标准对出水 SS、COD、$BOD_5$ 等指标要求较为严格，故末端采用曝气生物滤池实现各类污染物的去除，保障出水水质稳定达标。结合该中药厂的废水水质及实际排放状况，确定采用如图 7-6 所示的粗格栅＋膜格栅＋调节池＋浮沉池＋两级水解酸化-接触氧化-沉淀池＋BAF 工艺进行处理。

**3. 主要废水处理单元**

茯苓、酸枣仁、何首乌等中药配方颗粒类制药废水主要处理单元如表 7-5 所列。

表 7-5　废水处理单元及设计参数(5)

| 序　号 | 项　目 | 工艺尺寸 | 主要设计参数 |
|---|---|---|---|
| 1 | 集水井 | 9.5 m×4.5 m×4.7 m | 停留时间为 0.8 h |
| 2 | 调节池 | 15.0 m×9.5 m×6.6 m | 停留时间为 15.8 h |
| 3 | 一级水解酸化池 | 9.70 m×4.35 m×6.60 m (2 格) | 停留时间为 10.0 h |
| 4 | 一级生物接触氧化池 | 9.00 m×4.35 m×6.30 m (8 格) | 容积负荷为 2.26 kg COD/($m^3 \cdot d$)，停留时间为 31.8 h |

续表 7-5

| 序　号 | 项　目 | 工艺尺寸 | 主要设计参数 |
|---|---|---|---|
| 5 | 一级二沉池 | 8.0 m×8.0 m×6.3 m | 表面负荷为 0.85 $m^3/(m^2 \cdot h)$ |
| 6 | 二级水解酸化池 | 6.3 m×5.2 m×6.3 m（2格） | 停留时间为 6.6 h |
| 7 | 二级生物接触氧化池 | 9.00 m×4.35 m×6.30 m（6格） | 容积负荷为 1.09 kg COD/($m^3 \cdot d$)，停留时间为 23.9 h |
| 8 | 二级二沉池 | 8.0 m×8.0 m×6.3 m | 表面负荷为 0.85 $m^3/(m^2 \cdot h)$ |
| 9 | 中间水池 | 4.50 m×3.55 m×6.30 m | 停留时间为 2.6 h |
| 10 | 曝气生物滤池 | 2.50 m×2.45 m×6.30 m（3格） | 滤速为 3 m/h |

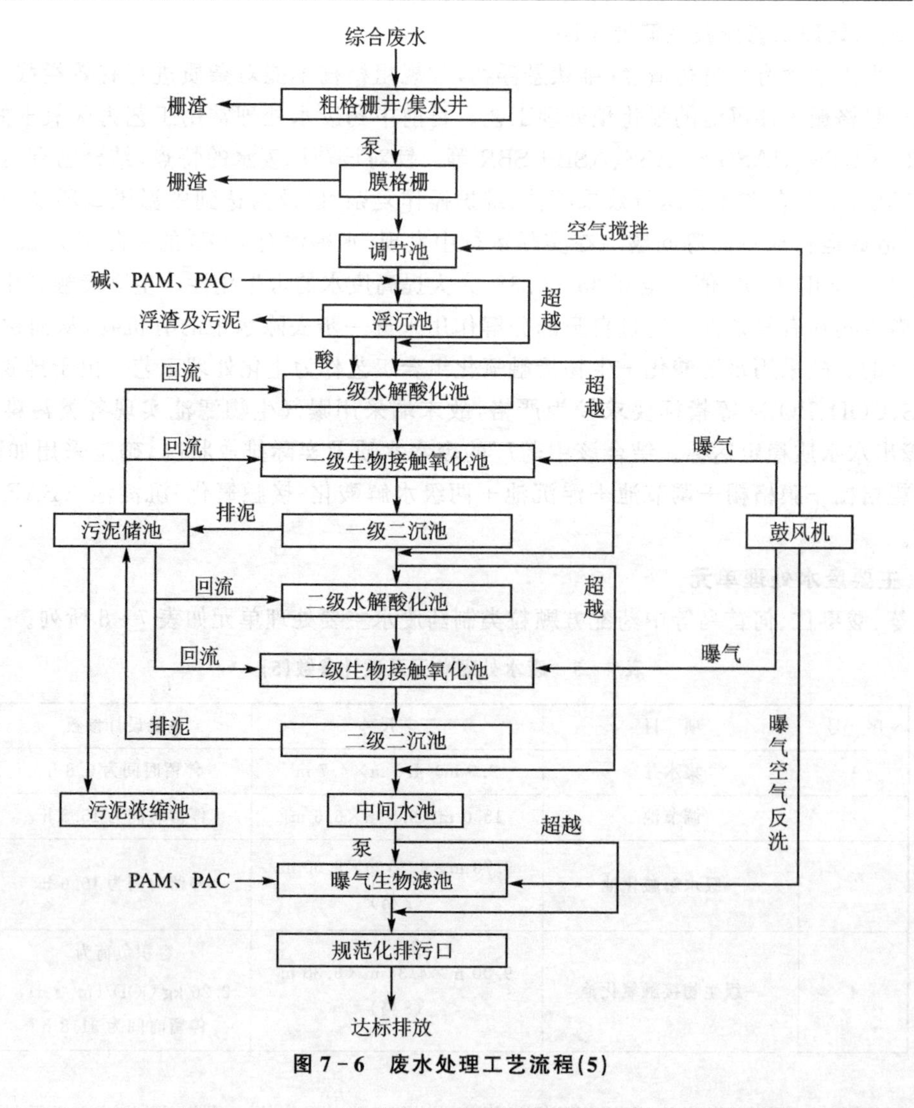


图 7-6　废水处理工艺流程(5)

**4. 废水处理技术经济指标**

废水处理站运行期间，整个工艺对中药废水的 COD 去除率达 97%，出水各项指标均可稳定达标。总体来看，强化预处理＋二级水解酸化池＋二级生物接触氧化池＋曝气生物滤池组合工艺运行稳定，操作简便，在中药废水处理领域具有良好的适用性，具有一定的推广价值。该工程装机容量为 152 kW，近一年实际使用电量平均值为 2 298 kW·h/d，电价为 0.75 元/(kW·h)，水量按一年内平均值为 1 134 $m^3$/d 计算，则电费为 1.52 元/$m^3$，药剂费为 0.55 元/$m^3$。劳动定员 4 人，平均工资为 4 500 元/(人·月)，人工费为 0.53 元/$m^3$。吨水处理费用共计 2.60 元。工程投产后可减少 COD、SS、氨氮、总氮、总磷排放量分别为 1 992.9、485.45、21.462、20.44、1.277 5 t/a，具有较好的环境效益和社会效益。

### 7.5.4　硝酸咪康唑、奥替拉西钾等制药废水处理——蒸发-电催化氧化-内电解-Fenton-厌氧-PACT-臭氧/UF-RO 双膜组合工艺

**1. 废水水质概况**

江苏某药业有限公司的主要产品是固体制剂、液体制剂、原料药、中药提取药等，包括硝酸咪康唑、奥替拉西钾、盐酸莫西沙星、吉美拉西等，所产生的废水中含有甲苯类、氯苯类、咪唑原料等各类原料有机物，成分复杂，COD 和有机氮含量较高。该公司制药废水分为以下几类：高盐分工艺废水(14 t/d)，高浓度废水(12 t/d)，包括其余工艺废水、废气吸收废水、原料药车间设备和地面冲洗水，其余车间设备和地面冲洗水等中浓度废水(10 t/d)，初期雨水，废水产生总量为 50 t/d 左右。该项目废水的特点主要为：① 废水为多种产品生产过程中产生的废水，种类繁多，成分复杂，COD 较高；② 废水间歇排放，水质水量波动较大，存在冲击负荷；③ 单股废水水量不大，但是废水中污染物成分复杂，种类繁多，难降解有机物含量较高，废水毒性较大；④ 废水有机氮浓度非常高(TN 浓度较高但氨氮浓度不高)。

根据建设单位的要求，本污水处理站工艺设计针对含氮生产废水的处理，废水处理厂设计出水进行回用，回用于厂区、设备和地面冲洗水。回用水水质同时满足《城市污水再生利用　城市杂用水水质》(GB/T 18920—2002)绿化用水标准(见表 7-6)和《城市污水再生利用　工业用水水质》(GB/T 19923—2005)洗涤用水标准(见表 7-7)，主要出水水质指标如表 7-8 所列。

**表 7-6　绿化用水主要水质指标**

| pH 值 | $BOD_5$/(mg·$L^{-1}$) | 浊度 NTU/(mg·$L^{-1}$) | $NH_3$-N/(mg·$L^{-1}$) | 色度/(mg·$L^{-1}$) | 溶解性固体/(mg·$L^{-1}$) |
|---|---|---|---|---|---|
| 6～9 | ≤20 | ≤10 | ≤20 | ≤20 | ≤1 000 |

**表 7-7　洗涤用水主要水质指标**

| pH 值 | $BOD_5$/(mg·$L^{-1}$) | 浊度 NTU | $NH_3$-N | 色度/(mg·$L^{-1}$) | 溶解性固体/(mg·$L^{-1}$) | $Cl^-$/(mg·$L^{-1}$) | 总硬度/(mg·$L^{-1}$)(以 $CaCO_3$ 计) | Fe/(mg·$L^{-1}$) |
|---|---|---|---|---|---|---|---|---|
| 6.5～9.0 | ≤30 | — | — | ≤30 | ≤1 000 | ≤250 | ≤450 | ≤0.3 |

**表 7-8　废水主要污染物排放接管标准**

| 污染物 | pH 值 | COD/(mg·$L^{-1}$) | $BOD_5$/(mg·$L^{-1}$) | SS/(mg·$L^{-1}$) | $NH_3$-N/(mg·$L^{-1}$) | 总磷/(mg·$L^{-1}$) |
|---|---|---|---|---|---|---|
| 接管标准 | 6～9 | 500 | 300 | 400 | 35 | 4.0 |

**2. 废水处理工艺流程及简要说明**

具体工艺流程如图 7－7 所示。

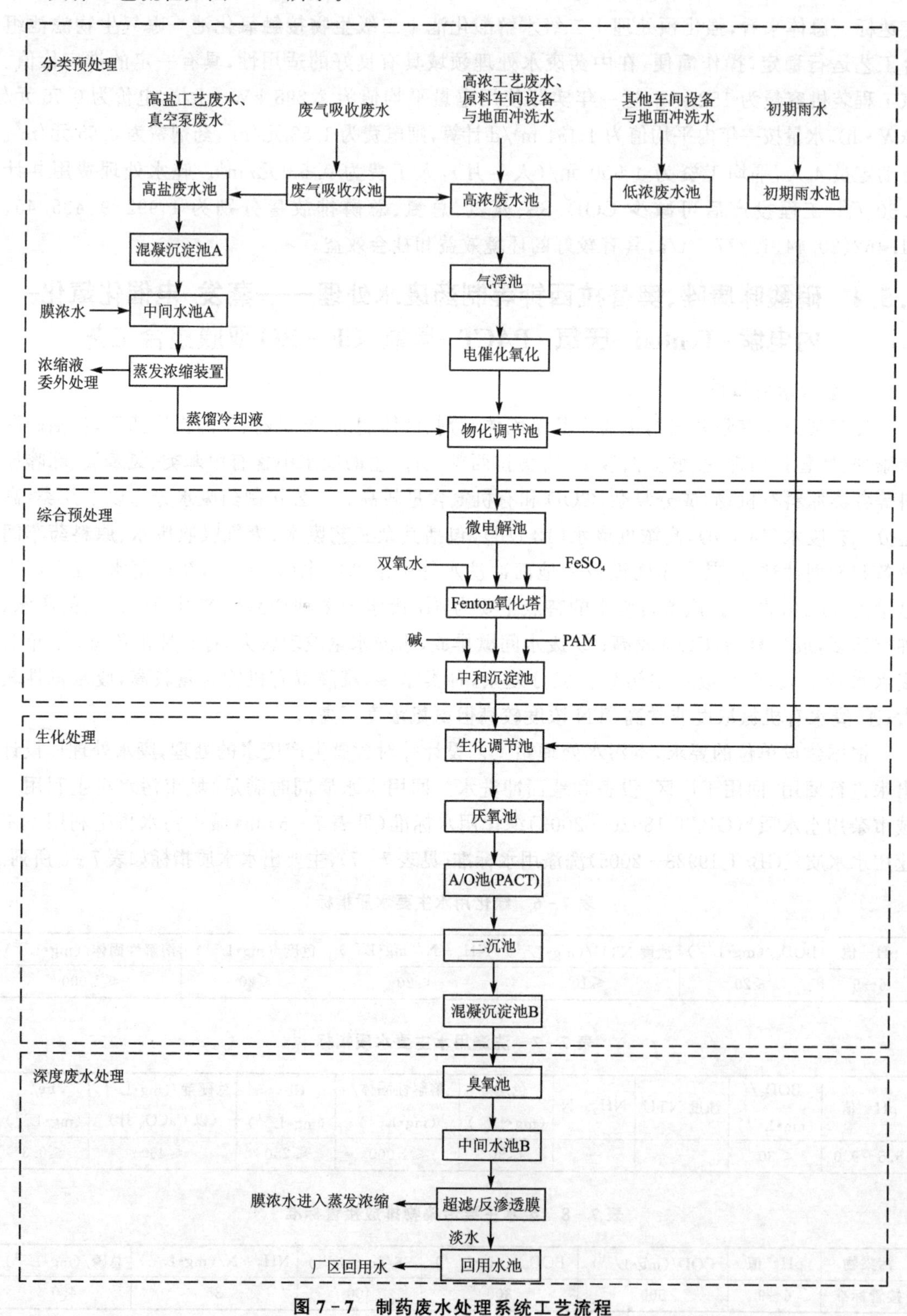


图 7－7 制药废水处理系统工艺流程

针对该废水的特征，污水处理厂的工艺选择不能按常规工艺考虑，必须加强高盐分、难降解有机物的去除，且废水中含有高浓度的总氮等，在考虑去除有机物的同时强化这些污染物类别的处理处置。本工艺采用以物理化学预处理结合生化处理工艺为主的处理方案，按废水中主要特征因子选择相应工艺进行处理。制药废水处理回收系统由以下几个主要工序构成。

首先针对废水的不同来源对其进行分类预处理，主要是对高盐废水进行处理。随后利用高级氧化工艺进行综合预处理，其中高浓度工艺和生产管理废水分类预处理采用"混凝沉淀＋电催化氧化"，中低浓度生产管理废水综合预处理采用"铁炭微电解＋Fenton氧化＋混凝沉淀"组合工艺。紧接着利用生物脱氮对废水中总氮进行去除。经预处理的生产废水在进入综合废水的主体生化工艺之前，须与其他低浓度废水（初期雨水等）混合并进行水质水量的充分调节。

综合考虑到本项目的工程实际和运行费用，采用"上流式厌氧＋A/O(PACT)工艺"具有较好的处理效果和较高的稳定性。最后，从回用水质要求来看，需对回用水中的离子进行去除。结合节能减排、削减总污染量和中水回用水质的要求，本方案把高标准且安全可靠的出水水质、污水处理建筑占地面积少作为方案比选的首要因素，同时综合分析技术先进性、投资、运行管理、运行费用、浓水处理等多方面的因素来确定工程的工艺技术路线。采用国内外常用的双膜法（超滤＋反渗透）技术生产高品质再生水。经过所有步骤后才能保证废水达到回用标准。废水预处理和生化过程产生的污泥需要采用板框压滤作为脱水工艺进行处置。

**3. 主要废水处理单元**

硝酸咪康唑、盐酸莫西沙星、奥替拉西钾、吉美拉西等制药废水处理主要处理单元如表7-9所列。

**表7-9 废水处理单元及设计参数(6)**

| 序号 | 名称 | 单位 | 数量 | 停留时间/h |
|---|---|---|---|---|
| 1 | 集水池 | 座 | 4 | 131 |
| 2 | 混凝沉淀池A | 座 | 1 | — |
| 3 | 中间水池A | 座 | 1 | 24 |
| 4 | 蒸发除盐系统 | 座 | 2 | — |
| 5 | 气浮池 | 座 | 2 | — |
| 6 | 电催化氧化 | 座 | 1 | — |
| 7 | 物化调节池 | 座 | 1 | 42 |
| 8 | 铁碳微电解 | 座 | 1 | — |
| 9 | Fenton氧化池 | 座 | 1 | — |
| 10 | 中和沉淀池 | 座 | 1 | — |
| 11 | 生化调节池 | 座 | 1 | 46 |
| 12 | UASB厌氧反应器 | 座 | 1 | 48 |
| 13 | A/O(PACT)池 | 座 | 1 | 72 |
| 14 | 二沉池 | 座 | 1 | 24 |
| 15 | 混凝沉淀池B | 座 | 1 | 33 |
| 16 | 臭氧氧化池 | 座 | 1 | — |

续表 7-9

| 序号 | 名称 | 单位 | 数量 | 停留时间/h |
|---|---|---|---|---|
| 17 | 中间水池 B | 座 | 1 | 36 |
| 18 | UF/RO 双膜系统 | 座 | 1 | — |
| 19 | 污泥池 | 座 | 1 | — |
| 20 | 浓水池 | 座 | 1 | 3 |
| 21 | 回用水池 | 座 | 1 | 3 |

**4. 工程主要构筑物及设备实物照片**

硝酸咪康唑、盐酸莫西沙星、奥替拉西钾、吉美拉西等制药废水处理主要构筑物及设备实物照片如图 7-8 所示。

(a) 废水收集池

(b) 物化预处理系统

(c) 生化处理系统

(d) 生化沉淀池

**图 7-8 工程主要构筑物及设备实物照片(10)**

**5. 废水处理技术经济指标**

本污水处理站工艺设计针对含氮生产废水的处理,废水处理厂设计出水进行回用,回用于厂区绿化,以及设备和地面冲洗水。回用水水质同时满足《城市污水再生利用 城市杂用水水质》(GB/T 18920—2002)绿化用水标准和《城市污水再生利用 工业用水水质》(GB/T 19923—2005)洗涤用水标准,排水满足接管标准。污水处理站设计总规模为 50 $m^3/d$,其中高盐废水预处理系统 14 $m^3/d$,高浓生产废水预处理系统 16 $m^3/d$,综合预处理系统 36 $m^3/d$,生化系统 50 $m^3/d$。装机容量为 116.6 kW,总投资金额为 338 万元,吨水处理成本为 90.6 元。

# 第 8 章　电镀废水的处理

## 8.1　电镀废水的来源

### 8.1.1　电镀工艺简介

电镀是利用电解原理在某些金属表面上镀上一薄层其他金属或合金的过程，可起到防止金属氧化，提高耐磨性、导电性、反光性、抗腐蚀性以及增进美观等作用。电镀时，镀层金属或其他不溶性材料作阳极，待镀的工件作阴极，镀层金属的阳离子在待镀工件表面被还原形成镀层，为排除其他阳离子的干扰，且使镀层均匀、牢固，需用含镀层金属阳离子的溶液作电镀液，以保持镀层金属阳离子的浓度不变。电镀装置如图 8－1 所示。

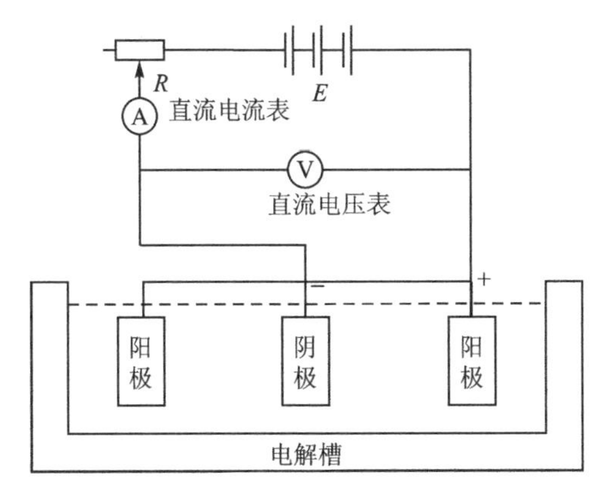


**图 8－1　电镀装置示意图**

电镀的基体材料除铁基的铸铁、钢和不锈钢外，还有非金属，如 ABS 塑料、聚丙烯、聚砜和酚醛塑料，但塑料电镀前，必须经过特殊的活化和敏化处理。在电镀过程中，除油、酸洗电镀等工序外，操作之后都需用水清洗。电镀废水主要来源于电镀生产过程中的镀件清洗、废镀液渗漏及地面冲洗等。电镀废水的成分非常复杂，除酸碱废水外，重金属废水是电镀业潜在危害性极大的废水类别。常用的电镀镀种有镀镍、镀铜、镀铬、镀锌等。电镀企业在生产过程中由于要求的镀件各异，选用的电镀液配方、镀层种类、工艺路线和操作手段等不同，然而归根结底，电镀的基本工艺流程是较为固定的。如图 8－2 所示，电镀基本工艺流程可以概括为三大部分，即镀前处理、主体工艺和镀后处理。

镀前处理是为了使制件材质暴露出真实表面，去除油污、氧化物，消除内应力。对经过前处理的镀件进行电镀，是在制件表面形成均匀、致密、结合良好的金属或合金沉积层。电镀工艺生产过程中的主要添加剂有酸、碱、光亮剂、缓冲剂、表面活性剂、乳化剂、络合剂等。

一般电镀生产工艺是：镀件预处理机械抛光→除油→除锈→电镀→烘干→合格产品入库（不合格产品退镀）。

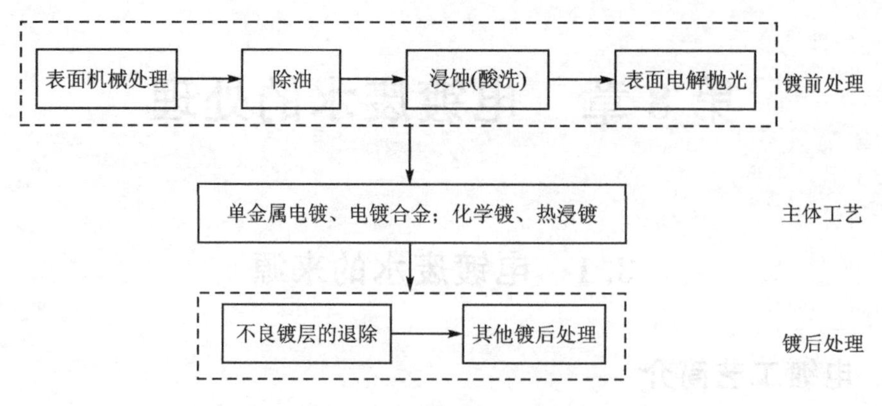


**图 8-2　电镀基本工艺流程**

(1) 镀件预处理机械抛光(磨光或滚光)

主要借助磨光轮(带)去掉被镀件上的毛刺、划痕、焊瘤、砂眼等，以提高镀件的平整度和镀件质量。该工序一般无废水排放。

(2) 除　油

金属制品的镀件由于经过各种加工和处理，不可避免地会粘附一层油污，为了保证镀层与基体的牢固结合，必须清除镀件表面上的油污。除油工艺有化学除油、有机溶剂除油和电解除油等多种。其工艺如下：

抛光后镀件→清水洗→有机溶剂除油槽→清水槽→后道工序

该工序中一般采用碱性除油，废水主要来源于清水冲洗过程，废水 pH 值为 8.5～10。

(3) 除　锈

除油后的镀件，表面上往往有很多锈斑和比较厚的氧化膜，为了获得光亮的镀层，使镀层与基体更好地结合，就必须将零件上的锈斑和氧化膜去掉，一般采用浸酸除锈。经过酸浸泡后还可以活化零件表面。其工艺如下：

除油后镀件→酸水槽→回收槽→清水槽→后道工序

该工序废水主要来源于清水冲洗过程。废水中含有大量的铁离子，pH 值为 2.0～5.0。

(4) 电　镀

其一般生产工艺如下：

浸蚀处理后镀件→电镀槽→回收槽→清水槽→后道工序

该工序废水主要来源于清水清洗过程，根据不同的电镀工艺，废水中含有相应的金属离子或氰化物。例如，氰化镀铜冲洗水中含有氰化物和铜离子，镀铬冲洗水中含有六价铬，镀镍冲洗水中含有镍离子等。

(5) 烘干入库

该工序主要是借助于机械、自然能和热能等将经电镀和冲洗后的镀件表面水分烘干，以免生锈。该工序一般无废水排放。

(6) 退　镀

退镀工艺就是退除不合格镀件表面的镀层，主要有机械磨除、化学溶解或者电化学溶解三种方法。机械磨除一般不产生退镀废水，化学溶解或者电化学溶解则有废水产生，但废水水量较少。

电镀可分为挂镀、滚镀、连续镀和刷镀等不同方式，主要与待镀件的尺寸和批量有关。挂镀适用于一般尺寸的制品，如汽车的保险杠、自行车的车把等。滚镀适用于小件，如紧固件、垫圈、销子等。连续镀适用于成批生产的线材和带材。刷镀适用于局部镀或修复。

## 8.1.2　电镀废水的分类

根据电镀生产情况，电镀废水主要包括镀件清洗废水、镀件酸洗废水、废镀液、刷洗地坪和极板的废水以及由于操作或管理不善引起的“跑、冒、滴、漏”产生的废水，另外还有废水处理过程中的工艺水以及化验室的排水等。对于各类废水的详细说明如下。

**1. 镀件清洗废水**

镀件清洗水是电镀废水的主要来源之一，几乎占车间废水排放总量的 80%以上，废水中绝大部分的污染物质是由镀件表面的附着液在清洗时带入。由于不同的镀件采用不同的工艺和清洗方式，废水中污染物质的浓度和废水量是不相同的，例如高浓度槽液与低浓度槽液；手工操作与机械化或自动化生产线；“常流水”漂洗与逆流水漂洗等。这些工艺和方式的废水量差异很大。可将电镀车间清洗排出的废水分为前处理废水、含氰废水、含六价铬废水、焦铜废水、化学镀镍废水、化学镀铜废水等。

① 前处理废水：前处理废水来源于镀前准备过程中的脱脂、除油等工序产生的清洗废水，主要污染物为有机物、悬浮物、石油类产物、磷酸盐以及表面活性剂等。

② 含氰废水：含氰废水来源于氰化镀铜、碱性氰化物镀金、中性和酸性镀金、氰化物镀银、氰化镀铜锡合金、仿金电镀等含氰电镀工序，废水中的主要污染物为氰化物、重金属离子（以络合态存在）等。

③ 含六价铬废水：含六价铬废水主要来源于镀铬、镀黑铬以及钝化等工序，废水中的主要污染物为六价铬、总铬等。

④ 焦铜废水：焦铜废水主要来源于焦磷酸盐镀铜、焦磷酸盐镀铜锡合金等电镀工序，废水中的主要污染物为铜离子（以络合态存在）、磷酸盐、氨氮及有机物等。

⑤ 化学镀镍废水：典型的化学镀镍工艺以次磷酸盐为还原剂，废水中的主要污染物为镍离子（以络合态存在）、磷酸盐（包括次磷酸盐、亚磷酸盐）及有机物。

⑥ 化学镀铜废水：典型的化学镀铜工艺以甲醛为还原剂，废水中的主要污染物为铜离子（以络合态存在）及有机物。

**2. 镀液过滤和废镀液**

镀液过滤用水和废镀液是电镀废水的另一个主要来源，约占车间废水的 10%。

过滤液主要来自三方面：

① 镀液过滤后，常在镀槽底部剩有浓的、杂质多的液体，如氰化镀锌、碱性无氰镀锌的槽底泥渣液，化学或电化学除油的槽底泥渣液，这些泥渣有时难以单独处理，故冲稀排入废水中。

② 过滤前后，特别是过滤后，在对滤纸、滤布、滤芯、滤机和滤槽等进行清洗时，漂洗水连同滤渣一起注入废水中。

③ 过滤过程中滤机（尤其是泵体）的渗漏镀液。

废镀液包括清理镀槽时排出的残液、老化的废镀液、退镀液和受污染严重的废弃槽液等。电镀槽废液中含有高浓度的酸、碱、重金属等，应委托有资质的危险废物处理单位进行处理、处置或综合利用。

**3. 车间的“跑、冒、滴、漏”**

电镀车间的“跑、冒、滴、漏”大部分起因于管理不善，如镀槽、管路和地沟（坑）的渗漏、风道积水、打破酸坛、车间运输时化学试剂或溶液的洒落以及由于不按规程操作引起的意外泄漏等。这部分废水一般与冲刷设备、地坪等冲洗废水一并考虑处理，其量的大小与各单位管理水平和车间的装备有关。

**4. 工艺必需用水**

工艺必需用水包括冲刷车间、极板、设备和地板等产生的冲洗废水以及设备冷却水，这部分废水污染物浓度较低，但是产量同样不可忽视。

**5. 废水处理工艺废水**

这部分废水根据所用的废水处理方法而异，例如采用离子交换法时就会有废再生液、冲洗树脂等用水的排放；采用蒸发浓缩法时就会有冷却水和冷凝水的排放；当选用过滤装置时就有冲洗水的排放；污泥脱水过程中会产生污泥脱出水和冲洗滤布、设备等废水的排放。

**6. 化验用水**

化验用水主要包括电镀工艺分析和废水、废气检测等化验分析用水，其水量不大，但成分较杂，一般排入电镀混合废水系统中统一处理后排放。

### 8.1.3 电镀废水污染物的组成

根据电镀产品不同功能要求，其镀液组分各不相同，由此产生的电镀废水水质成分复杂，但共同特征是均含重金属、酸、碱等污染物。此外，废水中还含有一定量的有机物和氨氮等。就废水中污染物的种类而言，主要分为以下几类。

**1. 重金属**

如铬、镉、铜、镍、锌、铁、锡、铅、金、银和锰等。

**2. 酸、碱及盐类物质**

如硫酸、盐酸、硝酸、磷酸、铬酸、硼酸、氢氟酸、氢氧化钠、碳酸钠、氰化物、焦磷酸根、多磷酸根等。

**3. 有机物质**

有机物质包括各种整平剂（醋酸、草酸等）、光亮剂（如巯基杂环化合物、硫脲衍生物和聚二硫化合物等）、表面活性剂（如聚乙二醇、直链烷基苯磺酸钠（LAS）、烷基苯酚聚氧乙烯醚（OP－10）、6501乳化剂、聚氧乙烯蓖麻油、聚乙二醛缩甲醛等）、络合剂（如三乙醇胺、酒石酸钾钠、葡萄糖酸钠、乙二胺四乙酸（EDTA）、柠檬酸钠、羟基乙叉二膦酸（HEDP）、氨基三亚甲基磷酸（ATMP）、四羟丙基乙二胺等）、缓蚀剂（如磺化煤焦油、硫脲、乌洛托品联苯胺等）、有机颜料等。

**4. 其他物质**

如氟化物、氧化铁皮、尘土及悬浮物等。

## 8.2 电镀废水处理的主要原则

为促进区域经济与环境协调发展，推动经济结构的调整和经济增长方式的转变，引导电镀工业生产工艺和污染治理技术的可持续健康发展，规范电镀企业污染物排放的管理，中华人民共和国生态环境部于2008年6月颁布了《电镀污染物排放标准》(GB 21900—2008)，并于2008年8月1日开始实施此标准。该标准规定了水污染物特别排放限值，适用于电镀企业建设项目的环境影响评价、环境保护设施设计、竣工环境保护验收及投产后的水/大气污染物排放管理，同时也适用于阳极氧化表面处理工艺设施，其对污染物排放种类及浓度、监测位置及频次、采样时间及测试方法等均提出了全面严格的要求。该标准涵盖20项废水污染物指标，其中，车间或生产设施废水排放口监测指标7项(即一类污染物排放)：总铬、六价铬、总镍、总镉、总银、总铅、总汞；企业废水总排放口监测指标13项(即二类污染物排放)：总铜、总锌、总铁、pH值、总铝、悬浮物、化学需氧量、氨氮、总氮、总磷、石油类、氟化物、总氰化物。同时，该标准以单位面积镀件镀层基准排水量作为控制项，大力推广清洁生产，力争从源头上控制减少废水产量。

在此标准中，水污染物排放限值被划分为3类：① 现有企业自2009年1月1日至2010年6月30日执行表8-1规定的限值，此后执行表8-2规定的限值；② 新建企业自2008年8月1日执行表8-2规定的限值；③ 根据环境保护工作的要求，国土开发密度较高、环境承载能力开始诚弱，或环境容量较小、生态环境脆弱，容易发生严重环境污染问题而需要采取特别保护措施地区内的企业执行表8-3规定的限值。执行水污染物特别排放限制的地域范围和时间，由国务院环境保护行政主管部门或省级人民政府规定。

**表8-1　现有企业水污染物排放浓度限值　　　mg/L(pH值除外)**

| 序　号 | 污染物项目 | 限　值 | 污染物排放监控位置 |
|---|---|---|---|
| 1 | 总铬 | 1.5 | 车间或生产设施废水排放口 |
| 2 | 六价铬 | 0.5 | |
| 3 | 总镍 | 1.0 | |
| 4 | 总镉 | 0.1 | |
| 5 | 总银 | 0.5 | |
| 6 | 总铅 | 1.0 | |
| 7 | 总汞 | 0.05 | |
| 8 | 总铜 | 1.0 | 企业废水总排放口 |
| 9 | 总锌 | 2.0 | |
| 10 | 总铁 | 5.0 | |
| 11 | 总铝 | 5.0 | |
| 12 | pH值 | 6～9 | |
| 13 | 悬浮物 | 70 | |
| 14 | 化学需氧量($COD_{Cr}$) | 100 | |
| 15 | 氨氮 | 25 | |
| 16 | 总氮 | 30 | |
| 17 | 总磷 | 1.5 | |
| 18 | 石油类 | 5.0 | |
| 19 | 氟化物 | 10 | |
| 20 | 总氰化物(以$CN^-$计) | 0.5 | |
| 单位产品(镀件镀层)基准排水量/($L \cdot m^{-2}$) | 多层镀 | 750 | 排水量计量位置与污染物排放监控位置一致 |
| | 单层镀 | 300 | |

**表 8－2　新建企业水污染物排放浓度限值**　　　　mg/L(pH 值除外)

| 序　号 | 污染物项目 | 限　值 | 污染物排放监控位置 |
| --- | --- | --- | --- |
| 1 | 总铬 | 1.0 | 车间或生产设施废水排放口 |
| 2 | 六价铬 | 0.3 | |
| 3 | 总镍 | 0.5 | |
| 4 | 总镉 | 0.05 | |
| 5 | 总银 | 0.3 | |
| 6 | 总铅 | 0.2 | |
| 7 | 总汞 | 0.01 | |
| 8 | 总铜 | 0.5 | 企业废水总排放口 |
| 9 | 总锌 | 1.5 | |
| 10 | 总铁 | 3.0 | |
| 11 | 总铝 | 3.0 | |
| 12 | pH 值 | 6～9 | |
| 13 | 悬浮物 | 50 | |
| 14 | 化学需氧量($COD_{Cr}$) | 80 | |
| 15 | 氨氮 | 15 | |
| 16 | 总氮 | 20 | |
| 17 | 总磷 | 1.0 | |
| 18 | 石油类 | 3.0 | |
| 19 | 氟化物 | 10 | |
| 20 | 总氰化物(以 $CN^-$ 计) | 0.3 | |
| 单位产品(镀件镀层)基准排水量/(L·$m^{-2}$) | 多层镀 | 500 | 排水量计量位置与污染物排放监控位置一致 |
| | 单层镀 | 200 | |

**表 8－3　水污染物特别排放限制**　　　　mg/L(pH 值除外)

| 序　号 | 污染物项目 | 限　值 | 污染物排放监控位置 |
| --- | --- | --- | --- |
| 1 | 总铬 | 0.5 | 车间或生产设施废水排放口 |
| 2 | 六价铬 | 0.1 | |
| 3 | 总镍 | 0.1 | |
| 4 | 总镉 | 0.01 | |
| 5 | 总银 | 0.1 | |
| 6 | 总铅 | 0.1 | |
| 7 | 总汞 | 0.005 | |

续表 8－3

mg/L(pH 值除外)

| 序　号 | 污染物项目 | 限　值 | 污染物排放监控位置 |
|---|---|---|---|
| 8 | 总铜 | 0.3 | 企业废水总排放口 |
| 9 | 总锌 | 1.0 | |
| 10 | 总铁 | 2.0 | |
| 11 | 总铝 | 2.0 | |
| 12 | pH 值 | 6～9 | |
| 13 | 悬浮物 | 30 | |
| 14 | 化学需氧量($COD_{Cr}$) | 50 | |
| 15 | 氨氮 | 8 | |
| 16 | 总氮 | 15 | |
| 17 | 总磷 | 0.5 | |
| 18 | 石油类 | 2.0 | |
| 19 | 氟化物 | 10 | |
| 20 | 总氰化物(以 $CN^-$ 计) | 0.2 | |
| 单位产品(镀件镀层)基准排水量/(L·$m^{-2}$) | 多层镀 | 250 | 排水量计量位置与污染物排放监控位置一致 |
| | 单层镀 | 100 | |

# 8.3　电镀废水的特点与处理难点

电镀废水水质复杂，电镀废水的污染物主要来源为重金属电镀漂洗水以及镀件除油清洗水等废水中含有铬、锌、铜、镍等重金属以及氰化物等具有很大毒性的污染物，COD 浓度一般为 300～1 500 mg/L，BOD 浓度为 100～400 mg/L，水质呈酸性。电镀废水的处理难点主要体现在以下方面：

① 水质、水量变化大：与电镀生产的工艺条件、生产负荷、操作管理以及企业用水方式等多种因素有关。

② 成分复杂：除了含有各种金属离子外，还含有各类酸性物质和碱性物质、油脂、金属氧化物、光亮剂、添加剂等。

③ 金属氰络合物稳定：含氰废水中 $CN^-$ 与金属离子发生络合生成如 $[Fe(CN)_6]^{4-}$、$[Au(CN)_2]^-$、$[Cd(CN)_4]^{2-}$、$[Cu(P_2O_7)_2]^{6-}$ 等阴离子络合物，部分络合物极为稳定，给破氰带来困难。

④ 工艺更新快：近年来，由于电镀工艺的不断改进和各企业都有自己惯用的镀液配方，在设计中应按照企业的实际情况及电镀工艺所提出的技术条件和参数进行工艺比选、试验、分析和计算。

⑤ 生物毒性强：由于重金属及氰化物的生物毒性，传统生物处理工艺对电镀废水中 COD 的去除变得棘手，因此电镀废水通常需要经过高成本的物化预处理后，再用生化法处理。

⑥ 混合处理难度大：除了主体工艺的废水组分比较固定外，大多数废水进行分质处理，其余各种废水基本会集中在一起处理；另外一些小型车间由于镀种不多，水量较少，出于经济性考虑倾向于混合处理。如果含氰、含铁废水被混合，将给处理带来极大的困难。

⑦ 处理成本：可以用于电镀废水处理的方法很多，成本偏高，如何在成本和处理效果之间取得最佳折中平衡，需要设计人员对各种工艺处理程度及其造价、运行成本都有所了解。

## 8.4 电镀废水中的污染物及其特征

电镀企业在生产过程中根据其产品和工艺的不同，产生的废水水质差异巨大，总的来看，除含氰（$CN^-$）废水和酸碱废水外，重金属废水是电镀业潜在危害性极大的废水类别，其可按照重金属类别分为含铬（Cr）废水、含镍（Ni）废水、含镉（Cd）废水、含铜（Cu）废水、含锌（Zn）废水、含铅（Pb）废水等。镀液中的光亮剂、磷化物、添加剂也是废水的重要污染物组成，这些物质体现在污染物量化指标上为总磷和COD。此外，在锻件基材的预处理过程中漂洗下来的一些油脂、油污、氧化铁皮、尘土等杂质也都被带入到电镀废水中，使电镀废水的成分更加复杂。

### 8.4.1 含铬废水

含铬废水主要来源于塑料电镀前粗化、镀铬、镀黑铬、铬酸盐钝化、退镀、阳极氧化等含铬清洗水及铬酸废气洗涤废水。铬在自然环境中有多种存在形态，化合价分布于－2～＋6，铬的主要存在形态为Cr(Ⅲ)和Cr(Ⅵ)，pH值＜4.0时，废水中六价铬主要以$Cr_2O_7^{2-}$的形式存在；pH值在4.0～7.0时，废水中六价铬以$Cr_2O_7^{2-}$和$CrO_4^{2-}$的形式存在；pH值＞7.0时，废水中六价铬主要以$CrO_4^{2-}$的形式存在。含铬废水中主要污染物为$Cr^{6+}$、$Cr^{3+}$、$Cu^{2+}$、$Fe^{3+}$、$Zn^{2+}$等金属离子和盐酸、硝酸、硫酸等酸类以及少量添加剂等，其中$Cr^{6+}$的浓度为20～200 mg/L，pH值为4～6。含铬废水一般进行分质单独处理，由于该类废水需在较低pH值条件下进行还原处理，因此也可将含铬废水和酸洗/活化漂洗水共混，以降低废水pH值调节费用。

铬的毒性与其存在价态有关，三价铬是人体必需的微量元素，对维持人体正常的生理功能有重要作用；六价铬具有较强的氧化作用，在水体中具有很高的溶解度和迁移性，能够在生物体内富集。六价铬毒性很大，是三价铬的100倍，少量接触会引起鼻粘膜不适、溃疡或鼻中隔穿孔，长期大剂量接触会造成肾脏、肝脏的损伤，甚至诱发癌症。鉴于此，美国环境保护局将Cr(Ⅵ)确定为17种高度危险的毒性物质之一。我国工业废水排放标准中六价铬为第一类污染物，国家《电镀污染物排放标准》对于六价铬的排放标准做了更加严格的要求，规定电镀企业排放废水中总铬含量不得超过1.0 mg/L，Cr(Ⅵ)含量不得超过0.2 mg/L。

### 8.4.2 含镍废水

电镀镍是利用外电流将电镀液中镍离子在阴极上还原成金属的过程，其废水成分相对简单。而化学镀镍是依赖镀液中的还原剂进行氧化还原反应，在自催化作用下使金属离子不断沉积于材料表面的过程，其废水成分相对比较复杂。

电镀镍废水主要来源于普通镀镍、电镀暗镍、电镀光亮镍、多层镀镍（如双层镀镍、半光亮镍/光亮镍/镍封、半光亮镍/光亮镍/高应力镍）、电镀镍合金（如镍铁合金、镍磷合金、镍钴合金等)等工艺过程的漂洗水。电镀镍废水中的主要污染物为硫酸镍、氯化镍、硫酸钠、硼酸等无机盐和酸,以及部分光亮剂、表面活性剂等,其中镍离子浓度一般为 20～400 mg/L,pH 值在6左右,COD 在 100 mg/L 以下。

化学镀镍废水主要来源于化学镀镍工艺清洗水。化学镀镍废水中主要污染物包括镍盐(如硫酸镍、氯化镍、醋酸镍、氨基磺酸镍、次磷酸镍等)、络合态镍、还原剂(如次磷酸盐、肼、硼氢化钠)、亚磷酸盐、络合剂(如乳酸、乙醇酸、苹果酸、氨基乙酸、柠檬酸、焦磷酸盐、氨水等)、缓冲剂(如乙酸/乙酸钠、丁二酸/硼砂、丁二酸氢钠/丁二酸钠等)、稳定剂(硫脲、硫代硫酸盐、含氧化合物、不饱和马来酸等)、加速剂及光亮剂、表面活性剂等,其中镍离子浓度一般低于100 mg/L,pH 值为6左右。由于废水中有机物的存在容易改变重金属离子的存在形态,使其难以通过传统化学沉淀等方法进行有效去除,因此,电镀镍和化学镀镍废水一般应当单独收集、单独处理。

镍是一种对于人体来说需求量微小的必需元素。人体摄入过多的镍,易产生对皮肤、呼吸系统和消化系统的损伤,导致出现明显皮疹或者诱发过敏性皮炎;或导致食物中毒,致使呕吐和腹泻,严重时可能心、脑、肾出现水肿;还可能引发呼吸衰竭,甚至出现严重的出血。此外,空气中过量的镍可能引起人体的一系列呼吸道疾病,破坏人体的咽粘膜及呼吸道粘膜,进而引发呼吸道感染。另有研究表明,镍与某些肿瘤的出现有关,具有致癌性。镍浓度超标废水的排放会威胁自然界微生物的生命活动,直接导致土壤物质循环的能力降低,进而危害自然界植物、农作物的生长。植物中含有的镍,被动物食用后,可以进入体内,产生生物富集现象,若人食用了这类动物,则会威胁到人类的健康。

### 8.4.3　含铜废水

铜在电镀行业中使用较广,如电镀阳极、镀液中的硫酸铜、焦硫酸铜、氰化亚铜等。含铜废水主要来源于氰化镀铜、硫酸盐镀铜、焦磷酸盐镀铜和化学镀铜等工艺产生的各类含铜清洗废水。其中,硫酸盐镀铜工艺主要产生游离态铜离子、镍离子、硫酸铜、硫酸和部分光亮剂等污染物,废水中铜浓度一般在 100 mg/L 以下,pH 值为2～3。焦磷酸盐镀铜工艺产生的污染物为络合态铜离子、磷酸盐、柠檬酸盐、氨三乙酸以及部分添加剂、光亮剂、表面活性剂等,废水含铜浓度在 50 mg/L 以下,pH 值在7左右。化学镀铜工艺以甲醛为还原剂,镀液中主要成分包括硫酸铜、氢氧化钠、酒石酸钾钠、甲醇、EDTA 钠盐和亚铁氰化钾等,其废水主要污染物为络合态铜离子及各类有机物。除氰化镀铜废水分流外,其余镀铜工艺废水一般进行混合处理,但针对络合比例高、水质波动性大的含铜废水,应分质处理并有针对性地破络,以保证总铜浓度的达标排放。

铜在动物的新陈代谢方面是至关重要的。但是过量摄入铜极易对内脏造成损害,特别是肝、胆,从而导致人体新陈代谢紊乱、肝硬化、肝腹水,甚至威胁生命,引起严重的中毒反应,如呕吐、抽筋、惊厥,甚至死亡。皮肤接触铜化合物时,会引起皮炎和湿疫,如果接触高浓度的铜化合物会使皮肤坏死。当水体中铜含量达 0.01 $mg/dm^3$ 时,能够抑制水体的自净作用;当水体中铜含量超过 5 $mg/dm^3$ 时,水体会产生明显异味;当铜含量超过 15 $mg/dm^3$ 时,水将不能饮用。如果用含铜废水灌溉农田,铜将被植物体吸收并在植物体内富集,从而影响水稻和大麦的生长,进而污染粮食籽粒。铜对小型动物的生存也有影响,鱼类在铜含量达到 0.1～0.2 mg/L 的水里即会死亡。

### 8.4.4 含锌废水

在电镀行业中，由于金属锌使用范围广，锌污染也是当前比较严重的问题之一。含锌废水主要来源于碱性锌酸盐镀锌、钾盐镀锌、硫酸锌镀锌和铵盐镀锌等工序产生的废水。碱性锌酸盐镀锌工序产生的污染物主要包括氧化锌、氢氧化钠和部分添加剂、光亮剂等，一般废水中含锌浓度在 50 mg/L 以下，pH 值在 9 以上；钾盐镀锌工艺主要产生氯化锌、氯化钾、硼酸和部分光亮剂等污染物，废水中含锌浓度在 100 mg/L 以下，pH 值为 5～8；硫酸锌镀锌工艺主要产生硫酸锌、硫脲和部分光亮剂等污染物，废水中含锌浓度在 100 mg/L 以下，pH 值为 6～8；铵盐镀锌废水中主要污染物为氯化锌、氧化锌、锌的络合物、氨三乙酸和部分添加剂、光亮剂等，含锌浓度一般在 100 mg/L 以下，pH 值为 6～9。对于不含配位剂或少量配位剂的镀锌废水，调整废水的 pH 值并投加一定量的絮凝剂，经沉淀和过滤处理后即可实现达标排出。针对含过量配位剂的镀锌废水，如铵盐镀锌废水，则需要预先破坏配合物后，进行化学沉淀处理。

锌是人体必需的微量元素之一，正常人每天要从食物中摄取锌，它对生物组织的功能作用和协调很多生物化学过程起重要的作用。然而，过量的锌能够引起严重的健康问题，例如胃痉挛、皮肤刺激、呕吐、恶心和贫血等；锌的一些化合物也有毒性，如氯化锌会造成腹膜炎等症状，过量摄入会使人休克而死亡。锌对鱼类和其他水生生物的毒性更大。锌在土壤中的聚集会使植物体吸收大量的锌，从而通过富集作用对人和动物造成威胁。如果用含锌废水灌溉农田，会影响小麦的生长，造成小麦出苗不齐，植株矮小，叶片萎黄。过量的锌还会使土壤失去肥力，致使细菌减少，抑制土壤中的微生物作用。

### 8.4.5 含铅废水

含铅废水来源于合金镀工艺产生的废水，此外在刷洗铅阳极时，其废水中铅浓度较高，此时应严格处理废水。废水中的污染物主要包括氟硼酸铅、氟硼酸、氟离子和部分添加剂等，其中铅离子浓度为 150 mg/L 左右，氟离子浓度为 60 mg/L 左右，pH 值在 3 左右。

对于人体来说，各类铅及其化合物都是对人体有害的物质，人体可承受的含量是 5%～10%。若高含量铅进入人体，铅的积累会引发骨骼内源性中毒，当血铅含量达到 6～8 $\mu g/dm^3$ 后，铅能够导致中枢神经受损。此外，铅也能伤害肾脏、肝脏、生殖系统、基本细胞和脑功能，中毒症状有贫血、失眠、头痛、眩晕、易怒、肌肉损伤，产生幻觉及肾脏损害。铅还会引起鱼类及各种水生物中毒，如果铅含量高甚至会致死。

### 8.4.6 含镉废水

含镉废水主要来源于三乙酸胺无氰镀镉、酸性镀镉及碱性镀镉工艺产生的废水。三乙酸胺无氰镀镉工艺产生的污染物主要包括硫酸镉、氯化镉、乙酸钠、氨三乙酸、EDTA、硫酸镍和部分添加剂等，废水中含镉浓度在 100 mg/L 以下，pH 值为 6～7；酸性镀镉工艺主要产生硫酸、硫酸钠、硫酸锅、硫酸铵和部分添加剂等污染物，废水 pH 值为 3～5；碱性镀镉产生的污染物包括硫酸镉、氯化镉、硫酸铵、三乙酸铵、焦磷酸钾、EDTA 等，废水 pH 值为 8～9。

镉镀层具有许多优良性能，因此在宇航、船舶、仪表等部门广为应用，但镉及其化合物有毒，近年来人们在努力寻找其他合金层代替镀镉层。镉由美国环境保护局划分为一种对人类致癌物，它对人类健康能造成严重的威胁。慢性接触镉能够导致机能障碍，高浓度的镉将导致死亡。对镀镉所排出的含镉废水一定要严格控制、认真处理，严防镉及其化合物扩散，镉一旦排入环境中，所造成的污染很难消除。

### 8.4.7　含锡废水

含锡废水主要来源于酸性镀锡、碱性镀锡和镀件清洗水等工艺产生的废水中，酸性镀锡工艺主要产生的污染物包括硫酸亚锡、甲酚磺酸、硫酸、氟硼酸和部分光亮剂、稳定剂、分散剂等，废水中含锡浓度一般在 60 mg/L 以下，pH 值为 2～3；碱性镀锡废水中主要污染物包括硫酸亚锡、三水合锡酸钾、氢氧化钠、氢氧化钾、乙酸钾和络合剂等，废水含锡浓度在 100 mg/L 以下，pH 值在 7 左右；镀件清洗水中主要污染物包含 $Cu^{2+}$、$Sn^{2+}$、$Sn^{4+}$ 等重金属离子，其 pH 值为 2～3。

锡能够使水体产生异味，而且可以降低水体的透明度。当人体食用或吸入过量无机锡元素时会造成消化系统病变，出现恶心、腹污、食欲丧失等中毒症状，并且会损害神经系统，出现头痛、头晕和记忆力衰退等症状。高浓度的锡元素会对水生生物造成危害，其浓度超过 2 mg/L 时会对鱼产生致毒作用，浓度为 0.35 mg/L 时可降低水蚤亚目的繁殖能力。在软水(碳酸钙含量为 20 mg/L)中，经过 96 h，硫酸锡对鱼的平均致死浓度为 0.78 mg/L(以金属锡计)；在硬水(碳酸钙含量为 360 mg/L)中，其平均致死浓度为 33.4 mg/L(以金属锡计)。锡元素的存在还会抑制城市污水处理厂的生物除磷过程。根据《锡、锑、汞工业污染物排放标准》(GB 30770—2014)，2016 年 1 月 1 日起现有和 2014 年 7 月 1 日起新建企业的总锡排放限值为 2.0 mg/L。

### 8.4.8　含氰废水

含氰废水主要来源于氰化镀铜、氰化镀锌、氰化镀金、氰化镀银、氰化镀铜锡合金、仿金电镀等氰化电镀工序的清洗水以及氰化氢废气喷淋废水。含氰废水中主要污染物包括络合态重金属、游离氰化物、氢氧化钠及碳酸钠盐类和多种添加剂等。含氰废水中氰浓度一般低于 50 mg/L，pH 值在 8～11 之间。通常情况下，含氰废水需要单独收集、单独处理，若与其他废水混合，则易造成氧化剂使用量增多、酸性条件下生成剧毒性物质、与重金属离子发生络合增加废水处理难度等问题。考虑到氧化破氰在碱性条件下进行，实际工程中也存在含氰废水与碱性除油废水共混的现象。含氰废水经氧化破氰处理后，如有条件可与其他废水混合，并通过化学沉淀法进行沉淀过滤，以确保废水中重金属离子的全面达标。

氰酸和氰化物都是剧毒物质，氰化物污染水体后，少量即可致人体、动物中毒，甚至死亡。氰化钾和氰化钠的人的口服致死量分别为 120 mg 和 100 mg。少量氰化物经消化道长期进入人体，会引起慢性中毒，经动物试验所得的阈下浓度为 0.05 mg/kg，长期低剂量使用含氰水源，会使人出现头晕、心悸、头痛等症状。即使是铁氰酸盐和亚铁氰酸盐这类氰化物低毒性复盐，若排放至水中，富集后由于阳光照射及其他环境因素的影响，也可能分解出游离氰化物，从而导致水生动植物中毒死亡。若误用此类水作为灌溉水，还会使得农作物减产，甚至使其带有一定的毒性。

### 8.4.9　酸碱废水

酸、碱在电镀行业中的使用量很大，大多数是用在镀前预处理，主要有硫酸、盐酸、硝酸和磷酸等酸类以及氢氧化钠、碳酸铀等碱类;除此之外,废水处理时也投加一些酸、碱和部分盐类等物质。

由于酸碱废水有很强的腐蚀性,直接排放时,会腐蚀破坏管道和地下构筑物;进入水体后会影响水体的酸碱度,破坏水体的自净功能,从而影响生物的生长和渔业生产。pH 值为 5 或 9 时,大部分鱼迁移;pH 值低于 5 时,对一般鱼类有危害甚至造成死亡。如作为灌溉用水排入农田,则会改变土壤性质,危及农作物。

### 8.4.10 添加剂和光亮剂

电镀工艺中使用的添加剂、光亮剂等种类繁多,其中绝大部分是有机物,大部分是配合物和表面活性剂等。过去很长一段时间里对这部分试剂危害性的研究和重视不够,关于这部分的毒理试验和评价工作暂时还不够详实。在电镀企业的排放标准中,这一部分可以用 COD、总磷等指标量化,在采用膜过滤法处理电镀废水的工艺中,这些物质往往需要在前置工段去除,否则会大大增加膜的负荷,对膜的使用寿命和更换周期产生巨大影响。

### 8.4.11 其他废水

除以上几种电镀过程中可能产生的污染物外,还有其他重金属(如银、砷、汞)过量的废水也有毒害性,还包括一些有毒的盐类化合物、油类、苯胺类、氟的无机化合物、硫化物等。虽然这部分物质的含量不是很大,但是往往由于管理不善等原因也会出现超标现象而污染环境,若不能有效处理这些污染物,同样将对人体和环境造成危害。

## 8.5 电镀废水处理工程实例

我国电镀废水年均排放总量高达 40 亿 $m^3$,约占工业废水总量的 20%,其中多半未达到国家规定的排放标准。电镀废水处理过程中酸、碱、氰化物及重金属等多类物质的释放,不但容易引发土壤及水环境污染,而且可通过食物链对生态圈产生潜在危害。加强电镀废水处理,有助于保障水生态环境安全,促进水资源良性循环,缓解水资源匮乏现状。

20 世纪 50 年代末是我国电镀废水治理的起步阶段,该阶段以单纯的有毒废水治理为主,主要通过引进如漂白粉法、硫酸亚铁-石灰法、自然中和稀释法等技术处理含氰废水、含铬废水和酸碱废水。

20 世纪 60 年代后期,离子交换法、电解法、二氧化硫还原法、钡盐沉淀法等技术获得应用。与此同时,研究人员还开展了微氰、低氰、中铬和低铬等电镀工艺研究,从源头消除或减轻废水污染。

20 世纪 70 年代,主要侧重于从工艺改进角度解决电镀废水污染问题。例如,利用喷淋清洗或多级逆流漂洗技术减少用水量,采用低浓度电镀工艺或微毒、低毒材料降低致毒性污染物浓度。在废水治理技术方面,蒸发浓缩法、反渗透、电渗析等工艺在全国范围内获得推广应用,废水和重金属回收技术迅速发展。

20 世纪 80—90 年代,多采用以防为主、源头治理的多元组合技术对废水进行处理,处理技术由以单一电解法和离子交换法为主逐步发展到化学法、逆流漂洗、槽边电解、离子交换、蒸发浓缩、铁氧体法等技术的综合运用。

20 世纪 90 年代至今，电镀废水治理由工艺改革、回收利用和闭路循环进一步向综合防治与总量控制方向发展，多元化组合处理与自动控制相结合的环境保护和资源回用技术成为电镀废水治理的发展主流。

处理电镀废水的方法如上所述，种类繁多，各有优劣。化学沉淀法应用最广泛，简单、易操作，但是它适用于重金属初始浓度较高的废水，对浓度较低的重金属废水的去除效率偏低，且易产生大量的污泥；还原法一般只用作废水的预处理；吸附法适用于处理重金属浓度偏低的废水，吸附后产物的处理难度制约了吸附法的使用；膜分离技术作为一种新型、高效的水处理技术受到普遍重视，但是成本高、通量小、操作过程复杂等问题使其在电镀废水治理市场没能广泛应用；离子交换法的选择性高，可去除多种重金属，但离子交换树脂的价格偏高，树脂再生时运行费用较高，因此很少用在大规模的废水处理工程中；电化学法设备体积小、占地少，不会或很少产生二次污染，但存在着能耗大、成本高、副反应多的不足。

因此，对于电镀废水，一定要结合水质水量的实际情况，选择合适的处理方法或者将几种方法联合使用，以取得较好的处理效果，以下将根据电镀废水处理工程实例展开介绍。

## 8.5.1　活塞环镀铬废水“零排放”——还原沉淀/膜处理工艺

### 1. 废水水质概况

某特种活塞环厂是我国各大功率柴油机厂活塞环的主要配套生产厂，产品广泛用于摩托车、汽车、卡车、工程机械、通用机械、船机等。该厂有一条电镀镀铬生产线为活塞环镀铬，环保部门要求电镀废水实现零排放，全部循环回用。为达到零排放的要求，电镀废水经处理后需循环回用。镀铬废水来源于电镀生产线的漂洗工序、废槽液以及车间地面冲洗水，电镀生产线以去离子水为原水，采用多级逆流漂洗工艺清洗镀件。生产线每天三班制生产，每班产生含铬废水 3～5 $m^3$，每天产生含铬废水 9～15 $m^3$，预留少量富余量得到设计流量为 24 $m^3/d$。根据厂家需求，原水水质和回用水水质各项限值如表 8－4 所列。

表 8－4　原水水质和回用水水质各项限值

| 指　标 | Cr(Ⅵ)/($mg \cdot L^{-1}$) | TSD/($mg \cdot L^{-1}$) | SS/($mg \cdot L^{-1}$) | pH　值 |
|---|---|---|---|---|
| 原水水质 | 30～50 | 500～1 000 | 100～150 | 3～4 |
| 回用水水质 | ≤0.05<br>(三价铬为≤0.01) | ≤500 | ≤1 | 6～9 |

### 2. 废水处理工艺流程及简要说明

传统的电镀废水处理方法有化学还原沉淀法、离子交换法，本项目回用水水质要求高，传统的处理方法难以达到“零排放”的要求，膜分离技术在电镀废水循环回用中已经有了成功的应用，结合该活塞环厂废水水量、水质条件以及场地限制等因素，本项目采用膜技术作为深度处理实现电镀废水处理循环回用。如图 8－3 所示，电镀含铬废水通过专用管道进入调节罐，通过泵提升输送至含铬废水处理机处理，含铬废水处理机为成套设备，包含还原、中和、沉淀分离等功能。含铬废水处理机在 pH 值＝2～3 的条件下，通过还原剂 $NaHSO_3$ 将 Cr(Ⅵ)还原为 Cr(Ⅲ)，将其转化为沉淀从废水中分离，经过化学还原沉淀处理后的废水进入中间水箱，由泵提升进入砂滤器过滤，进一步去除废水中的悬浮物；砂滤器的出水由泵提升进入超滤系统，超滤作为反渗透的预处理，使废水中的悬浮物、胶体颗粒等达到反渗透的进水要求。反渗透装置去除盐类物质以及杂质离子，透过液回用于电镀漂洗工艺；浓缩液一部分回流，另一部分外排至三效蒸发器进行蒸发、结晶，三效蒸发器结晶得到的盐类物质作为危险废物与含铬污泥一起送至危险废物处置中心处置。处理装置中砂滤器的反冲洗排水、超滤膜组件化学反冲洗排水、反渗透膜组件的反冲洗排水均排入反冲洗污水箱，由泵输送至含铬废水处理机进行处理。化学还原沉淀产生的含铬污泥通过板框压滤机脱水后送至危险废物处置中心处置。

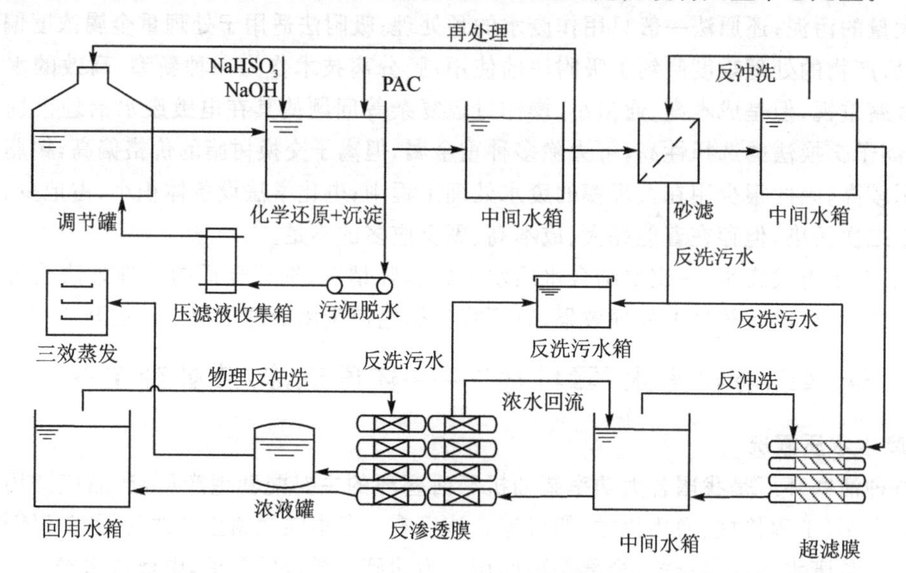


图 8-3　含铬废水"零排放"工艺流程

### 3. 主要废水处理单元

活塞环镀铬废水处理主要处理单元见表 8-5。

表 8-5　组合工艺主要处理单元参数

| 序 号 | 名 称 | 尺寸及技术参数 | 数 量 |
|---|---|---|---|
| 1 | 还原区 | $L\times B\times H=1$ m×0.45 m×1.6 m，HRT=30 min | 1座 |
| 2 | 中和区 | $L\times B\times H=1$ m×0.45 m×1.6 m，HRT=30 min | 1座 |
| 3 | 斜管沉淀区 | $L\times B\times H=1$ m×1.9 m×2.9 m，$q=0.53$ m$^3$/(m$^2$·h) | 1座 |
| 4 | 中间水箱 | $L\times B\times H=1$ m×0.4 m×2.9 m，$V=1.1$ m$^3$ | 1座 |
| 5 | 保安过滤器 | 10 μm | 2个 |
| 6 | 超滤膜 | UF1IB160，膜面积 20 m$^2$ | 1台 |
| 7 | 超滤增压泵 | $Q=2$ m$^3$/h，$H=28$ m，$N=4$ kW | 3支 |
| 8 | 中间水箱 | $\Phi=1.5$ m，$V=3$ m$^3$ | 1台 |
| 9 | 保安过滤器 | 5 μm | 2个 |
| 10 | 反渗透膜 | PROC10，膜面积 37.2 m$^2$ | 1台 |
| 11 | 高压泵 | $Q=7$ m$^3$/h，$H=170$ m，$N=15$ kW | 2支 |
| 12 | 冲洗水泵 | $Q=7$ m$^3$/h，$H=18$ m，$N=0.75$ kW | 1台 |
| 13 | 药洗泵 | $Q=7$ m$^3$/h，$H=18$ m，$N=0.75$ kW | 1台 |
| 14 | 药洗罐 | $\Phi=1$ m，$V=1$ m$^3$ | 1台 |

注：表中 $L$ 表示长，$B$ 表示宽，$H$ 表示高，$q$ 表示表面负荷，$\Phi$ 表示直径，$V$ 表示体积。泵的参数：$Q$ 表示流量，$H$ 表示扬程，$N$ 表示功率。

**4. 废水处理技术经济指标**

采用化学还原沉淀＋超滤＋反渗透工艺对某活塞环厂电镀含铬废水进行处理，反渗透产水回用，浓缩液经过三效蒸发器蒸发，实现电镀废水零排放。经沉淀处理后的清水进入膜系统处理，反渗透系统总回收率为 70%。整套系统运行稳定，回用水水质优于自来水。系统总投资为 125 万元，吨水处理成本为 4.08 元，其中电力消耗为 2.92 元/吨，换膜成本为 0.45 元/吨，清洗成本为 0.21 元/吨，维修费为 0.05 元/吨。

## 8.5.2　镀镍清洗废水处理——离子交换树脂-催化氧化-反渗透膜组合工艺

**1. 废水水质概况**

泉州某电镀厂镀镍生产线实际清洗废水中主要含有金属镍、COD 和酸，每天废水排放量为 90 $m^3$，设计原水水质和出水水质（依照《电镀污染物排放标准》GB 21900—2008 要求制定）如表 8－6 所列。

**表 8－6　设计原水水质和出水水质**

| 指　标 | COD/($mg \cdot L^{-1}$) | $Ni^{2+}$/($mg \cdot L^{-1}$) | SS/($mg \cdot L^{-1}$) | 电导率/($\mu S \cdot cm^{-1}$) | pH　值 |
|---|---|---|---|---|---|
| 原水水质 | 120～180 | 300～400 | 180～200 | 900～1 000 | 2～3 |
| 出水水质 | ≤15 | — | ≤10 | ≤20 | 6～9 |

**2. 废水处理工艺流程及简要说明**

项目采用前置过滤＋离子交换树脂去除高浓度金属离子，后续催化氧化去除 COD，最后经过反渗透进一步去除金属离子，其工艺流程如图 8－4 所示。

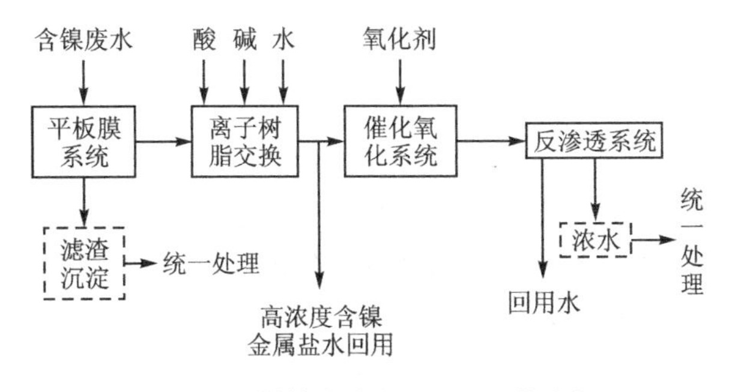


**图 8－4　镀镍清洗废水处理工艺流程**

废水经生产线逆流漂洗后排放至平板膜系统，经膜过滤去除水中的悬浮物，为后续处理设备减轻负担。离子树脂吸附段选取进口选择性螯合离子交换树脂，能高效地从废水中选择性地去除二价阳离子。离子交换系统采取三用一备形式，出水镍离子浓度指标以 0.1 mg/kg 为上限。树脂达到吸附饱和后通入硫酸进行脱附处理，洗脱后的硫酸镍溶液富集至一定浓度后回用生产线，脱附后的树脂清洗后使用碱液对其进行转型，为下一次吸附做准备。树脂吸附系统出水进入下一系统——催化氧化系统。树脂出水中存在一定 COD，为后续顺利排放须对其进行氧化处理。该系统主体为催化剂填料氧化塔，树脂出水与氧化剂混合进入氧化塔中，在催化剂作用下，大量羟基自由基被激发参与氧化过程，可有效降解 COD，是一种绿色高效的处理方式，成本较低且不产生污泥。氧化段出水经反渗透系统，淡水可直接回用于生产系统，浓水交由工厂统一进行排放处理。

**3. 主要废水处理单元**

镀镍清洗废水处理主要处理单元如表 8-7 所列。

**表 8-7　工艺主要处理单元参数**

| 序　号 | 名　称 | 尺寸及技术参数 | 数量/座 |
|---|---|---|---|
| 1 | 一体式平板膜系统 | 水箱尺寸为 2 m×2.5 m×2.5 m,膜面积为 2.6 $m^2$,水通量最高可达 4 $m^3/h$ | 1 |
| 2 | 树脂吸附系统 | 进口二价选择性螯合离子树脂,系统内共 4 个树脂柱,三用一备,罐体直径为 0.5 m,填料高度为 1.2 m | 2 |
| 3 | 催化氧化系统 | 高为 1.2 m,直径为 0.5 m,内部填充改性铁基活性炭,两塔串联使用 | 1 |
| 4 | 反渗透系统 | PROC10,膜面积为 37.2 $m^2$ | 1 |

**4. 废水处理技术经济指标**

本工艺进水 pH 值为 2～3,出水时 pH 值稳定在 6～8 之间;COD 去除率最高为 95.97%,最低为 94.80%,COD 去除明显且效果稳定;7 d 内出水 $Ni^{2+}$ 浓度均低于检出限(0.05 mg/L);电导率及 SS 降低较为明显,保证了处理出水水质稳定达到《污染物排放标准》(GB 21900—2008),表明该工艺在实际应用过程中效果明显且稳定性较好,吨水总运行费为 13.56 元。

## 8.5.3　镀锌和铬电镀工段漂洗废水处理——中和-混凝沉淀-水解酸化-缺氧-好氧组合工艺

**1. 废水水质概况**

南通某公司搬迁新建电镀线,镀种主要包含锌、铬等,新建电镀废水处理站,用于处理该公司废水,拟设计污水处理厂处理能力为 600 t/d。该厂产生的废水包括以下 5 种:① 综合废水:前包含处理、磷化、退封闭工段漂洗水,主要污染物为石油类和磷酸盐,还有少量铁离子;② 含氰废水:含氰电镀工段漂洗水,主要污染物为氰化物,还可能有铜、银、金等重金属离子;③ 含铬废水:钝化工段漂洗水,主要污染物为三价铬和六价铬,此股废水来自蓝白钝化、五彩钝化等工艺,含有较多柠檬酸、二聚酸等有机酸类络合剂;④ 含金属离子废水:主要来自镀镍工段,含有镍离子,化学沉淀法对重金属有较好的处理效果;⑤ 碱性镀锌废水:碱性镀锌工段漂洗水,此股废水来自碱性镀锌工段,含有较多络合物。废水排放执行《电镀污染物排放标准》(GB 21900—2008),废水水质情况及出水水质要求如表 8-8 所列。

**表 8-8　废水水质情况及出水水质要求**

mg/L

| 项　目 | COD | 氨　氮 | TP | TN | 总　氰 | 总　铬 | 六价铬 | 镍 | 总　锌 |
|---|---|---|---|---|---|---|---|---|---|
| 碱性镀锌废水 | 300 | 10 | 0 | 15 | 0 | 0 | 0 | 0 | 100 |
| 含氰废水 | 150 | 8 | 0 | 15 | 80 | 0 | 0 | 0 | 0 |
| 含金属离子废水 | 200 | 0 | 0 | 0 | 0 | 0 | 0 | 30 | 0 |
| 磷化废水 | 300 | 0 | 25 | 0 | 0 | 0 | 0 | 0 | 0 |
| 酸碱综合废水 | 500 | 20 | 15 | 70 | 0 | 0 | 0 | 0 | 0 |
| 含铬废水 | 150 | 0 | 0 | 0 | 0 | 100 | 50 | 0 | 0 |
| 出水水质要求 | ≤80 | ≤15 | ≤1.0 | ≤20 | ≤0.3 | ≤1.0 | ≤0.2 | ≤0.5 | ≤1.5 |

**2. 废水处理工艺流程及简要说明**

由于本工艺需要处理5类不同废水，因此对于每种废水采取相应的预处理工艺，各废水经过预处理后流入混合废水调节池中，工艺流程如图8-5所示。主要工艺流程说明如下。

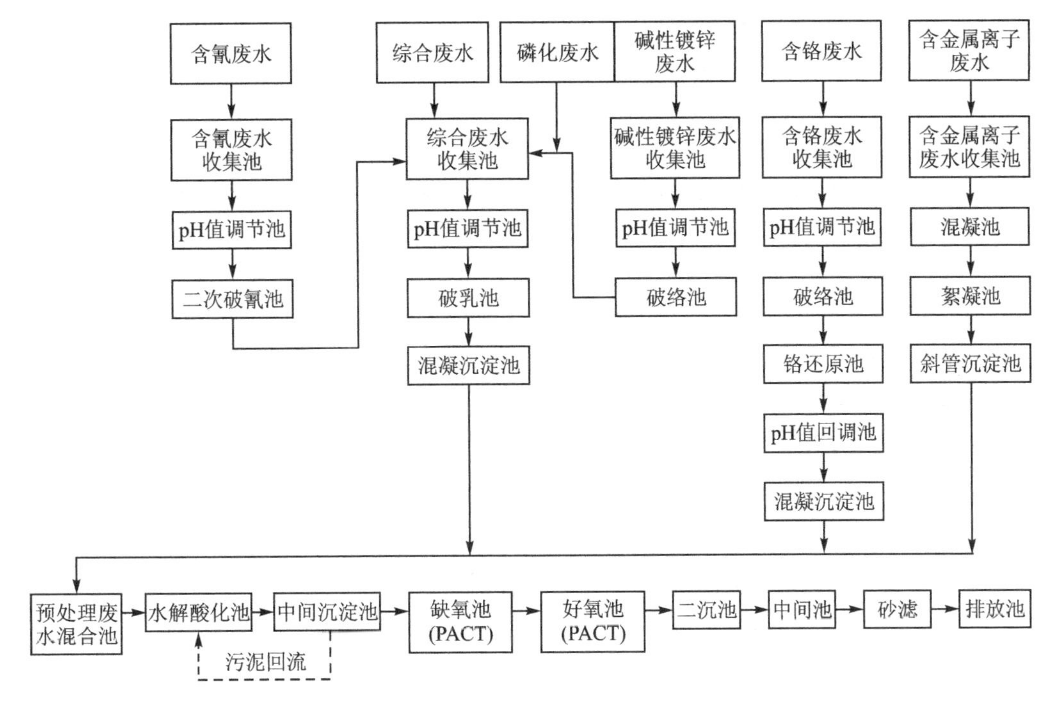


**图8-5 废水处理工艺流程(6)**

(1) 含氰废水预处理

含氰废水进入含氰废水收集池，提升至pH值调节池，加碱搅拌调节pH值至10～11，进入二次破氰池，废水在碱性条件下，用次氯酸钠作氧化剂，使氰根氧化成氮气、氢气和碳酸盐，反应分两步进行：① 通过pH值控制系统自动控制碱的加入量，调节废水的pH值至10～11，同时通过ORP自动控制系统控制氧化剂的加入量；② 通过pH值控制系统自动控制酸的加入量，调节废水的pH值为7～8，同时通过ORP自动控制系统控制氧化剂的加入量。破氰后的废水进入综合废水收集池。

(2) 含铬废水预处理

含铬废水进入含铬废水收集池，经泵提升至pH值调节池，加酸搅拌调节pH值至2.8，进入破络池，加入破络剂，将废水中的络合有机酸破络后，进入铬还原池。废水中的六价铬主要以 $CrO_4^{2-}$ 和 $Cr_2O_7^{2-}$ 两种形式存在，两者之间存在着平衡。在酸性条件下，六价铬主要以 $Cr_2O_7^{2-}$ 形式存在；碱性条件下，主要以 $CrO_4^{2-}$ 形式存在。处理含铬废水，一般采用氧化还原反应，利用低价态的硫的含氧酸盐，将六价铬还原为三价铬。本工程采用焦亚硫酸钠还原六价铬，方法成熟可行，可以达到尽可能减少污泥产生量的目的。经还原处理后的废水流入混合废水调节池。还原反应完成后，加碱提高废水pH值至6.7～7.0，$Cr^{3+}$ 即生成 $Cr(OH)_3$ 沉淀，进入混凝沉淀池进行固液分离，上清液进入预处理废水混合池。

(3) 碱性镀锌废水

碱性镀锌废水进入碱性镀锌废水调节池，经泵提升至pH值调节池，加酸搅拌调节pH

值，进入破络池，加入破络剂，将废水中的络合有机酸破络后，自流进入综合废水收集池。

(4) 综合废水预处理

综合废水进入综合废水收集池，经泵提升至pH值调节池，搅拌调节pH值至7～8，进入破乳池，加入破乳剂破乳后，投加PAC、PAM进行混凝，之后进入混凝沉淀池，固液分离后上清液自流进入预处理废水混合池。

(5) 生化处理

预处理废水混合池废水经泵提升进入水解酸化池，在水解酸化池中进行水解发酵、产氢产乙酸两个阶段。在大量水解细菌、酸化菌的作用下将不溶性有机物水解为溶解性有机物，将难生物降解的大分子物质转化为易生物降解的小分子物质的过程，可有效改善废水的可生化性。水解酸化池出水进入缺氧池，缺氧池中反硝化菌利用废水中的COD作营养物质将硝态氮转化为氮气，从而去除废水中的COD和总氮。缺氧池出水进入好氧池，在好氧池中利用好氧菌作用进一步去除废水中的COD，为确保废水达标排放，最终还需经砂滤后排放。

**3. 主要废水处理单元**

镀锌和铬电镀工段漂洗废水处理主要处理单元如表8-9所列。

**表8-9 工艺主要处理单元参数**

| 序号 | 处理单元及合计 | 规格尺寸/(m×m×m) | 单位 | 数量 |
|---|---|---|---|---|
| 1 | 综合废水收集池 | 8.0×6.0×4.0 | 座 | 1 |
| 2 | 含氰废水收集池 | 3.0×2.75×4.0 | 座 | 1 |
| 3 | 含铬废水收集池 | 5.0×2.75×4.0 | 座 | 1 |
| 4 | 含金属离子废水收集池 | 5.0×2.0×4.0 | 座 | 1 |
| 5 | 磷化废水收集池 | 3.0×2.0×4.0 | 座 | 1 |
| 6 | 碱性镀锌废水收集池 | 2.0×2.0×4.0 | 座 | 1 |
| 7 | 废液收集池 | 2.375×2.0×4.0 | 座 | 2 |
| 8 | 事故池 | 16.0×8.25×4.0 | 座 | 1 |
| 9 | pH值调节池1 | 0.8×0.8×2.5 | 座 | 1 |
| 10 | 破络池 | 1.5×0.8×4.5 | 座 | 1 |
| 11 | 还原池 | 1.5×0.8×4.5 | 座 | 1 |
| 12 | pH值回调池 | 0.8×0.8×2.5 | 座 | 1 |
| 13 | 混凝池1 | 0.8×0.8×2.5 | 座 | 1 |
| 14 | 絮凝池1 | 0.8×0.8×2.5 | 座 | 1 |
| 15 | 斜管沉淀池1 | 2.0×1.85×4.5 | 座 | 1 |
| 16 | pH值调节池2 | 3.25×1.25×4.5 | 座 | 1 |
| 17 | 混凝破乳池 | 1.5×1.5×4.5 | 座 | 1 |
| 18 | 絮凝池2 | 1.5×1.5×4.5 | 座 | 1 |
| 19 | 斜管沉淀池2 | 5.0×3.25×4.5 | 座 | 1 |
| 20 | 混凝池2 | 0.8×0.8×2.5 | 座 | 1 |
| 21 | 絮凝池3 | 0.8×0.8×2.5 | 座 | 1 |

续表 8－9

| 序　号 | 处理单元及合计 | 规格尺寸/(m×m×m) | 单　位 | 数　量 |
|---|---|---|---|---|
| 22 | 斜管沉淀池 3 | 1.85×1.3×4.5 | 座 | 1 |
| 23 | 预处理废水混合池 | 10.3×4.0×5.5 | 座 | 1 |
| 24 | 水解酸化池 | 5.0×5.0×7.0 | 座 | 4 |
| 25 | 缺氧池 | 14.6×3.0×5.5 | 座 | 1 |
| 26 | 好氧池 | 14.6×3.5×5.5 | 座 | 2 |
| 27 | 二沉池 | 7.25×7.25×4.5 | 座 | 1 |
| 28 | 中间水池 | 3.5×3.2×4.5 | 座 | 1 |
| 29 | 排放池 | 3.5×3.2×4.5 | 座 | 1 |
| 30 | 含铬、含镍污泥浓缩池 | 3.5×2.5×4.5 | 座 | 2 |
| 31 | 综合污泥浓缩池 | 3.5×1.8×4.5 | 座 | 1 |
| 32 | 辅助用房 | 6.0×20.0 | 座 | 1 |
| 33 | 设备基础 |  | 座 | 1 |
| 34 | 合计 |  | 座 | 39 |

### 4. 工程主要构筑物及设备实物照片

镀锌和镀铬工段漂洗废水处理主要构筑物及设备实物照片如图 8－6 所示。

(a) 混凝沉淀池

(b) 综合调节池

(c) 综合生化池

(d) 加药沉淀池

图 8－6　工程主要构筑物及设备实物照片(11)

**5. 废水处理技术经济指标**

预处理/水解酸化/AO工艺的特点是对于不同种类废水采取针对性措施高效去除毒害污染物，系统的适应能力强，能处理多种类的电镀废水。针对Cr(Ⅵ)毒性强、难生化的特点，采取先还原为Cr(Ⅲ)后，再进行混凝沉淀的方法处理。对于含氰废水，使用次氯酸钠氧化剂进行两次破氰，减轻了后续生化处理过程的负担。废水处理设备在运行上有较大的灵活性及可调性，以适应水质及水量的变化。本项目投资金额为652万元。经过上述处理工艺，电镀废水基本可以达标排放，吨水处理成本为8.67元。

### 8.5.4 太湖流域某园区多镀种电镀废水——混凝沉淀-Fenton-$A^3O$-臭氧氧化组合工艺

**1. 废水水质概况**

太湖流域某电镀园区污水厂用于处理电镀企业重金属均已达到接管标准的电镀废水，处理规模为3 000 $m^3/d$，经过企业预处理后的电镀废水，经压力专管输送至本电镀园区污水厂，该废水中主要含有铬、镍、镉、银、铅、汞、铜等重金属，出水水质指标按照《电镀污染物排放标准》(GB 21900—2008)特别排放限值及《太湖地区城镇污水处理厂及重点工业行业主要水污染物排放限值》(DB 32/1072—2007)规范执行，废水水质情况以及排放要求如表8-10所列。

表8-10 废水水质指标及排放要求

| 项 目 | 水质指标 | 排放要求 |
| --- | --- | --- |
| pH值 | 6～9 | 6～9 |
| 悬浮物SS/($mg \cdot L^{-1}$) | 250 | 10 |
| 化学需氧量$COD_{Cr}$/($mg \cdot L^{-1}$) | 350 | 50 |
| 氨氮/($mg \cdot L^{-1}$) | 25 | 5 (8) |
| 总氮/($mg \cdot L^{-1}$) | 100 | 15 |
| 总磷/($mg \cdot L^{-1}$) | 4 | 0.5 |

**2. 废水处理工艺流程及简要说明**

基于废水特征，本工艺将高级氧化工艺1单元设置在生化工艺单元之间，其设置目的主要是为生化运行提供稳定的进水水质保障，削减污染物浓度和毒性强度波动造成的冲击负荷，因此在操作上要求能灵活应对进水污染物浓度变化。从这方面考虑，臭氧催化氧化的操作灵活性较差，为应对可能的冲击负荷，需要考虑较大的投加量，所需配置的臭氧发生器也相应增大，在大部分进水水质稳定的情况下，造成设备产能的闲置浪费。而Fenton氧化可以通过加药量的改变，灵活地应对冲击负荷，所需要的仅仅是增大加药泵的流量或者数量的配置，因此方案在保证处理效果的基础上，高级氧化工艺1单元选择Fenton氧化工艺。高级氧化工艺2单元设置在生化单元之后，且经过混凝沉淀和纤维转盘过滤后，水质稳定，臭氧催化氧化处理效果能够得到保证。此工艺单元主要考虑经济性，因此方案在高级氧化工艺2单元选择臭氧催化氧化工艺。综上所述，废水处理站工艺流程如图8-7所示。

**3. 主要废水处理单元**

太湖流域某园区多镀种电镀废水处理主要处理单元如表8-11所列。

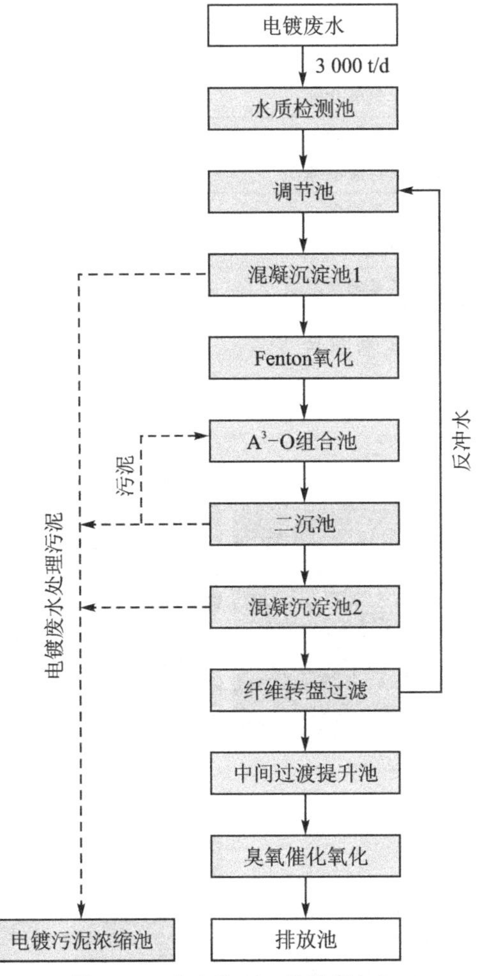


图 8-7　废水处理工艺流程(7)

表 8-11　废水处理单元及设计参数(7)

| 序　号 | 名　称 | 结构形式 | 单　位 | 数　量 |
|---|---|---|---|---|
| 1 | 电镀废水调节池 | 地下钢砼 | 座 | 1 |
| 2 | 电镀废水应急池 | 地下钢砼 | 座 | 1 |
| 3 | 电镀废水混凝沉淀池 1 | 钢砼 | 座 | 1 |
| 4 | 电镀废水预氧化池 | 钢砼 | 座 | 1 |
| 5 | 电镀废水混凝沉淀池 2 | 钢砼 | 座 | 1 |
| 6 | 电镀废水预缺氧池 | 钢砼 | 座 | 1 |
| 7 | 电镀废水水解酸化池 | 钢砼 | 座 | 1 |
| 8 | 厌氧沉淀池 | 钢砼 | 座 | 1 |
| 9 | $A^3$ - O 池 | 钢砼 | 座 | 1 |
| 10 | 好氧沉淀池 | 钢砼 | 座 | 1 |
| 11 | 电镀废水混凝沉淀池 1 | 钢砼 | 座 | 1 |
| 12 | 纤维转盘滤池 | 钢砼 | 座 | 1 |
| 13 | 中间过渡池 | 钢砼 | 座 | 1 |

续表 8-11

| 序　号 | 名　称 | 结构形式 | 单　位 | 数　量 |
|---|---|---|---|---|
| 14 | 臭氧氧化池 | 钢砼 | 座 | 1 |
| 15 | 应急处理池 | 钢砼 | 座 | 1 |
| 16 | 电镀污泥浓缩池 | 钢砼 | 座 | 1 |
| 17 | 工作房 | 砖混 | $m^2$ | 760 |
| 18 | 罐区地坪 | 水泥 | $m^2$ | 300 |
| 19 | 罐区基础及围堰 | 砖混 | 套 | 1 |

**4. 工程主要构筑物及设备实物照片**

太湖流域某园区多镀种电镀废水主要构筑物及设备实物照片如图 8-8 所示。

(a) 预处理池

(b) 水解酸化池

(c) A/O生化池

(d) 液氧站

(e) 纤维转盘滤池

**图 8-8　工程主要构筑物及设备实物照片(12)**

**5. 废水处理技术经济指标**

本工艺的特点是高级氧化单元去除废水中的难降解污染物，提升废水的可生化性，废水处理工程土建费用为 741.4 万元，设备及材料投资金额为 751.4 万元。污水厂出水水质指标按照《电镀污染物排放标准》(GB 21900—2008)特别排放限值及《太湖地区城镇污水处理厂及重点工业行业主要水污染物排放限值》(DB 32/1072—2007)规范执行，出水水质达标。工程总装机容量为 768.55 kW，总投资费用为 1 823.3 万元，吨水处理成本为 16.81 元。

# 参考文献

[1] 税永红. 工业废水处理技术[M]. 北京：科学出版社，2012.
[2] 余淦申，郭茂新，黄进勇. 工业废水处理及再生利用[M]. 北京：化学工业出版社，2013.
[3] 赵庆良，李伟光. 特种废水处理技术[M]. 2版. 哈尔滨：哈尔滨工业大学出版社，2008.
[4] 邹家庆. 工业废水处理技术[M]. 北京：化学工业出版社，2003.
[5] 杨健，章非娟，余志荣. 有机工业废水处理理论与技术[M]. 北京：化学工业出版社，2005.
[6] 任南琪. 高浓度有机工业废水处理技术[M]. 北京：化学工业出版社，2012.
[7] 王连军，沈锦优，靳建永，等. 火炸药工业污染治理技术[M]. 北京：国防工业出版社，2020.
[8] 乌锡康. 有机化工废水治理技术[M]. 北京：化学工业出版社，1999.
[9] E·马特松. 腐蚀基础[M]. 北京:化学工业出版社,1990.
[10] Zoh K D, Stenstrom M K. Fenton oxidation of hexahydro-1，3，5-trinitro-1，3，5-triazine (RDX) and octahydro-1，3，5，7-tetranitro-1，3，5，7-tetrazocine (HMX)[J]. Water Research，2002，36(5)：1331-1341.
[11] 常双君. 火炸药生产废水的超临界水氧化处理[M]. 北京：兵器工业出版社，2011.
[12] 肖忠良. 火炸药的安全与环保技术[M]. 北京：北京理工大学出版社，2006.
[13] 环境保护部，国家质量监督检验检疫总局. 杂环类农药工业水污染物排放标准：GB 21523—2008. 北京:中国环境出版社,2008.
[14] 沈阳化工研究院环保室. 农药废水处理[M]//沈阳化工研究院环保室. 实用水处理技术丛书. 北京：化学工业出版社，2000.
[15] 王绍文，罗志腾，钱雷. 高浓度有机废水处理技术与工程应用[M]. 北京：冶金工业出版社，2003.
[16] 夏晨娇，周宗远，曹国家，等. 化学农药生产废水处理工程实例[J]. 污染防治技术，2017，30(4)：87-91.
[17] 黄丽媛，谢春燕，李岩，等. 灭多威农药废水处理改造工程实例[J]. 工业水处理，2019，39(4)：104-106.
[18] 薛鹏程，刘锋，黄天寅，等. 农药废水处理工程实例[J]. 水处理技术，2016，42(2)：126-128.
[19] 胡晓东. 制药废水处理技术及工程实例[M]. 北京：化学工业出版社，2008.
[20] 马承愚，彭英利. 高浓度难降解有机废水的治理与控制[M]. 北京：化学工业出版社，2007.
[21] 万金保，邹义龙，万莉，等. 化学合成制药废水处理工艺设计实例[J]. 中国给水排水，2014，30(24)：133-136.
[22] 顾峰华. 化学合成制药废水处理工程实例[J]. 污染防治技术，2018，31(3)：97-99.
[23] 徐伟，刘哲俊，裘建平，等. IC-MBR-高级氧化法处理高浓度中药废水工程实践[J]. 水处理技术，2016，42(6)：134-136.

[24] 冯丽霞，赵艺，王亚晓，等. 两级水解/接触氧化/BAF组合工艺处理中药废水[J]. 中国给水排水，2019，35(6)：89-92.

[25] 欧阳二明，王娜，王白杨. A/O－BIOFOR组合工艺在混装制剂废水处理中的应用[J]. 给水排水，2013，39(5)：63-66.

[26] 赵青宁，张浩哲，刘楠，等. 某生物制药厂废水处理工艺研究[J]. 河南科学，2019，37(10)：1590-1594.

[27] 郑耀辉. 两级A/O处理高氨氮发酵制药废水中的工程实践[J]. 化学工程与装备，2019，48(6)：314-317.

[28] 段光复. 电镀废水处理及回用技术手册[M]. 2版. 北京：机械工业出版社，2016.

[29] 王玥，冯立明. 电镀工艺学[M]. 2版. 北京：化学工业出版社，2018.

[30] 王宏杰，赵子龙，孙飞云，等. 电镀废水处理技术与工艺研究[M]. 北京：中国建筑工业出版社，2021.

[31] 贾金平，谢少艾，陈虹锦. 电镀废水处理技术及工程实例[M]. 2版. 北京：化学工业出版社，2009.

[32] Darwin Sebayang，Sulaiman Bin，Haji Hasan. Electroplating[M]. Rijeka：InTech，2012.

[33] Uday Basheer Al-Naib，Dhanasekaran Vikraman，Karuppasamy K. Recent Advancements in the Metallurgical Engineering and Electrodeposition[M]. London：IntechOpen，2020.

[34] 黄启明，陈红雨，隋静. 电镀工业节能减排技术[M]. 北京：化学工业出版社，2010.

[35] 安成强，崔作兴，郝建军. 电镀三废治理技术[M]. 北京：国防工业出版社，2002.